DIGITAL CAMERA HANDBOOK

数码相机完全手册

远望图书部 编

人民交通出版社

内容提要

本书以数码相机的认识、选购、使用、后期应用、保养维护为主线，带领读者学习数码相机及其配件的基础知识、实用的产品采购方法、各种摄影模式、人物及景物拍摄的技巧、数码相片浏览软件的使用、利用图像软件修饰相片、数码相片的打印及数码相机的维护技巧等内容。

全书以浅显易懂的手法，具体地介绍数码相机的各项入门功能及应用，并辅以拍摄的实例，指导读者迈入数码摄影之门，同时加强对数码相机的掌握。

本书既可以作为选购数码相机及使用数码相机的好帮手，又可以作为学习数码摄影技术的参考书。

图书在版编目（CIP）数据

数码相机完全手册/远望图书部编. —北京：人民交通出版社，2004.4

ISBN 7-114-04989-7

Ⅰ.数... Ⅱ.远... Ⅲ.数字照相机－基本知识 Ⅳ.TB852.1

中国版本图书馆CIP数据核字（2004）第015683号

监　　制/谢　东　　　策　划/车东林　张仪平

项目主任/王　炜　戚　斌

执行编辑/张武龙　莫海雄　李　梁

责任编辑/杨　捷

《数码相机完全手册》

Shuma Xiangji Wanquan Shouce

远望图书部　编

正文设计：钟　峻　谭　娜　曾　利　鲍鸣朋　陈登碧

责任校对：张武龙　责任印制：张　凯

人民交通出版社出版

北京中交盛世书刊有限公司发行

（100013 北京和平里东街10号 010 64212684）

各地新华书店经销

重庆建新印务有限公司印刷

开本：880×1230　1/16　印张：13　字数：32万字

2004年4月　第1版

2004年4月 第1版　第1次印刷

ISBN 7-114-04989-7

定价：32.00元

（图书＋配套光盘＋附赠手册）

前言

DIGITAL CAMERA HANDBOOK

一直以来，数码相机以其便捷的使用方法、即拍即得的数字影像、数字暗房的处理特点吸引着众多用户。随着技术的不断发展，产品价格的逐渐下降，数码相机将会走入越来越多的寻常百姓家，为他们忠实记录值得回忆、珍藏的瞬间。

但一段时间内，用户对数码相机的使用还很大程度上依赖于产品说明书。这样的说明书仅以相机固有的部件、菜单为中心，以其功能和操作方法展开，着重强调的是特定产品的技术参数和操作规范，不同产品的说明书不能通用。这就显得生硬且不够灵活，拉大了与用户的距离感，有时甚至让用户无从下手。同时，对于一些常见场景的拍摄方法，说明书中并没有交代清楚，用户阅读之后不一定能拍出令自己满意的照片，有的甚至感觉更加困惑，这也使得部分用户对数码相机"望而生畏"。

针对数码相机选择、应用方面的迫切需求以及用户在应用上的迷茫和方法的不系统，我们策划并推出了本书。

本书以数码相机的认识、选购、使用、后期应用、保养维护为主线，带领读者学习数码相机及其配件的基础知识、实用的产品采购方法、各种摄影模式、人物及景物拍摄的技巧、数码相片浏览软件的使用、利用图像软件修饰相片、数码相片的打印及数码相机的维护技巧等内容。

本书既可以作为选购数码相机及使用数码相机的好帮手，又可以作为学习数码摄影技术的参考书。

在本书的配套光盘中，收录了优秀数码摄影作品以及全景图片拼接、制作电子相册、制作照片 VCD 的视频教学，并提供了数十款图像处理和管理软件等，将帮助读者加深对图书内容的理解。

目录 CONTENTS

Chapter 1

10分钟，认识数码相机

面对市场上琳琅满目的数码相机，挑选一款自己心仪的产品，对初次接触数码相机的消费者来说还的确不是一件容易的事。因为除了价格因素以外，了解数码相机的基本原理，读懂数码相机的各项参数，乃选择一款合适自己的数码相机之必需。

Chapter 2

数码相机配件“加油站”

要用好你的数码相机，要拍出自己满意的摄影作品，就离不开形形色色的各种数码相机配件，它们，就好比数码相机的“左膀右臂”……

Chapter 3

我选择我“称手”

数码相机的选择是一件比较费心的事情，而数码相机配件的选择也是如此。本章就给大家介绍一些选购技巧，使您选择到“称手”的数码相机及配件。

Chapter 4

数码相片怎么拍?

心仪的数码相机买到手之后，许多朋友都会急不可耐地准备游弋在光与影的奇妙世界里。如果你是个行家里手，当然会杰作频出，但如果你刚刚入门，不妨耐心看完本章的介绍再去拍照也不迟。

CONTENTS 目录

Chapter 5

数码相机玩出花样！

景物、人像……如何选择，如何协调？光线、布景……如何取舍，如何搭配？横拍、直握……哪个成像更好？俯拍、仰视……哪种角度更独特？也许你还是数码摄影的新手，看过本章的内容，希望能对你有所启发！

Chapter 6

数码照片改头换面

能够自己对照片进行后期加工处理，这是数码相机区别于传统相机的一大特点。你知道后期处理从何入手吗？你知道怎样看出照片的瑕疵吗？你知道如何让照片看起来出色又出彩吗？只需要轻松操作，数码照片改头换面，你也做得到。

Chapter 7

数码冲印，一步到位！

虽然数码照片可以很方便地在电脑上进行浏览，还可以通过网络进行快速的传播，但仍然有不少人难以舍弃欣赏传统照片的习惯，尤其是那些不经常使用电脑的人们。而解决这一问题的最佳选择就是——数码冲印。

Chapter 8

后期应用DIY奇招

数码相片拍摄出来之后，经过简单加工整理，我们就可以把数码相片应用到生活的方方面面——相册、VCD、月历、贺卡……你需要做的，就是DIY。

目录 CONTENTS

Chapter 9

数码相机维护保养

身体是革命的本钱，相机是拍摄不可缺少的“伙伴”。如何才能让我们的数码相机“身体倍儿棒”，平时的保养维护工作可不能少哦！

光盘导航

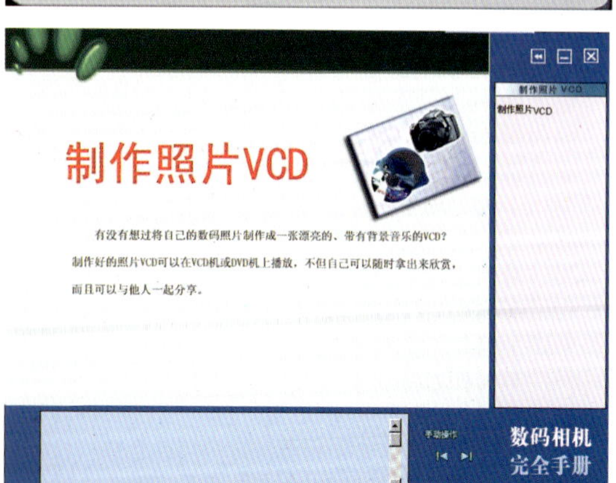

光盘导航

作为一本介绍数码相机及拍摄技术的图书，除了书中所载的精彩内容以外，另有配套多媒体光盘一张，既包括一些优秀摄影作品，又有一些实用的工具软件，而且还有手把手教你的视频教学，让你更轻松地进入数码摄影的殿堂。

专题软件

- 全景制作软件
- 屏保制作软件
- 电子相册制作软件

工具软件

- 驱动程序
- 图像管理软件
- 图像处理软件
- 其他工具

优秀数码摄影作品欣赏

多媒体视频教学

- 全景图片拼接
- 制作电子相册
- 制作照片VCD

远望精品图书推荐

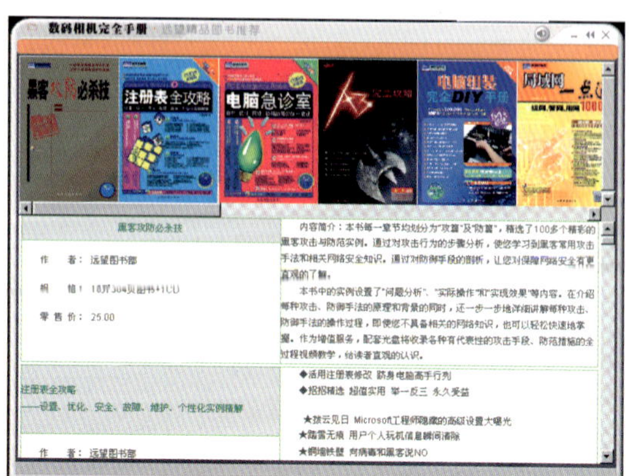

1 第一章 FIRST CHAPTER

而今，数码相机已不再高高在上，这只“昔日王谢堂前燕”已经以平易近人的价格“飞入寻常百姓家”。现在，越来越多的人知道了数码相机，也希望用上数码相机。面对市场上琳琅满目的数码相机，挑选一款自己心仪的产品，对初次接触数码相机的消费者来说还的确不是一件容易的事。因为除了价格因素以外，了解数码相机的基本原理，读懂数码相机的各项参数，是选择一款合适自己的数码相机所必需。而本章就将帮助你在最短的时间内了解数码相机。

10分钟，认识数码相机！

Overview of DC

随着电脑的普及及大众对电脑图像处理技术的认同，数码相机不再是一种时髦的玩意，而逐渐进入实用阶段。那么它的关键技术与普通相机有哪些异同呢？

数码相机VS.传统相机

比构成部件和成像原理

数码相机是由镜头、影像传感器（CCD/CMOS）、A/D（模/数转换器）、MPU（微处理器）、内置存储器、LCD（液晶显示器）、PC卡（可移动存储器）和接口（计算机接口、电视机接口）等部分构成的。一般数码相机的工作原理大致是这样的：

打开相机的电源开关，主控程序芯片开始检查相机的各个部件是否处于可工作状态。如果有一个部分出现故障，LCD屏上就会给出一个错误信息，并使相机停止工作。如果一切正常，相机则处于待命状态。

数码相机结构示意图

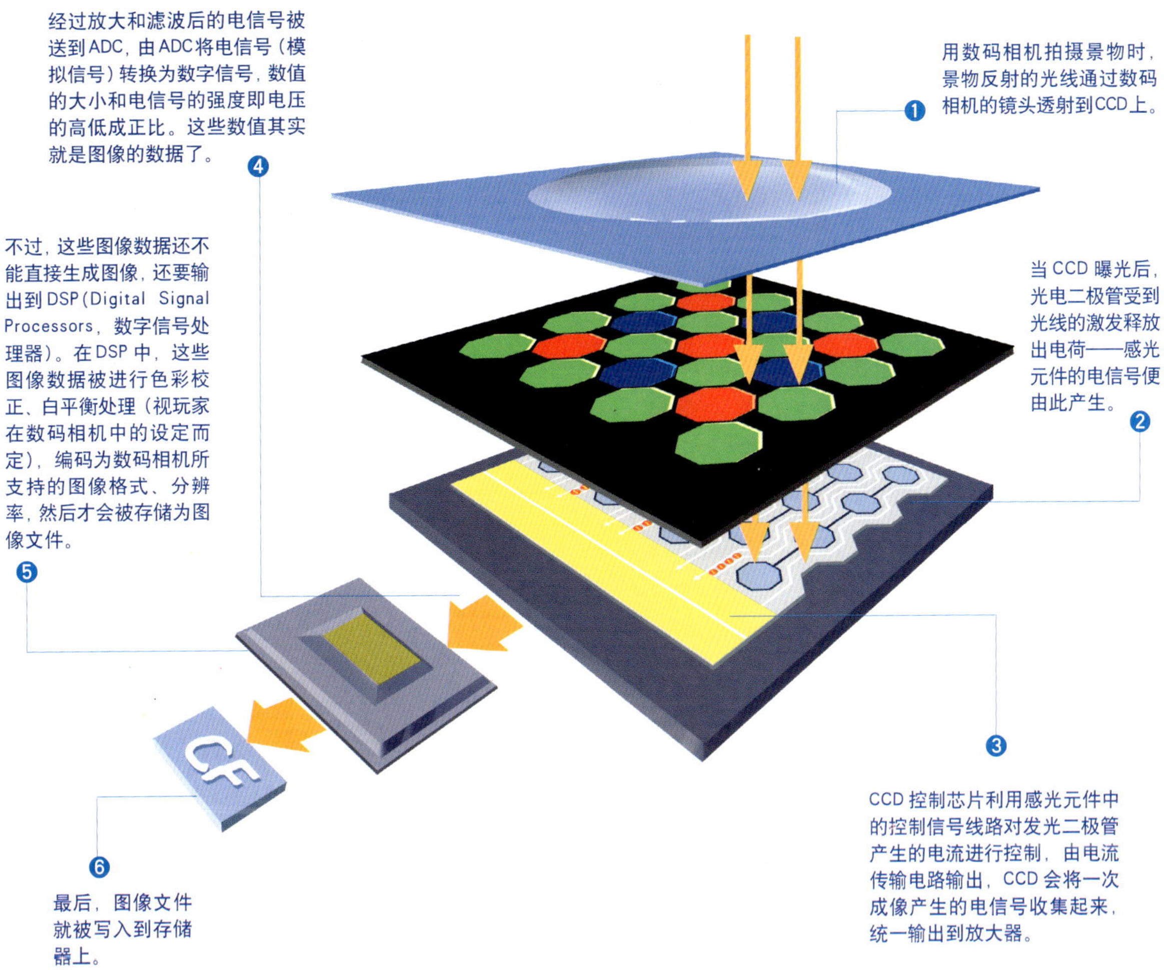

当你对准一物体并把快门按下一半时，一个4位的MPU（微处理器）就开始工作，确定对焦距离、快门的速度及光圈的大小。

按下快门，光学镜头将光线聚焦到影像传感器（CCD/CMOS）上，CCD/CMOS半导体器件代替了普通相机中胶卷的位置，它捕捉景物光信号，并转换成电信号。

这样，我们就得到了对应于拍摄景物的电子图像，但这个时候的图像文件还是模拟信号，尚不能被计算机识别，还要通过A/D（模/数转换器）转换成数字信号。

接下来MPU对数字信号进行压缩并转化为特定的图像格式（例如JPEG格式）。

图像文件被存储在内置存储器中。至此，数码相机的主要工作已经完成，剩下要做的是通过LCD（液晶显示器）查看所拍摄的照片。

为了扩大存储容量，大部分数码相机都能使用可移动存储器（如存储卡）。通过输出接口连线，把图片文件导入电脑，进行后期处理和保存。

相对来说，传统光学相机的构成简单一些，一般一台完整的传统单反相机由镜头和机身组成。镜头把光线汇聚起来，当你按动快门按钮，快门帘就会打开，光线进入机身里面的银盐胶片上，胶片感光凝结图像，机身其实充当的只是一个暗盒的角色。当然现在的自动相机还有许多控制电路，但它们都是一些辅助设备，只用于帮助摄影者正确地准备聚焦和曝光，技术高超的摄影师凭借经验也能完成这些工作。

比成像效果

由于数码相机的采集原理只能是亮或暗两种情况，在较暗或者较亮的光线下会丢失部分细节，这种现象叫做“限幅”，并且有时很难纠正。因此，数码相机在使用单调光、闪光灯等光源拍照时，效果较好，但在色彩较多且光线复杂的情况下，效果与传统相机相比差距较大。

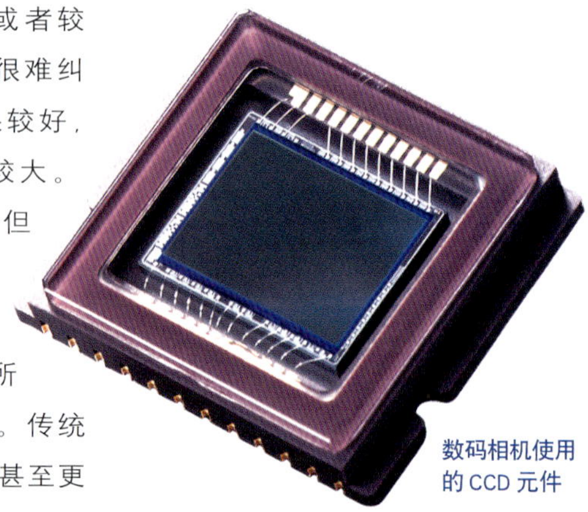

数码相机使用的CCD元件

所以，非专业数码相机一般都不能用于大画幅图像的制作。但由于拍摄的图像是以数字形式存储的，可以与多种设备进行信息传输，而且在传输过程中，图像质量并不会受到损失。

而传统相机的卤化银胶片可以捕捉连续色调和色彩，而且所拍摄图像的像素远远大于数码相机CCD元件所采集图像的像素。传统35毫米胶片解析度一般为每英寸2500线，相当于1800万像素甚至更高，而数码相机目前还无法达到如此高的分辨率。

比存储介质

（1）外出旅游，如果带传统相机，就意味着要带一大堆胶卷，不仅占用背包内宝贵的空间，还会增添不少的负担。回家后，底片的冲洗、保存、检索也很麻烦。对于长年从事摄影工作的专业摄影师来说，保存和整理照片是一项繁重的工作。

而数码相机所需要的仅仅是几张小小的存储卡，拍摄后回到家，可以把照片储存在电脑硬盘里面，通过电脑进行整理，存储和查找都很方便。

（2）传统摄影影像主要以化学方式记录在光敏卤化银胶片上，一般一卷胶卷最多只能拍摄36张照片。另外，由于不同的拍摄环境和对象要求使用不同感光度的胶卷，在多种环境中交替拍摄时，只能通过更换胶卷或者配备多台相机来实现。

数码相机的图像以数字方式存储在磁介质上，所存储的照片不再是实际的影像而是一个数字文件。数码相机能拍摄照片的张数视存储卡的大小和照片文件大小而定，128 MB的存储卡能拍摄1 MB的照片超过100张。现在世面上能买到大容量的存储卡最大已经达到4 GB。而且拍摄过程中可以随时调节感光度来适应不同光线的拍摄环境，十分方便。

（3）对于传统相机，冲洗后的底片和照片需要精心保存，保存空间还要保持一定的湿度，否则随着时间的推移，底片会变色或者损坏。

数码照片的图像以数字文件的形式保存，所以理论上来说不会随着时间的推移而遭受物理损害。

（4）传统相机使用底片拍摄，拍摄失误就浪费掉一张底片。一些体育摄影记者为了捕捉到好镜头，不惜开启高速连拍功能，使相机几秒钟拍摄掉一个胶卷，而往往从中只能挑选出几张甚至一张满意的照片，浪费十分严重。

数码相机拍摄结果立即可以显现，当你发现照片拍摄失误，可以马上删除，腾出存储空间，继续存储其他照片。体育记者更是无所顾忌地使用高速连拍功能，捕捉精彩镜头，然后把不需要的照片删除，继续使用存储卡的其他空间。

数码相机存储卡品种较多，有CF卡(Compact Flash)，SM卡（Smart Media)，MMC卡(Multi Media Card)，SD卡（Secure Digital)，xD卡(Extreme Digital Card)，微型硬盘(Microdrive）以及SONY的记忆棒（Memory Stick/Memory Stick Duo)。具体选择什么卡，要视数码相机而定。

比能源提供

传统相机耗电量比较小，一般的自动相机使用一枚2CR5电池可以拍摄几十个胶卷，测光用的纽扣电池更是用上一两年都不成问题。甚至有的纯机械手动相机根本不需要使用电池，全部靠手动过片，手动调焦。一些专业摄影师在野外丛林中一呆就是几个月，他们使用全手动相机就不需要为电源问题担忧。

在一些比较极端的环境下（比如高温或者低温），数码相机和自动相机根本无法工作，而全手动相机却能处之泰然，应付自如。在天文摄影领域上，经常需要几个小时长时间曝光，使用传统相机不用担心电池问题，使用数码相机就必需使用外接电源才可以胜任。

电池对数码相机来说是非常重要的。有的数码相机，使用不到1个小时就会耗尽一组电池的电量，如果使用LCD液晶显示屏取景的话电池消耗得更快。如何为自己的相机选择一个可靠的电力供给，是我们在选购相机时需要考虑的一个重要问题。

使用5号电池的数码相机比较方便，随处均可买到代用电池。

比输入输出

数码相机与传统胶片在捕捉信号的前端设备（即输入方式）上是相同的，都是使用镜头、光圈和快门来聚焦图像。但数码相机生成的数字图像能够存入计算机中，并且利用图像处理软件直接进行后期编辑处理。由于传输的是数字信号，图像质量理论上来说不会有损失。

数码相机有两个照片输出途径，一是通过照片打印机打印照片，照片输出的最大尺寸和质量取决于数码相机的最高分辨率和技术含量，同时也受打印机、墨水质量、照片打印纸、操作方法的影响；二是通过专业的数码彩扩设备输出，如柯达的诺日士、富士的魔术手等数码彩扩机。前者更加灵活方便快捷，能让摄影师制作出适合自己口味的照片，但照片成本较高，输出尺寸较小。后者输出的照片质量更高，尺寸更大。

传统相机所记录的影像是固化在胶片上的光学信号，必须在暗房里冲洗。胶片大多使用彩扩机输出照片，质量较高。一般传统相机拍摄的底片都可以扩放至16英寸，如果配备高素质的镜头，甚至可以扩放至40英寸。不过要想进行图像处理，需要通过底片扫描仪把图像转换成数字信号输入电脑，而扫描得到的图像质量又受到扫描仪精确程度的影响。从底片的冲洗、图像的数字化到照片的放大要经过众多的程序，其中每个环节都会对图像质量造成损失。

综上所述，对于数码相机和传统相机的对比，我们可以得出以下的结论：

数码相机的缺点：

1．操作相对复杂，而且往往得搭配电脑使用，因此还需要具备相关的电脑知识。

2．分辨率暂时还赶不上传统相机。

3．个人用的照片打印机仍不成熟，品质及价格还有很大的改进空间。

传统相机的缺点：

1．使用感光药重显画面时，涉及许多复杂因素，其成功率往往取决于经验、技术以及店家的专业水平。

2．冲印操作有废水污染问题。

3．需要耗材上进行大量投入（如底片、相纸），而且需到店家冲印，比较麻烦。

4．不易分类保存。

5．拍摄后不能立即看到结果。

数码相机的优点：

1．能立即看到结果，一些失败的作品能即时删除。

2．可大量拍摄，基本上不存在耗材的费用。

3．保存容易，且存在电脑中也方便进行归类整理。

4．对比度较真实，在暗处能看到比较多的细节（因为容易调整）。

5．携带方便，特别是某些机型小到能像手机一样挂在腰上。

6．能很容易输出A4幅面的照片（用打印机）。

传统相机的优点：

1．已很成熟，选择种类多，配件也应有尽有。

2．外形看来比较优雅。

3．操作简单。

4．故障率比较低也比较容易修理。

5．分辨率比较高。35mm底片大约相当于500～600万像素的相机。对冲洗A6幅面没差别，但放大到A4就会有明显差别。

6．价格相对便宜。

快门按钮：
现在绝大多数数码相机的快门释放钮为两段行程设计，在半按快门按钮时自动进行对焦或测光，将其完全按下才是真正进行拍摄。

Power 按钮：
和所有电子设备一样，首先需要打开电源，才能开始你的摄影创作。

电源指示灯：
数码相机通电运行时，该灯变绿。

模式旋钮：
通过它可以实现数码相机不同功能的切换，诸如选择 A（光圈优先）模式、S（快门优先）模式、M（手动）模式和照片浏览等。

夜景拍摄／夜景取景控制杆：
可在正常拍摄状态和夜景拍摄状态之间切换。

闪光灯热靴：
用于外接闪光灯。一般情况下，内置闪光灯指数较小，闪光的距离也较短，而外接闪光灯指数较大，适合大面积闪光摄影。

自动弹出式闪光灯：
光线不足时自动弹出进行补光。

光学取景窗口：
光线从这里进入，直到背面的光学取景器。

自动对焦发射器：
其作用类似雷达，通过发射红外线光和接受返回的光线判断拍摄物体与镜头之间的距离，帮助数码相机准确对焦。

底部的电池仓，记忆棒也在这里。

自拍定时指示灯／红外线发射器：
使用自拍模式时，它会在规定时间内发出红光提示。在 V1 中，它还能发出红外线光配合夜景拍摄。

麦克风：
现在的数码相机除了能拍照外，还能录制一定长度的动态视频。有些数码相机在动态视频录制过程中还提供了语音录制的功能，而话筒的职责就是拾取语音信号。

镜头：
镜头通常由许多块镜片组成，不同的镜片有各自不同的功用，它们的目标是全力保证到达图像传感器的影像的完美。

对焦按钮：
切换手动对焦和自动变焦。

AE LOCK 按钮：
可用于锁定自动曝光值，在进行逆光拍摄时尤其有用。

取景器：
大部分家用入门级数码相机采用的是光学取景器，此外还有部分高端产品使用的是EVF取景器，即电子取景器，相当于小型的LCD取景器。与光学取景器相比，EVF取景器取景效果直观，视差更小，能有效避免外界光线的干扰。

（曝光／索引）按钮：
可对拍摄时的曝光EV进行增减，以达到最满意的曝光效果。

金属手带挂环：
通过它配合手带把相机挂在颈上，防止相机意外滑落。

变焦控制杆：
在拍摄时可通过变焦杆实现变焦调节，不过调节的不仅是光学变焦，还有数码变焦部分。同时，在数码相机的液晶显示屏上浏览照片时，这个控制杆还有放大照片的功能。

显示器／LCD切换按钮：
用来实现显示器和LCD取景器之间的切换。

USB 端口

AV 输出端口

电源端口

（图像尺寸／删除）按钮：
用于设置拍摄照片文件的精度，连续按下该键可对照片文件进行删除操作。

Jog Dial 简易操控旋钮：
在手动模式下拍摄时，可用于快速调节其设定值，如EV调节、手动对焦或选择AF范围值等。

1.5 英寸液晶显示屏：
这个部件不仅能在拍摄时辅助取景，而且还能在拍摄完成后显示照片。不过使用LCD取景时易受外界光线的影响，光线强的地方不能很好地查看拍摄细节。

菜单按钮：
数码相机需要对白平衡、锐度、分辨率等选项进行调节时，菜单按钮就是通往对这些功能进行设置的大门。按下它之后，我们将进入到详尽的菜单中进行功能的设定。

控制按钮：
常见的五维导航键，中间的为确定键。在未搭配菜单按钮使用时，按下这些按钮还可直接开启或关闭闪光灯模式、自拍模式、近景模式等。

数码相机
部件初识

镜头

镜头可以说是一部相机的灵魂。卖得火热的SONY F717就是以装备了卡尔·蔡司镜头为卖点的，而后续机型SONY F828更是采用了卡尔·蔡司T＊级专业镜头。

表面上看，数码相机由于感光元件分辨率有限，理论上对镜头的光学分辨率要求会比较低，但由于普通数码相机的影像传感器要比传统胶片的面积小很多，因此对镜头解析度的要求就更加严格，也就是说数码相机采用的光学镜头的解析能力一定要优于感光元件的分辨率。

一个好的镜头可使影像清晰细致，减少变形，色彩准确。具备大口径、多片多组、包含非球面透镜和优质镀膜的高质量镜头是追求完美图像质量用户的最佳选择。

专业的数码镜头，可以在很小的体积前提下，做到很高的变焦倍率。图中就是F717使用的数码镜头，由世界顶级厂商卡尔.蔡司生产。

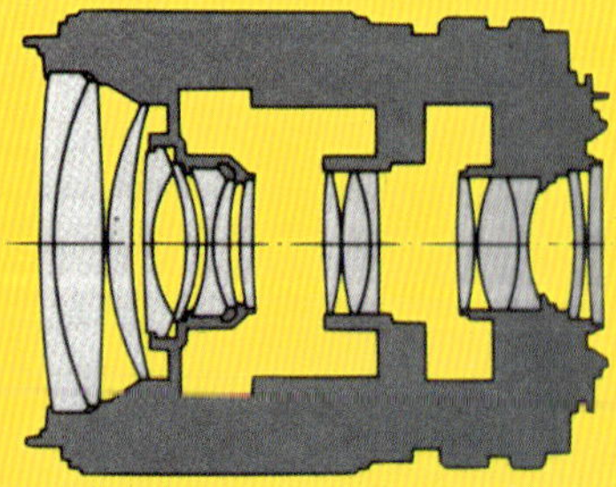

现在的镜头一般由镜片组、镜筒和光阑等几个主要部分组成

目前市场上数码相机的镜头有两个系列，一个是尼康、佳能等品牌的日本镜头，以性价比高著称；一个是莱卡、卡尔·蔡司等品牌的德国镜头，以高素质的成像质量闻名于世，但价格也较高。

数码相机镜头焦距的标注跟传统相机相去甚远，比如7.0～21.0mm，5.4～10.8mm等，这是因为数码相机的影像传感器比35mm胶片要小，成像视角相应减少。例如，记录相同视角的景物，35mm相机需用70mm的镜头，数码相机也许用7mm的镜头就可以了。因为人们通常对35mm相机的视角范围比较熟悉，所以在谈到数码相机的焦距时，厂家通常会注明相当于传统相机的焦距。由于这个“相当于”的值和CCD（CMOS）的面积大小有关，所以没有一个固定的换算系数。对于数码单反而言，都会给出一个镜头系数，比如1.5、1.7等，以供换用不同焦距的镜头时换算。

OLYMPUS LENS
代表镜头生产厂商。说明这是奥林巴斯公司设计制造的镜头。

AF ZOOM
AF 表示该镜头是自动对焦镜头；ZOOM则代表变焦镜头。

7～70mm
表示该镜头的变焦范围是 7 ～ 70mm，再乘以数码相机焦距的换算系数（一般由生产厂商提供），则相当于 35mm 传统胶片相机 38～380mm 的焦距。

1：2.8～3.5
表示该镜头在广角端最大光圈为 F 2.8；长焦端的最大光圈为 F 3.5。

49mm
表示该镜头接环的直径为 49mm。当我们要为这款镜头配备UV镜、偏振镜等镜片或者外挂增强镜头时，要选择直径为 49mm 的型号。

GLASS ASPHERICAL
GLASS 表示该镜头为使用光学玻璃镜片，AS-PHERICAL则表示在该镜头镜片组中采用了非球面镜片（一种能矫正成像的透镜，多使用于高档相机）。有的镜头会用 ASP、ASPH 来表示非球面镜片。

JAPAN
代表该镜头制造地点为日本。

注意 Notice

在使用的过程中，相机的镜头多多少少都会沾上灰尘，最好的方法是用吹气球吹掉，尽量不要用任何东西去擦拭。现在的镜头一般都有多层镀膜，一不小心就会擦伤镀膜，擦花镜片，对镜头造成不可挽回的损失。一般来说，少许的灰尘并不会影响成像质量（起码肉眼分辨不出来）。

取景器

数码相机常见的取景方式有以下 4 种：

1. 旁轴式取景器：

普及型的数码相机多采用旁轴式光学平视取景器，这种取景方式历史悠久、结构简单、生产成本很低、视野明亮、不影响拍摄过程。当使用这类取景器进行拍摄时，被拍摄景物的光线直接从相机正面的取景窗口射入，然后从相机背面的取景窗进入被观察者的眼睛，路线简单明了——相当于在机体上开个小孔，再装上透镜使眼睛能透过相机机体看到前方的景物。

但也正是由于旁轴平视式取景器的取景窗口与镜头的位置是分开的，所以从取景器中看到的图像和实际拍摄的图像无论大小还是位置都有一定的差别——这种差别在摄影中称为“视差”。因此，旁轴平视式取景器在进行远距离拍摄的时候视差尚能接受，近距离拍摄的时候视差就很明显。微距拍摄时，旁轴取景器根本不能用。

2. 单反式取景器

单镜头反光式（SLR）取景器光学结构比较复杂，制作成本较高，一般用于专业数码单反相机上。单镜头反光式取景可以做到所见即所得，取景范围可达到实际拍摄画面的95％。但是拍摄过程中反光镜的抬起会引起相机震动。奥林巴斯在一些民用高端数码相机上喜欢采用这种取景器。

单镜头反光式取景器的光路图

3. EVF电子取景器

就是把一块微型ＬＣＤ放在取景器内部，由于有机身和眼罩的遮挡，取景的时候摄影师的头部也会遮挡光线，所以外界光线对它的影响不是很大。取景器还设置了一组取景目镜，把微型ＬＣＤ的显示内容放大一定的倍数，以适应人的眼睛。这块ＬＣＤ的面积可以做得很小，大大降低了耗电量，也降低了成本。尽管取景器中的画面视角和色彩效果与最终结果不完全相同，但使用一段时间后还是很快就会适应的。

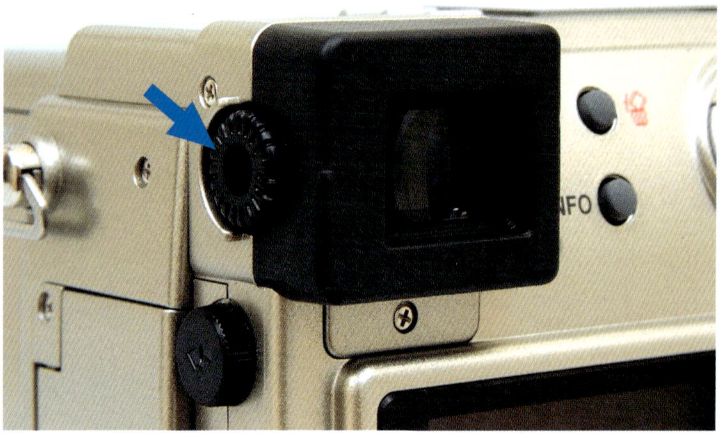

电子取景器的旁边通常有一个屈光度调节钮，以方便视力较差的用户在取景器窗口内看到清晰的画面。

4. LCD取景器

LCD是Liquid Crystal Display的缩写。LCD屏幕可以显示所选定光圈、快门等各种拍摄参数，数码相机目前的状态及模式（例如电池的电量、闪光灯的模式等）。使用ＬＣＤ显示屏取景时，不需要把眼睛紧贴在相机上，使得一些原本困难的取景工作变得十分轻松。

有的数码相机还设计了可以旋转的LCD屏幕，这给拍摄工作带来了更大的便利。试想当你要拍摄人堆里面发生的某些突发事件，却怎么也挤不进现场，找不到好的拍摄角度。这时你只需要高举相机，把LCD屏幕转个角度取景。又或者要拍摄靠近地面的一朵小花的微距照片时，你再也不必像用传统相机那样趴在地上，只需把相机放低，把LCD屏幕翻起来。一个人去旅游时，镜头对准自己，把ＬＣＤ转过来，自己给自己留影……

LCD取景是传统相机无法实现的，借助LCD取景，我们可以完成很多传统相机无法拍摄的题材

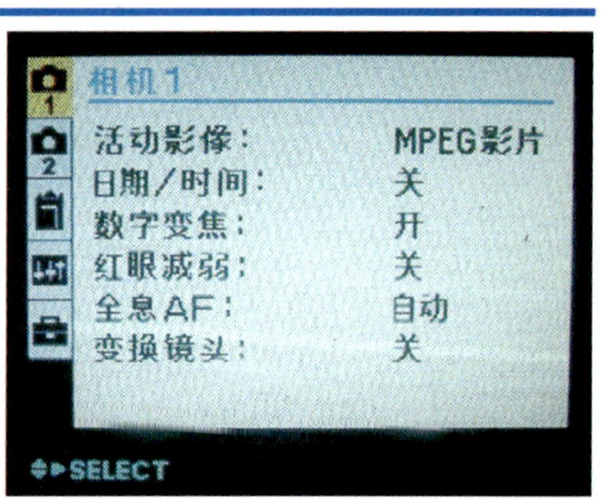

LCD显示屏还可以用来显示相机所有的数据

ＬＣＤ显示屏还可以照片回放，能随时显示出相机存储器中记录的全部照片影像，不满意可以删除并立刻重新拍摄，节省了存储空间。对于构图取景、用光等明显的问题当然可以立即发现。但对焦不准、相机抖动等小毛病可能在分辨率很低的ＬＣＤ显示屏上就看不出来了。有的数码相机ＬＣＤ显示屏的亮度和色彩还原都有些误差，从ＬＣＤ上看到的拍摄结果与最终在计算机显示器上的图像还是有一定差异的。而且使用ＬＣＤ显示屏取景时。总是有一定的延迟现象。

ＬＣＤ取景器的缺点是耗电量太大，长时间开启会使电池工作时间大大缩短。此外，LCD取景器在强光下无法使用，色彩亮度也有一定的偏差。

和使用传统胶片相机一样，拍到好照片的重要前提是拿稳相机、对准焦点。用ＬＣＤ取景的时候，双手必须前伸，与眼睛保持一定距离，这样的姿势很难保持相机的稳定，所以在条件允许的情况下，尽量使用三角架。

闪光灯

数码相机内置的闪光灯一般有3种模式，即自动闪光、关闭闪光、强制闪光。有的相机还有消除红眼功能、慢速同步闪光等。下面就来分别认识一下这些闪光灯模式。

1. 自动闪光

通常情况下，民用数码相机在不作任何设定变动的时候，闪光灯模式都预设在"自动闪光"模式下。此时，相机会自动判断拍摄场景的光线是否充足。如果不足，就会自动在拍摄时打开闪光灯进行闪光，以弥补光线。在大部分的拍摄情况下，"自动闪光"模式足以应付。

2. 关闭闪光

就是不管拍摄环境的光线条件如何，闪光灯都不工作。该功能适用于在博物馆、音乐会等禁止使用闪光灯的场所进行拍摄。此外，借助此功能在黄昏或光线微弱的环境下拍摄，营造出更自然的气氛。

3. 强制闪光

即不管在明亮或弱光的环境中，都开启闪光灯进行闪光。通常用于对背对光源的人物进行拍摄。比如拍摄一间室内光线黑暗的房中的人物，主体背对着明亮的窗户，主体的正面就会处于阴影中看不清楚，这时我们就要开启强制闪光模式，给主体正面补光。这样照片上的主体就受光均匀了。

4. 消除红眼

"红眼"现象在拍摄人像照片时常会发生。这是由于眼睛视网膜反射闪光而引起的。如果你不想照片出现"红眼"现象，可以打开数码相机的"消除红眼"模式，先让闪光灯快速闪烁一次或数次，使人的瞳孔适应之后，再进行正式的闪光与拍摄。

5. 慢速同步闪光

在光线昏暗的环境下拍照时，如果使用闪光灯加较高的快门速度进行拍摄，很容易造成前景主体太亮，甚至是白晃晃的一片，而背景却依旧灰暗，无法辨别细节。而"慢速闪光同步"会延迟数码相机的快门释放速度，以闪光灯照明前景，配合慢速快门为弱光背景曝光。这样，就能够拍摄出前后景均得到和谐曝光的照片。

内置闪光灯大大加强了数码相机的拍摄能力，而且各项功能齐全，例如防红眼、夜景拍摄等。

数码相机内置的闪光灯覆盖范围有限，不过已经能满足普通拍摄需要。如果需要获得更宽广的闪光灯覆盖范围，而你的数码相机又有闪光灯热靴接口的话，就可以选购大指数的外接闪光灯。

影像传感器

现在的数码相机所使用的影像传感器有两种，一种是技术比较成熟的CCD，一种是新兴的代表未来方向的CMOS。

目前市面上大部分数码相机使用的影像传感器是CCD（Chagre Couled Device），即电荷耦合器，是一种特殊的半导体材料。它是由大量独立的光敏元件组成，这些光敏元件通常是按矩阵排列的。光线透过镜头照射到CCD上，并被转换成电荷，每个元件上的电荷量取决于它所受到的光照强度。当你按动快门，CCD将各个元件的信息传送到模/数转换器上，模拟电信号经过模/数转换器处理后变成数字信号，数字信号以一定格式压缩后存入缓存内，此时一张数码照片诞生了。

CCD 感光元件

CMOS即互补性金属氧化物半导体，其在微处理器、闪存和ASIC（特定用途集成电路）的半导体技术上占有绝对重要的地位。CMOS和CCD一样都是可用来感受光线变化的半导体。CMOS主要是利用硅和锗这两种元素所做成的半导体，通过CMOS上带负电和带正电的晶体管来实现基本的功能的。这两个互补效应所产生的电流即可被处理芯片记录和解读成影像。

因为CMOS结构相对简单，与现有的大规模集成电路生产工艺相同，从而生产成本可以降低。从原理上讲，CMOS的信号是以点为单位的电荷信号，而CCD是以行为单位的电流信号，前者更为敏感，速度也更快，更为省电。现在高级的CMOS并不比一般CCD差，但目前CMOS技术发展还不成熟，这种

CMOS感光元件

高质量的CMOS还只应用于专业级别的数码相机上，许多低档入门型的数码相机使用的是廉价低档的CMOS，其成像质量比较差。所以目前如果购买消费级数码相机还是要选择以CCD为影像传感器的。

现在还有一种比较特殊的CCD，叫SUPER CCD。

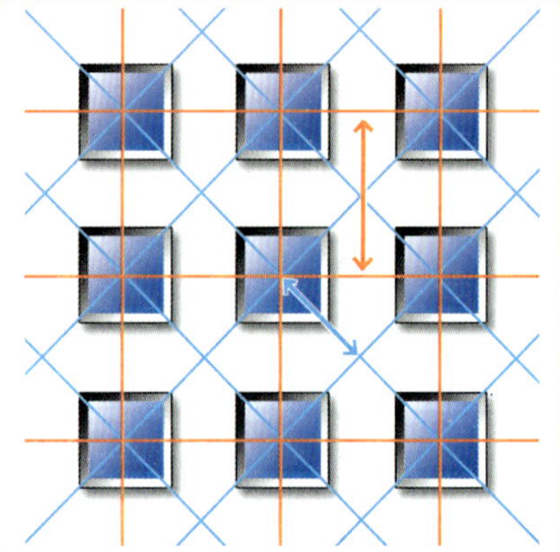

CCD

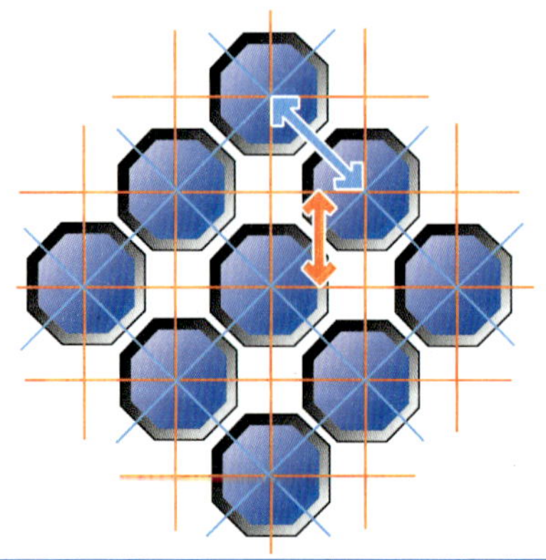

SUPER CCD

它是富士公司独创的，并没有采用常规正方形二极管，而是使用了一种八边形的二极管，像素是以蜂窝状形式排列，并且单位像素的面积要比传统的CCD大。将像素旋转45°排列的结果是可以缩小对图像拍摄无用的多余空间，光线集中的效率比较高，效率增加之后使感光性、信噪比和动态范围都有所提高。

按键

传统相机的功能大都是通过按键或转动转盘来实现，而现在的数码相机（尤其是家用级的数码相机）基本上是通过菜单来选择功能。专业数码单反相机为了适应习惯传统相机的摄影师，把一些常用功能设计成与传统相机大体一致的方式。在抓拍的情况下，直接按按钮比进入层层菜单进行设置来得快捷。

文／图　陈　亮

数码相机操作按钮分部合理，使操作更加简捷

变焦等按钮设计在镜头上，便于左手拇指操作，不会影响右手操作其他按钮。

2 第二章 SECOND CHAPTER

随着消费类电子产品的普及，数码相机凭借其独特的优势渐渐受到人们的青睐，取代传统相机已成为大势所趋。可是对于众多数码相机消费者来说，在购买和使用数码相机的过程中，主要关心的是数码相机的性能和价格等方面的问题，而对于数码相机的配件往往知之甚少。其实，对于价值数千元的数码相机来说，如果多花费几十元或上百元就能在一定程度上提高机器的实际使用效果，那么何乐而不为呢？接下来的内容里就将详细介绍数码相机相关配件方面的知识，希望能够对广大摄影爱好者有一些帮助。

数码相机配件“加油站”

DC's fittings

连接你、我、他
——输出线缆

Olympus 2100 数码相机使用的串行口通信电缆

数码相机拍摄的照片一般都需要传送到计算机中进行处理或浏览，而在向计算机传送照片前，数码相机首先需要与计算机建立连接，这个连接工作就是由数码相机的输出电缆来完成的。一般来说，在购置数码相机时，数码相机的生产厂商会附送一条输出电缆。

数码相机 USB 通信电缆

目前数码相机的输出方式主要有串口、并口、AV、USB 和 IEEE1394 几种。其中带有串口、并口输出的数码相机一般限于早期的机型（例如 Olympus 2100 数码相机），这类输出接口的传输速度要比 USB、IEEE1394 等其他方式慢得多。

适用环境：→只适于向没有USB接口的老式计算机传输照片。

除了串口、并口以外，还有相当一部分的数码相机带有 A V 接口。数码相机的 A V 传输电缆从严格意义上讲，并不是用来向计算机输出图像的，而是向电视机传送拍摄的图片的。通过这种电缆可以将数码相机拍摄的数码照片转换成模拟视频信号，并输出到电视机上。

适用环境：→在没有计算机的情况下欣赏拍摄的数码照片。

目前，USB 接口已经成为数码相机普遍采用的传输标准。通过 U S B 传输电缆不仅可以获得较快的传输速度，而且还可以支持即插即用。有一些数码相机在 Windows XP 下不需要安装驱动程序，就可以通过 U S B 电缆向计算机传输拍摄的照片。此外，目前已经有少数的数码相机支持USB 2.0 的输出方式，使数码相机向计算机传输照片的速度又有了很大提高，非常适合高像素的数码相机传输照片。需要注意的是，尽管U S B 属于通用的计算机标准，但是对于数码相机来说，不同品牌的数码相机使用的U S B 传输电缆却不尽相同，主要体现在U S B 传输电缆与数码相机连接处的接口标准不同，在选购数码相机的U S B 传输电缆时要予以注意。

适用环境：→现在的主流相机均有USB接口，可方便地与同样带有USB接口的台式电脑、笔记本电脑、移动存储器及一些便携式打印机进行连接。

IEEE 1394 接口是目前数码摄像机的主流输出接口。由于该接口在计算机的主板上并不普及，因此在数码相机上很少应用。目前市场还没有单独采用IEEE 1394 接口输出的数码相机，不过随着采用USB 2.0 和IEEE1394 双接口输出的Olympus E−1 数码相机的推出，这一情况有所改变。

适用环境：→对于500万像素的专业数码相机来说，尽管在标准模式下的图片容量并不大，但一旦动用无损图片格式（如RAW和TIFF）后，文件容量就会相当惊人。这时往往就需要准备256MB、512MB甚至1GB容量的存储卡。如果需要将这些海量存储卡中的内容传输到电脑，普通的USB规格数据传输速度显然是太缓慢了，而IEEE 1394在一定程度上就缓解了这个问题。

1394 连接线与数码相机上的 1394 连接端口

Olympus 锂离子电池

数码相机的专用电池

数码相机的电池一般分为专用的锂离子电池和五号（AA）电池两种规格，目前不少主流数码相机都在使用锂离子电池。锂离子电池性能出色，充电时间短，携带方便，具有很广阔的应用前景。不过，由于这类电池在接口、体积、电压等方面的设计不同，一般不能通用（某些同一品牌而不同型号的数码相机可以通用）。且锂离子电池目前制造成本较高，因此使用锂离子电池的数码相机多为市场上的高端或便携产品。

适用环境：→

属于数码相机的专用电池，一般不能通用。

数码相机的动力之源

——电池与充电器

没有汽油，飞机就无法起飞，汽车就无法发动。数码相机也是一样，没有电池，它也就成了只能用来看的摆设品。

五号充电电池

采用五号电池的数码相机依然具有一定的优势，首先是价格便宜，一节高容量的镍氢充电电池也不过十几元左右。其次是五号电池的通用性好，目前市场上有许多品牌的电池可供选购。

对于使用5号电池的数码相机来说，由于其LCD显示屏、对焦动作以及拍摄后的数据写入等操作都会瞬间消耗大量的电力，使用一般的碱性电池，基本上只拍了几张照片就会出现电量警告。要想正常使用这类数码相机，就需要额外选购高容量的镍氢充电电池（在购买这类数码相机时，一般只附送几节碱性电池）。适用于数码相机的五号（AA）镍氢充电电池的容量，一般要在1200mAh以上，而且这类电池还应该配置相应的充电器。

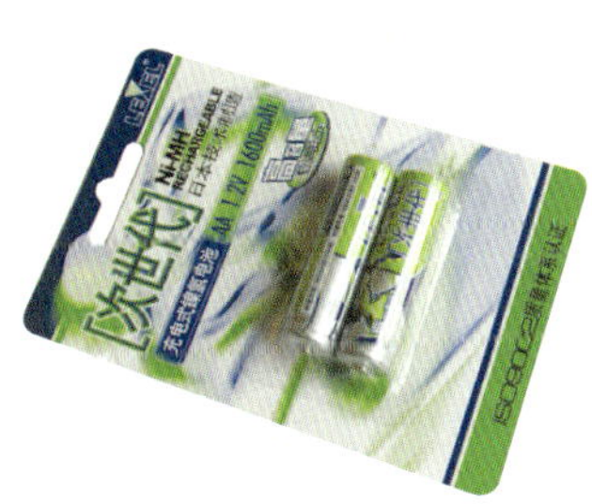

目前市面上很常见的次世代镍氢充电电池

在选购镍氢电池时，要注意电池的品牌、容量及价格这几方面的因素。对于数码相机来说，电池的容量自然是越大越好，目前市场上已经出现2000mAh以上的超高容量镍氢电池。不过随着电池容量的增大，其价格也随之增加。如果超高容量镍氢电池的价格过高，还不如多买几套高容量镍氢电池轮流使用。此外，对于镍氢电池的品牌，可以选购目前市场上占有率比较高的产品，例如Olympus（奥林巴斯）、SONY（索尼）、次世代、GP超霸、品新等都是不错的选择。

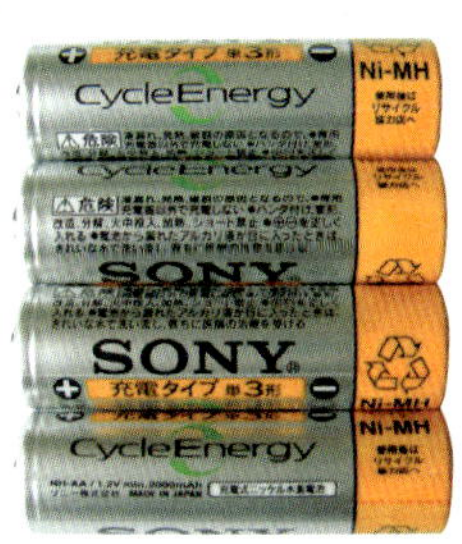

Sony 2000mAh超高容量镍氢电池

适用环境：→

采用五号电池的数码相机。通用性强，且价格也比数码相机的专用电池便宜。

电池包

为了使数码相机获得更长的使用时间，目前市场上还有一种外挂电池包。从严格意义上说，它不是数码相机所支持的标准电源格式。这类电池一般通过数码相机的直流外接电源接口供电，其容量在数千mAh以上。外挂电池包的价格一般在几百元左右，既有厂商生产的专用电池包，也可以自己制作或找人定做。

适用环境：→

由于电池包在使用时需要通过电源线与数码相机相连，在携带上不够方便，因此只适用于有特殊要求，需要长时间进行室外拍摄的摄影发烧友。

三星 SBP-3606 外挂锂电池包

注意
Notice

在使用时，要注意温度对电池性能的影响。一般来说电池在低于5 ℃时性能会明显降低。因此在寒冷的冬季中，使用相机前最好保持电池的温度。同时，为了避免电量不足影响使用，最好再带上多套备用电池以供电量不足时使用。

Olympus BU-200 快速充电器

充电器

如果你为数码相机选择了充电电池，那么还应该配置一款电池充电器。充电器根据充电方式可以分为慢充和快充两种，这两种充电方式有各自的优缺点。一般来说，慢速充电器采用恒定电流方式进行充电，在电池充满后会自动转为涓流充电状态，以避免过量充电。采用这种方式充电的充电器电路简单，价格较低，而且小电流恒流充电有效地降低了电池在充电过程中的发热量，对延长电池的使用寿命很有好处。慢速充电器最大的缺点就是充电时间过长。

快速充电器则一般采用脉冲大电流进行充电。这种充电方式的缺点是无法避免过大的发热量，对电池寿命有一定的影响。而且由于需要采用专用芯片来控制充电过程，避免充满后继续加电引起爆炸和燃烧，所以对产品的质量要求更高，价格也较贵。

Canon 数码相机充电器

适用环境：→

究竟选择慢速充电器还是快速充电器，用户可以根据实际情况需求进行选择。一般来说，由于目前的镍氢电池价格相对便宜，为了节省充电时间，用户可以选择快速充电器。但在购买快速充电器时，应该选择带有微电脑控制芯片的充电器，且最好带有动态电压监测。

存储方寸间
——数码相机的存储卡和读卡器

数码相机给我们带来了方便快捷的数字影像，这些数字影像是以文件形式存储在特定的介质上的。现在市场上的数码相机已经让人眼花缭乱，而它们使用的存储介质更是五花八门。而且随着数字影像的发展，移动存储介质的家族也日益扩大。下面，就让我们来详细了解一下这些小东西吧。

存储卡

数码相机的存储卡相当于传统相机中的胶片，主要用来保存所拍摄的数码相片。在购买数码相机的时候，厂商一般会随机附赠一块容量较小的存储卡，其容量一般在8MB 至32MB 不等。那么对于用户来说，附赠的存储卡究竟够不够用呢？我们可以简单算一下，就拿现在最常见的300 万像素数码相机来说，采用高质压缩模式的JPG 格式保存一张数码照片，其容量要在1MB 左右，这样下来即便是32MB 的存储卡，也只能存储30 多张的照片。而如果采用无损压缩的TIFF 和RAW 保存照片，所能存储照片的数量就会更少。因此，为自己的数码相机添置额外的存储卡是非常必要的。

目前市场上常见存储卡大致分为5 种，它们是CF 卡、MMC 卡、SD 卡、记忆棒、xD 卡和SM 卡。在这些存储卡中，除了CF 卡中的微型硬盘采用的是传统硬盘技术以外，其余的存储卡都采用没有机械结构的电子记录数据方式。这样的好处是拥有极佳抗震能力，非常适合数码相机的外出拍摄活动。那么这些形形色色的存储卡究竟有什么不同呢？下面就将这5 种存储卡逐一地为你详细讲解。

SM 卡

SM（Smart Media，聪明卡）卡又被称为固态软盘卡（Solid State Floppy Disk Cards，SSFDC）。它由东芝公司在1995 年11 月首先发布，后由三星公司在1996 年购买了生产和销售许可，此后这两家公司就成为主要的SM 卡厂商。目前，SM 卡主要被奥林巴斯、富士等品牌数码相机作为存储器件。

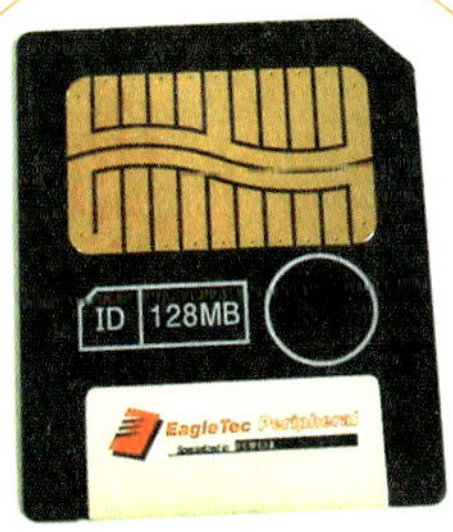

EagleTec 128MB SM卡

优点：

由于采用了东芝NAND 型Flash Memory，因此体积可以做得很小。其体积为45mm x 37mm x 0.76mm，属于最薄的闪存卡，而且重量仅为1.8g。

缺点：

1. 为了节省自身的成本，SM 卡没有包含控制芯片，而只有Flash Memory 模块和接口。这样，SM 卡所有的读写操作就要依赖于使用它的设备，就容易出现兼容性上的问题。例如在MP3 播放器上使用过的SM 卡，在数码相机中就可能不能读取。

2. 比较脆弱，SM 卡采用的是22 针接触式接口，接口的接触面暴露，在保存时应该尤为小心，不适当的接触可能造成数据丢失。

注意 Notice

SM 卡支持3.3 伏和5 伏两种工作电压，但并不是一块卡可以同时支持两种电压。早期的SM 卡的工作电压为5V，而后来4MB 以上的SM 卡均采用3.3V 电压，在使用过程中切忌不要将两种类型电压的SM 卡混用。

3.SM卡的读写速度为1.5Mb/s，与其他存储卡相比要慢得多。

4.由于SM卡采用单芯片存储方式，最大容量受到了一定的限制，目前只能到128MB，大大限制了其使用范围。

CF卡

CF(Compact Flash)卡可以称得上是存储卡市场的元老。它最早的标准是由SanDisk公司在1994年制订的，后来由柯达、佳能、尼康、奥林巴斯等知名厂商大力推广。如今CF卡已经成为在数码相机领域应用最广的存储卡。

目前市场上的CF卡有CF TYPE Ⅰ和CF TYPE Ⅱ两种标准。其中CF TYPE Ⅰ型的体积为43mm × 36mm × 3.3mm，重约14g，而CF TYPE Ⅱ型CF卡的大小与CF TYPE Ⅰ型相同，只是厚度增加了2～3mm。两种类型的CF卡都使用50针内插式接口，可以很方便的通过无源68−pin TYPE Ⅱ适配卡，转换成笔记本电脑通用的PCMCIA卡。CF存储卡的插槽可以向下兼容。例如CF TYPE Ⅱ插槽既可以使用CF TYPE Ⅱ型CF卡，又可以使用CF TYPE 型CF卡。而CF TYPE Ⅰ插槽则只能使用CF TYPE Ⅰ型CF卡，而不能使用CF TYPE Ⅱ型CF卡。在选购CF卡时这一点需引起注意。

CF卡采用并行方式存储数据，目前最快的CF卡大概可以达到5Mb/S读和4Mb/S写的速度。CF卡表示速度的方法与CD−ROM相同，都是以150Kb/s作为单倍速，一张16倍速的CF卡传输速率可达2400kb/s。

目前CF卡的最大容量已达6GB，不过由于价格的原因，市场上还以256MB为主。尽管CF卡存在体型较大的缺点，但是由于其在容量上和耐用性上的种种优势，在今后的一段时间里还会广泛应用在数码相机领域。

优点：

1.内置ATA/IDE控制器，简化了CF卡的外部使用设备，兼容性强，支持即插即用。

2.可以在3.3V～5V之间的任何电压下使用，进一步提高了CF卡的兼容性，这是其他闪存卡无法比拟的。

3，CF卡非常耐用，在进行读写操作时可以抵抗高达2000Gs的冲击（一般硬盘也就600Gs左右），即使从几米的高度落下，也不至于损坏，插槽也非常耐磨，可反复拔插100万次。

4.由于CF卡内置动态缺陷管理和纠错技术保护技术，因此内部存储的数据非常安全。

缺点：

传统CF卡的体积与其他存储卡相比显得有些大。

微型硬盘

微型硬盘是"蓝色巨人"IBM的杰作，1998年IBM最先推出容量为170MB和340MB的微型硬盘，随后在2000年又推出了512MB和1GB的微型硬盘。后随着IBM硬盘事业部与日立公司合并，日立公司又推出了2GB、4GB甚至更大的微型硬盘。此外，国内的南方汇通Magicstor公司也推出了类似的微型硬盘产品。

微型硬盘采用的是CF TYPE Ⅱ标准，外形与CF卡相同，只是重量略重一些，为16g。微型硬盘能够在大多数配备了CF TYPE Ⅱ或者是PC ATA Ⅱ型卡插槽的数码相机中使用，但是个别的数码相机有可能在电源消耗和内部电路设计上与微型硬盘不兼容，用户在选购微型硬盘时一定要注意这一问题。

Nikon 8MB CF卡

OLYMPUS 128MB xD卡

IBM 340MB 微型硬盘

优点：

容量大而价格相对便宜。

缺点：

由于微型硬盘采用了机械装置，其发热量、耗电量较高，而且稳定性和抗震性都不如普通的CF 卡。

SD 卡

DANE-ELEC 256MB SD 卡

DANE-ELEC 64MB MMC 卡

SD（Secure Digital Memory Card）卡是由松下、东芝联合美国的存储卡巨头SanDisk 公司，于1999 年8 月共同开发、研制的。

SD 卡的中文含义是安全数码存储卡，其中引入了数据保密机制，一个具有版权的音乐文件只可以从计算机硬盘上经核查后向SD 记忆卡传输3 次。但是，如果从SD 记忆卡向硬盘反向核查后（传输），该文件可以再次进行向SD 记忆卡的传输。只不过，这种反向核查只能应用在传输出该音乐文件的那个人计算机上，不可以从SD 记忆卡向另一台个人计算机进行反向的文件传输。

SD 卡从性能和规格都与MMC 卡极其相似。SD 卡的体积为24 mm × 32mm × 2.1mm，从这一数据上可以看出SD 卡与MMC 卡大小一样，只是略厚一些。

优点：

1．传输资料速度快。

2．由于使用的元件坚固，不易损坏，携带方便，且安全性较佳。

缺点：

现有SD 卡产品在容量上有点小。

xD 卡

随着数码相机技术的发展，一直把SM 卡作为主要存储介质的奥林巴斯和富士公司，感到SM 卡已不能满足现有的照片存储需求，于是在2002 年7 月联合推出了xD 卡，其xD 得名于eXtreme Digital，中文含义是数码存储的终结者。

目前市场上的xD 卡主要有16MB、32MB、64MB 和128MB 4 种规格。

优点：

1．作为新一代的存储卡，xD 卡是目前最小巧的存储卡，其体积为20mm × 25mm × 1.7mm，重量为2g。

2．xD 卡是目前读写速度最快的储存卡之一，读取速度可达5MB/s，而写入速度也有1.3MB/s（64MB 以上的xD 卡可达3MB/s）。

缺点：

由于xD 卡刚刚推出，出货量比较小，因此从售价上与其他数码相机存储卡相比要贵一些。

MMC 卡

为了解决CF 卡体积较大的问题，1997 年SanDisk 公司和德国西门子公司的存储器部门联手推出了MMC（MultiMedia Card）卡。

MMC 卡目前主要用于数码摄像机和MP3，也有一些数码相机采用MMC 卡作为存储介质，例如KYOCERA（京瓷）公司的Finecam S3 数码相机就使用MMC 卡。

目前，市场上MMC 卡最常见的是32MB 和64MB 的产品，也有少量的128MB 产品。

优点：

1.MMC 卡的身材娇小，体积仅为24mm x 32mm x 1.4mm，而重量在2g 以下，非常适合移动存储的需要，而且它的构架更为简单，在兼容性来说也不错，在不同的设备之间可以通用。

2．在MMC 卡后面推出的SD 卡标准中，保留了设备对MMC 卡的兼容，也就是说MMC 卡不需要任何转接，就可以直接在使用SD 卡的设备中使用。

3.MMC 卡采用7 针的接触式插口，工作电压为2.7~3.6V。由于采用更低的工作电压，MMC 卡比CF 卡和SM 卡等上代产品更加省电，并且非常耐冲击，可反复进行读写记录30 万次以上。

缺点：

普及程度略逊于其他的存储卡。

记忆棒

记忆棒（Memory Stick）是索尼公司于1997年单独研发的新一代移动存储介质。

其外形略小于口香糖，体积为50mm × 21.5mm × 2.8mm，因此有“口香糖存储卡”的美称。记忆棒净重4g，使用10针接触式插口，其数据总线为串行，最高频率可达20MHz，电压为2.7V到3.6V，这个规格与差不多同一时间出现的MMC卡颇为相似。

记忆棒有两种版本，一种是普通的“蓝条”，另一种是具备版权保护功能的“白条”，一般用于索尼公司的数码随身听。

优点：

体积小，有防止误擦写保护。

缺点：

非标准设备，应用不广泛，只能使用于SONY的电子产品。

SONY 记忆棒软盘适配器

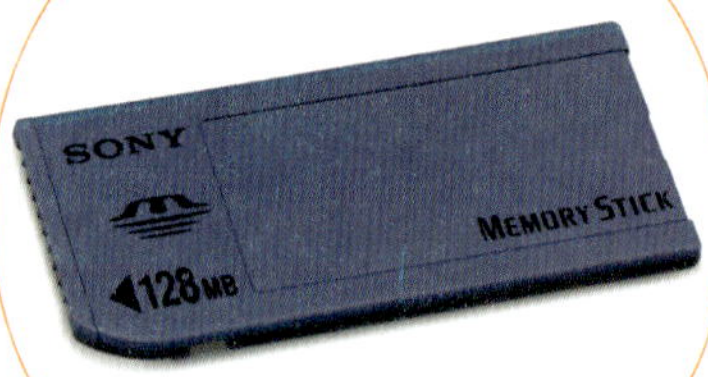

Sony128MB 记忆棒

东芝笔记本电脑内置的SM卡和记忆棒读卡器

EagleTec CF 读卡器

与原产品相比，读入速度更快，容量更大的记忆棒PRO Duo，当然价格也不便宜。

读卡器

前面已经介绍过数码相机可以通过输出线缆，将存储在存储卡中的照片传输到计算机中。可是如果仅为了冲洗照片或与朋友一同欣赏拍摄成果，就带着数码相机到处跑，会显得非常麻烦。为了解决上述问题，读卡器便应运而生了。

所谓读卡器就是一种用来读取存储卡的内容到计算机的工具，通过它我们可以抛开数码相机，仅携带存储卡就可以完成交换照片的工作。

读卡器根据功能上的不同可以分为单一读卡器、多功能读卡器。所谓单一读卡器就是只能读取一种类型存储卡的读卡器。单一读卡器价格要比多功能读卡器便宜一些，适合仅拥有一类存储卡的数码相机用户使用。而多功能读卡器就是在同一个读卡器上，可以同时读取多种类型存储卡的读卡器（例如Winward的6合1读卡器可以读取CF卡、SM卡、MS卡、MMC卡、SD卡和IBM微型硬盘6种类型的存储卡）。多功能读卡器可以读取几乎所有数码相机能够支持的存储卡，适用于拥有多种类型存储卡的用户，或经常接触不同类型存储卡的单位（如数码冲印店、杂志社）使用。

读卡器根据接口的类型还可以分为串、并口、

USB、IEEE 1394、PCMICA 卡和特殊接口读卡器。其中串、并口读卡器是为了解决早期计算机没有USB接口的问题而设计的，这种读卡器随着计算机主板上USB接口的普及已经基本消失。而IEEE 1394接口的读卡器由于目前计算机上的IEEE 1394接口不够普及，因此多用在Macintosh电脑上。

目前市场的读卡器多为USB和PCMICA卡接口的读卡器，其中以USB接口最为常见。

读卡器的另一大类是PCMICA卡接口的读卡器，主要应用在笔记本电脑上。由于大多数笔记本电脑都具有PCMICA卡插槽，通过这种插槽读取存储卡的速度较快，因此在笔记本电脑上PCMICA卡接口的读卡器比较

具有播放功能的数码相机伴侣

X-Drive 数码相机伴侣

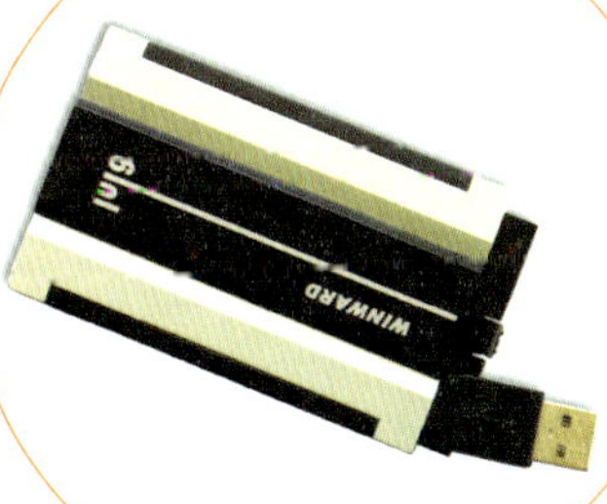

Winward 6合1读卡器

常见。不过随着笔记本电脑上USB 2.0接口的普及，PCMICA卡接口读卡器的市场占有率日渐下降。

在读卡器家族中，还有一类比较特殊的产品，它们的数量不很多，但还有一定的市场，这类读卡器主要是满足一些特殊情况的应用。例如SONY的记忆棒软盘适配器，可以将SONY的记忆棒中的文件转换成软盘驱动器可以读取的格式，只要将该适配器插到软驱中，就可以读取记忆棒上的内容。

此外，随着数码相机和存储卡的普及，有些品牌的笔记本电脑或台式机还将读卡器内置在计算机中，这样用户不必使用额外的读卡器，只要将存储卡插到计算机上的相应插槽中，即可读取卡上的内容。

Buffalo 4合1PCMICA卡读卡器

数码伴侣

随着数码相机的发展，数码相机的分辨率在逐年增加，可是随之而来的问题是存储卡容量不够用。特别是对于那些经常需要在郊外拍摄大量图片的摄影发烧友们，经常是要不了一会就把一张存储卡给塞满了，这时如果需要继续拍摄就需要先把存储卡上的照片传输到电脑中。可是如果随时带一台笔记本电脑又太麻烦了，而且投资也高。这时，数码相机伴侣便派上用场了。

其实，数码相机伴侣是一个由大容量笔记本硬盘、多种类型读卡器和电池组成的移动数码储存装置，可以在没有电脑的情况下转存数码相机存储卡的内容，非常适合专业用户和外出旅游的摄影爱好者使用。

数码相机伴侣的存储空间一般为10～40GB，这样大的容量，使用户完全不必再担心存储卡的容量问题。这类产品还提供标准的USB接口，用户可以随时将其存贮的照片传输到计算机中进行编辑。而且数码相机伴侣大多数都内嵌了液晶显示屏，可显示操作状态，其中部分高端产品还内置了彩色液晶显示屏，这样用户在数码相机伴侣上就可以随时预览照片，甚至还可以通过该设备播放影音视频。

目前，数码相机伴侣面临的最大问题是价格太高，相信随着数码技术的发展，带有MP3、移动硬盘和播放功能的数码相机伴侣最终会进入寻常百姓家。

拍出有色的人生
——数码相机的外置滤镜

对于传统的摄影爱好者来说，滤镜是必不可少的装备，许多摄影作品的美化和加工都要依靠滤镜来完成。即便是在数码相机日益普及的今天，灵活地使用各种光学滤镜，一定会给你的摄影作品增添更多的光彩。

UV 镜

照相机的外置滤镜是一种由玻璃、塑料或透明胶制成的光学镜片。在拍摄照片时，将滤镜附加在镜头的前面，可以改变光线的色彩或性质，使拍摄的照片获得更满意的效果。照相机的常用滤镜有UV镜、中性灰度镜、偏光镜、天光镜、特殊效果滤镜和色温滤色镜等几种，下面分别加以叙述。

UV 镜

UV（UltraViolet）镜又叫紫外线滤光镜。UV镜通常为无色透明的，不过有时因为增透膜的影响，可能在某些角度下观看会呈现不同的颜色。

对于摄影爱好者来说，UV镜并不陌生。许多人在购买数码相机时，都会购买一块UV镜来保护娇贵的镜头镀膜。其实这仅仅是UV镜的一项附属功能，UV镜的主要功能是用于吸收波长在400毫微米以下紫外光线，而对其他可见／不可见光线均无过滤作用。UV镜之所以能够过滤紫外线是因为其镜片中含有铅，因此UV镜都比较重。

在选购UV镜时，注意镜头不要偏色，并且相机安装该镜头后，广角端尤其是长焦端都能对焦清晰。对普通用户来说，大自然、海鸥等国产品牌完全可以应付一般的摄影活动，要求较高的用户可以选择HOYA、肯高等国际品牌，专业用户可以选择德国的B+W等的UV镜。

此外，如果用户仅仅为了保护相机镜头不受伤害，还可以选购专门的镜头保护镜（例如佳能的镜头保护镜）代替UV镜。由于镜头保护镜采用多层镀膜技术，透光率要远远好于UV镜，因而能够完全保留原镜头的特性。

UV镜适用环境

UV镜适用于海边、山地、雪原和空旷地带远景等拍摄，能减弱因紫外线引起的蓝色调。同时对于数码相机来说，加装了UV镜，还可以排除紫外线对CCD的干扰，有助于提高清晰度和色彩的还原效果。

中性灰度镜

中性灰度（Neutral Density filter，简称ND镜）镜又叫中灰密度镜，其作用是过滤光线，这种滤光作用是非选择性的。也就是说，中性灰度镜对各种不同波长的光线的减少能力是同等的、均匀的，只起到减弱光线的作用，而对原物体的颜色不会产生任何影响，因此可以真实再现景物的反差。

中性灰度镜有多种密度可供选择，如ND2、ND4、ND8（分别需要增加一挡、两挡、三挡曝光），也可以多片中性灰度镜组合使用。

中性灰度镜适用环境

使用中性灰度镜主要的目的是防止过曝，例如在拍摄流水时，如果光线太亮就很难选择较慢的快门速度拍摄，这时使用中性灰度镜减少进入镜头的光线，就能够使用较慢的快门拍摄出虚化的水流效果。

偏光镜

偏光（Polarized Light，简称PL镜）镜又叫偏振镜，是由二片光学玻璃夹着一片有定向作用的微小偏光性质晶体（如云母）组成。偏光镜好像是一道细密的栅栏，只允许振动方向与缝隙相同的光通过。在使用过程中，偏光镜镜片安装到一个可以旋转的环圈上，通过旋转可以消除被摄物体表面的偏振反射光。

偏光镜　中性灰度镜　天光镜

根据过滤偏振光的机理不同，偏光镜可以分为圆偏光镜（Circular PL，简称CPL）和线性偏光镜（Line PL，简称LPL）两种。两者偏光镜的作用是相同的。目前采用AF镜头（Automatic Focusing、自动调焦功能的交换式照相机镜头）的相机，都采用圆偏光镜作为偏光镜，这是因为AF镜头会旋转的原因。在一些光线条件下，线性偏光镜有可能误导机内测光元件进行测光，因此DC和大多数自动对焦机器都使用圆偏光镜。

偏光镜适用环境

1．拍摄天空时用来降低蓝天亮度，通过过滤掉漫反射中的许多偏振光，从而减弱天空中光线的强度，把天空压暗，并增加蓝天和白云之间的反差；

2．用于清除非金属表面的反光。光线照射到非金属表面产生的反射光是典型的偏振光（金属表面反射回的光线不是偏振光，偏光镜对其不起作用），通过调整偏光镜就可以滤掉这一部分的反光，从而改善被摄物体的画质，并提高画面的清晰度，例如，通过使用偏光镜，可以减弱水面的反光，从而清晰地拍摄到水中的鱼；

3．替代中性灰度镜。偏光镜也可以减少1～2挡曝光量，因此它可以替代ND4、ND2中性灰度镜的作用；

4．使用偏光镜还可以提高彩色影像的色彩饱和度，这是因为偏光镜可以吸收大气中雾气或灰尘反射出的各种方向的杂光，从而使拍摄出的影像更加纯净。例如，在拍摄花卉静物等摄影中，经常使用偏光镜去拍摄色彩艳丽的照片。

小技巧 Tip

用好偏光镜需要一定的技巧，例如拍摄天空时，可以使用右手将大拇指与食指成90度方向，将食指指向太阳，而大拇指方向就是最佳的拍摄方向。此外，由于偏光镜在最佳偏振效果时，会损失1/2到2挡的光圈，因此需要对曝光进行补偿，一般增加1至2挡曝光量即可。对于无法过滤掉的金属表面反光，可以在光源前面加一片大的偏振镜，这样金属反射出的光线就是偏振光，就可以使用偏光镜滤掉金属表面的反光了。不过在进行人像摄影时，最好不要使用偏光镜，这是因为偏光镜能过滤掉脸部的反光，使人脸失去立体感。

天光镜

天光（Skylight）镜简称SL镜。天光镜与UV镜的作用有些类似，它们都是用来吸收紫外线的，只不过UV镜能够有效吸收紫外线，但对色彩平衡作用不大，而天光镜除了具备UV镜的功能以外，还能起到色彩平衡的作用。

天光镜一般分为1A和1B两种，其中1A呈十分浅淡的橙红色，而1B呈十分浅淡的品红色。这两种天光镜除具有UV镜功能以外，还分别对500nm处绿光（1A）或550nm处黄绿光（1B）吸收约10%的量，以减少天光（天空中的散射光）引起景物偏蓝色调的现象。

天光镜适用环境

天光镜主要用于调节色温。使用天光镜在晴朗阳光下拍摄彩色照片，可得到良好的彩色再现和高纯度的画面。尤其拍摄晴天室外人像时，能防止人物旁边物体所引起的反光，使人物的肤色保持自然真实。另外，由于天光镜不需要补偿曝光量，所以常被摄影爱好者装在镜头前用来保护照相机镜头。

柔光镜

柔光镜（Soft Focus）又叫柔焦镜、朦胧镜。它的作用是可以使拍摄的画面全部柔化。

柔光镜有3种型号可供选择，其中1号柔光镜柔化效果较弱，2号居中，而3号柔光镜柔化效果最强，在实际使用当中可以根据需要进行选择。为了实现一部分影像清晰、突出而四周影像模糊的效果，还有一部分柔光镜，在镜片的某一处使用透明玻璃或开孔，根据开孔位置不同，这类柔光镜被称为中空柔光镜及边空柔光镜。

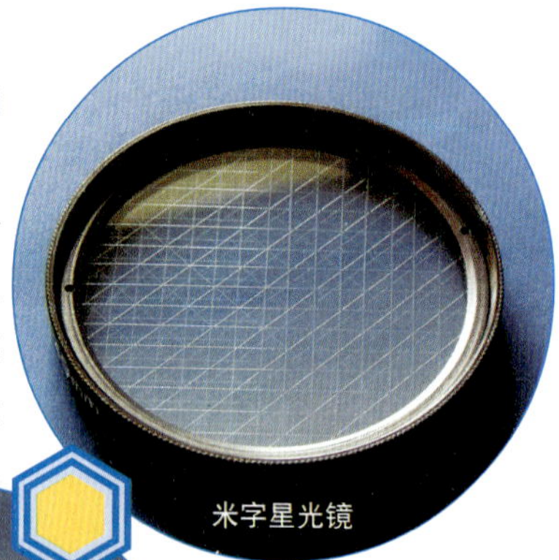
米字星光镜

在使用柔光镜时，要使柔光效果加强，可再适当增大光圈。此外，因为柔化的作用，相机的自动调焦功能可能无法使用，要获得良好的对焦，此时应该将相机改变成手动聚焦方式。

柔光镜适用环境

用于对人像肤色进行柔化，使人像的皮肤质感更好。

中空柔光镜

边空柔光镜

星光镜

星光镜（Star Burst）又叫光芒镜或散射镜。星光镜是一种比较特殊的滤镜，星光镜的玻璃上通过蚀刻的方法雕刻出不同类型的纵横线形条纹，在点光源的作用下，可以使拍摄景物中的光亮点产生衍射，从而使拍摄的照片上的每个光源点都放射出特定线束的光芒。

三棱镜

星光镜根据其上雕刻的细线数目和细线构成的图案不同，会产生不同效果的星状闪光。常见的星光镜主要有：十字镜、雪花镜和米字镜。

星光镜适用环境

星光镜通常用于拍摄夜景的灯光或物体的反光，来达到一种光芒四射的艺术效果，使照片出现梦幻效果。

多影镜

多影镜（Multivision）通过玻璃表面的各种不同的刻面，把一个景物在一个画面里同时拍出多个影像。根据刻面的不同，多影镜可以分为三棱镜、五棱镜、六棱镜等，不同类型的多影镜可以使一个景物在底片上产生多个数量不等的影像。

多影镜在使用时，最好选择较暗的背景且相互间重叠干扰少的物体拍摄，这样才容易拍出较好的照片，否则将影响视觉效果。此外，多影镜在使用时，光圈的大小和拍摄距离也会对各影像的重叠和干扰的程度有影响。光圈越大，重叠干扰将会越多；拍摄距离越近，影像间的重叠越多，而距离越远，影像重叠将会越少。

多影镜适用环境

光线较暗，且拍摄对象没有太大干扰的环境。

速度镜

速度镜（Speed Lenses）是一种通过特殊工艺处理的透镜，该透镜的一半玻璃为无色透明，而另一半为柱面透镜的特殊效果镜。通过该透镜可以拍摄出主体的影像前端清晰，后面大部分影像突出虚影的特殊效果。

速度镜一般装在活动的滤色镜框架内，在使用过程中可任意旋转，来实现被摄物体不同方向的运动效果。

速度镜适用环境

主要用于表现物体快速运动的效果。在拍摄静物时，可以把静物改变成流动状给人以运动的感觉，使用它拍摄的照片就像运动物体飞速而至，戛然而止，画面动感强烈。

爆炸镜

爆炸镜（Explosive Lenses）又叫散射镜，通过它拍摄的影像是以中央聚焦，并向四周产生强烈的辐射（爆炸状）的动感效果。爆炸镜在使用时，宜用小光圈拍摄，且被摄物体背景越复杂，拍摄出的动感效果越好。

爆炸镜适用环境

被摄物体背景较复杂的环境。

彩虹镜

彩虹镜（Rainbow）通过在透镜上形成不同角度的棱面，在拍摄时光线透过棱面出现色散，从而在景物上形成的彩虹的气氛，以增加画面的趣味性。

彩虹镜根据透镜上不同棱面的形状，可以分为环状彩虹、1 线彩虹、4 线彩虹、8 线彩虹等不同类型。

彩虹镜适用环境

彩虹镜常用于在任何季节条件下人工模拟出彩虹的效果。适合用来拍摄画面中有强烈点光源的内容，具体的效果为中间是个亮度极高的光点，周围有一条条彩虹似的光线。

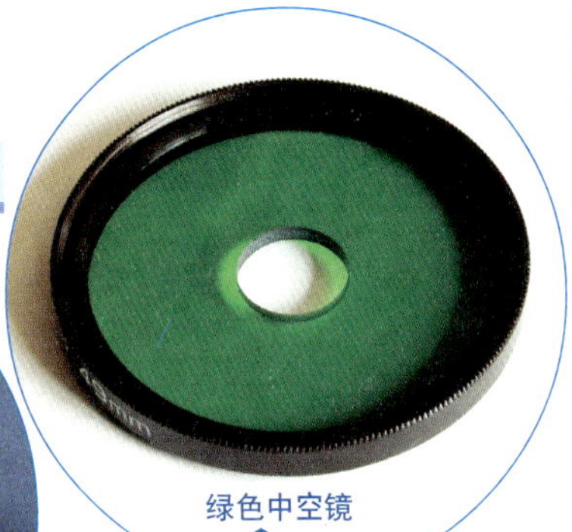
绿色中空镜

小知识 Knowledge

对于数码相机来说，由于其拍摄的照片非常容易导入计算机进行编辑，例如PhotoShop等图像处理软件都具备和各种效果镜一样的处理效果，有的甚至远远超过了特殊效果滤镜的功能，因此特殊效果镜在数码相机上的应用将会越来越少。

速度镜

红色滤色镜

彩虹镜

爆炸镜

彩色中空镜

彩色中空镜（Color Spot）的中心为开孔或无色透明的玻璃，而周围由不同颜色（例如红、黄、蓝、绿、橙、灰、紫、粉、青、白等颜色）的彩色玻璃组成。使用中空镜拍摄照片时，影像的中心部分将保持原状，而周围影像背影则带有对应滤色镜的颜色。

中空镜适用环境

中空镜多用于拍摄人像和风光，用来突出被摄影像的主题。

彩色滤色镜

外置滤镜中的另一大类是彩色滤色镜，彩色滤色镜就是一块带有颜色的彩色玻璃，它的主要作用是校正色温、改变色温和提高色彩饱和度。其中，校正色温是指在不同的灯光下，照出照片的色温不同，物体的颜色会和真实颜色不大一样，这时可以通过添加彩色滤色镜来解决。对于数码相机来说，大部分的数码相机都具有调节白平衡的功能，因此数码相机基本上很少通过添加彩色滤色镜来校正色温。

彩色滤色镜适用环境

改变色温可以分为减少色温和增加色温两种，减少色温是通过加装暖色调的滤镜来加强暖色，从而减少色温。这种滤镜通常使用在阴雨天或者正午拍摄的照片，用以减少蓝色调，使人像肤色显得红润；而增加色温就是添加冷色调的滤镜，用来减少黄昏的场景的红黄色调。此外，彩色滤色镜还可以提高色彩饱和度，通常用于拍摄某些需要强调色彩的建筑物，如风光摄影中，强调叶类和岩石的特征，或火红的晚霞等场景。

用在数码相机上的插件
——外接镜头

增距镜

成像圈现象

随着摄影水平的提高，不少朋友渐渐觉得自己手中的相机已经不能满足创作的需要了。例如镜头的长焦端焦距有限，拍摄远处景物时显得力不从心；镜头视角较窄，无法拍摄大场面……而对于绝大多数数码相机来说，镜头是无法更换的。那么如何解决上面的这些问题呢？不妨考虑一下使用相应的外挂镜头。

外接镜头是对相机固有镜头的扩展，它可以增强原来相机固有镜头的功能，例如增加光学变焦、扩大广角范围和增强微距拍摄能力。常见的外接镜头有增距镜、广角镜、微距镜等，下面将分别对这些镜头进行详细叙述。

增距镜

增距镜（Tele Converter）又叫增倍镜或远摄延焦镜。数码相机的增距镜在专业摄影中被称为前置增距镜，其实就是一组望远镜头。安装增距镜后，可以使远处的平行光束缩小后再进入数码相机的原有镜头成像。正是因为这一原因，增距镜可以使相机镜头的实际焦距延长，从而使远处的景物拉近。

根据上面的原理，增距镜通常用来替代长焦镜头（增距镜价格要便宜得多）拍摄距离较远的景物，使被拍景物在画面里更大。由于增距镜改变焦距的作用于全焦段，因此安装增距镜后相机的变焦倍数是成倍增长的。例如，一个具有 3 倍变焦的数码相机，使用 2 倍的增距镜后，数码相机的最大变焦倍数就变为 3 × 2 = 6 倍了。

在选购增距镜时，要注意成像圈的问题。所谓成像圈就是指相机安装了外接镜头后，在广角端拍摄照片时，会出现四角发暗，甚至照片四周出现黑圈的现象。造成这一问题的原因是外接镜头的口径和长度与数码相机的口径不匹配。口径越小，长度越长的外接镜头成像圈问题就越严重。一般来说，数码相机在安装增距镜后，成像圈是不可避免的，不过在选购增距镜时，应该尽量选择成像圈最小的产品（在购买时，可以通过在最大变焦下，面对白墙拍摄来检验成像圈的大小）。通常原厂专为该型号数码相机设计的增距镜，产生的成像圈要小得多，且拍摄的图像质量也要好一些，不过价格要贵一些。

此外，在使用增距镜的时候，由于焦距倍数增大，产生的抖动变形也会成倍放大，所以在使用增距镜的时候，尽量用三角架或者找依托的地方以加强稳定性。安装增距镜后，由于焦距的加大，景深也变小了，因此还可以利用这一点，来拍摄浅景深效果的照片。

注意
Notice

照相机的外接镜头是指外挂在相机本体镜头上的其他镜头，但并不是所有的数码相机都具有外接镜头的能力。许多中低档的数码相机镜头上没有螺纹，因而是不能直接安装外接镜头的。

广角镜

广角镜（Wide Angle）又叫短焦镜头。广角镜与增距镜的情况正好相反，实际上是一个倒望远镜系统，是把远处来的平行光线扩大后再进入原镜头成像。正是因为这一原因，广角镜头能够使照相机镜头的焦距缩短，视角增大，从而拍摄范围增加。

广角镜的规格有0.5 ×、0.8 ×倍率等，其中数值愈小表示视角角度愈广，添加广角镜后，数码

广角镜

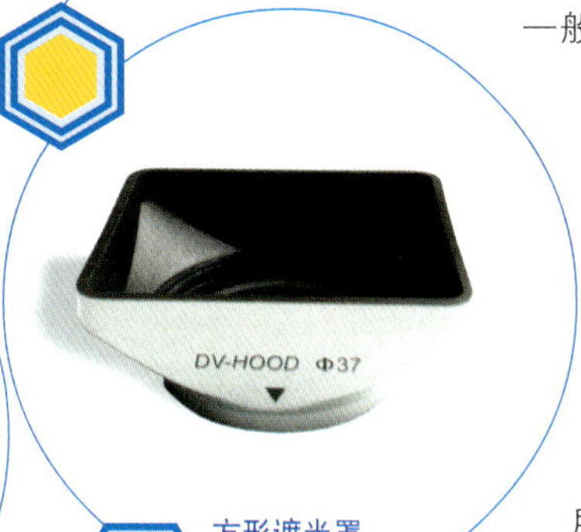

方形遮光罩

近摄镜

莲花型遮光罩

相机的广角计算方法为广角镜倍率乘以原镜头固有广角值。例如，一台数码相机原镜头广角值为35mm，该相机添加0．8×倍率的广角镜后，实际广角值为35×0.8=28mm。

在摄影创作中，常使用广角镜头拍摄，来获得以下几个方面的效果：（1）增加摄影画面的空间纵深感，多用于拍摄风景建筑等大场面的拍摄环境；（2）利用景深较长，保证被摄主体的前后景物在画面上均可清晰地再现；（3）镜头的涵盖面积大，拍摄的景物范围宽广，多用于与被摄物体距离不够情况下拍摄全景；在相同的拍摄距离处所拍摄的景物，比使用标准镜头所拍摄的景物在画面中的影像小；利用镜头畸变效果，获得类似于鱼眼镜头的艺术效果。

广角镜与增距镜类似，在有的相机上也会出现成像圈。不过与增距镜相比，广角镜的成像圈并不严重。在进行广角镜的选购时，主要注意桶形失真的问题。所谓桶形失真就是指在广角端拍摄物体时，由于镜头畸变的作用，在照片的四角会出现向内弯曲的现象。为了尽量减少广角镜的桶形失真，在选购广角镜时，注意不要选择过大的广角倍率，一般选择0．5～0．7倍率即可。

近摄镜

近摄镜（Close Up）又叫微距镜，它的正面凸起，背面微微凹进（可以在一定程度上减少像场弯曲）。近摄镜的结构比较简单，实际上就是一块正透镜，可以看成一块放大镜。安装近摄镜后，镜头的屈光度增大，因而对焦距离就会缩短，所拍摄物体的放大倍率也会增大。

近摄镜有多种规格，一般的近摄镜头都是成套出售的，每套近摄镜包含3个镜片，它们屈光度是不同的。这3个镜片一般标有＋1、＋2和＋4，这些数字代表近摄镜的放大倍数，数字越大的表示镜片的屈光度越大，拍摄距离也越短，拍摄出的物体也越大。

近摄镜常用于拍摄近距离的花卉、昆虫、资料等细小物体。拍摄时因景深短，尽量使用最小光圈。影响近摄镜拍摄效果的最大因素是色散，所谓色散就是指在拍摄图像的高反差边缘处会出现红、蓝等额外的颜色，这是因为不同颜色的光线在透镜中的折射率不同造成的，而近摄镜由于放大倍数较大，这一现象会更加明显。一般来说低档的近摄镜色散会非常严重，而高档的近摄镜由于采用消色差镜片，能够有效地降低色散。因此选购近摄镜时，尽量不要选择过于低档的产品。

遮光罩

遮光罩（Lens Hood）是一种非常有用的照相机配件。使用过相机的人都知道，当强烈光线直射镜头时，会产生各种程度不一的干扰，轻者影响测光值准确度，重者还会在拍摄的照片上产生不可预见的光斑，为了解决这一问题，人们常在照相机的镜头前加装遮光罩。所谓遮光罩其实就是放在镜头前，用来遮挡镜头前杂散光的一种遮挡物。

遮光罩从材质上可以分为橡胶、塑料和金属3种，采用橡胶制作的遮光罩最大的优点就是可以折叠收缩，易于携带，因此这类遮光罩应用得较为广泛。

遮光罩从外形上，还可以分为圆形、方形和花瓣型（又称莲花型）3种类型。圆形的遮光罩在传统相机中还有一定的应用。但是由于杂散光对数码相机的CCD影响要远远高于传统相机，而花瓣型和方形的遮光罩遮光效果要好于圆形的遮光罩，因此在数码相机上常使用这两种外形的遮光罩。

摄影的好助手
——闪光灯与三角架

无论是使用传统相机还是数码相机，要拍出优秀的摄影作品，都少不了要用到闪光灯和三角架，用好它们，你的摄影作品也必然会锦上添花。

闪光灯

闪光灯是现代摄影中使用最广泛、光源最佳的人造光源。它多用于在室内或低光环境下以弥补相片的曝光不足。另外，在逆光环境下闪光灯还可以作补光之用。

电子闪光灯的原理是利用电子激发惰性气体产生脉冲光源，因此它属于非连续光谱的光源。电子闪光灯的特点是体积小、发光强度大、热量小，且色温接近日光，大约为5500K 左右。目前，电子闪光灯按使用范围可以分为内置闪光灯、外置闪光灯、摄影棚专用闪光灯系列和微距闪光灯等几类。

现在，许多数码相机尤其是中、低档的数码相机都内置有闪光灯。这类闪光灯携带方便，利用相机的内置电源就可以发光，但是由于其指数较低，照明范围较小，不适于远距离的拍摄。为了获得更好的拍摄效果，就需要为数码相机添加外置闪光灯。

不过，并不是所有的数码相机都可以安装外置闪光灯，是否能够安装外置闪光灯，要看数码相机的顶部是否存在安装闪光灯的热靴。如果数码相机上没有热靴，该相机将不能安装外置闪光灯。热靴的具体作用是，在热靴上存在一个电子触点，通过它可以将闪光灯和照相机的快门连接起来。拍摄时，只要按下快门，闪光管能自动触发闪光，从而达到拍摄与闪光同步。

对于外置闪光灯，使用时要注意闪光灯的标注指数。闪光灯的标注指数是影响闪光灯效果的最重要的性能参数，它的大小直接影响数码相机拍摄照片时使用的光圈数。相机使用闪光灯时的光圈数可用下列公式来计算：

$$\sqrt{\frac{\text{数码相机使用的感光度}}{100}} \times \frac{\text{闪光灯的标准指数}}{\text{相机和被摄物体之间的距离}} = \text{所使用的光圈数}$$

例如，一台数码相机使用的感光度为ISO400，当它用标注指数为26的闪光灯，拍摄距离10米的物体时，所选用的光圈数为 $\sqrt{\frac{400}{100}} \times \frac{26}{10} = 5.2$，因此这时我们只要将数码相机的光圈调到F5.0即可。

脚架

初学者在使用数码相机拍摄画面时，最大的问题应该是画面的抖动，这一点在使用高倍光学变焦和慢速快门时显得尤为突出。如果你经常需要拍摄固定场面或远处景物时，那么最好为你的数码相机配置一个脚架。

根据脚架的制造材料的不同，可以分为塑料、铝合金、不锈钢和碳素纤维等几种。在这些脚架中，塑料的价格最为便宜，但结实程度差；铝合金、不锈钢的价格中等；碳素纤维的较贵。对于数码相机来说，由于其重量较轻，没必要选择重量较重的产品。而且考虑到价格的因素，选择铝合金材质的脚架即可。

此外，脚架根据结构还可以分为独脚架、三脚架和微型脚架3种。其中，独脚架是用一根腿来替代标准三脚架的三根腿。使用独脚架时利用身体的两条腿和独脚架构成一个三角形，以增强拍摄的稳定性。独脚架并不能完全替代三脚架，这是因为它并不适合长时间曝光的应用，不过由于其轻便小巧，且容易携带，因此十分适合外出旅行（例如登山）等户外数码摄影场合使用。

三脚架就是常见的普通脚架，它使用三个腿支撑相机，具有很高的稳定性。三脚架适合于在暗淡照明情况下使用小光圈获得大景深和足够的曝光量（如现场光或摄影灯照明）。此外，三脚架还适合长时间拍摄稳定不动的物体（如花卉等）。三脚架根据外形可以分为大、中、小型3种，大型的三角架一般在室内和摄影棚等固定地点使用，而中、小型的三脚架适合于摄影爱好者随身携带使用。其中，中型三角架多数使用铝合金、不锈钢等材料制作（也有一些高档的使用重量较轻的碳素纤维材料制造），十分坚固和稳定，适合于重量较大的准专业数码相机使用，而小型三角架在体积和重量上占有优势，一些产品更是使用了铝合金制造，适合重量较轻的消费级数码相机使用。

微型脚架一般指高度在20cm以下的三脚架，它适用于近距离拍摄静物或使用自拍功能时使用，这类脚架一般放在桌面等高台上使用，是一种简单便捷的脚架产品。

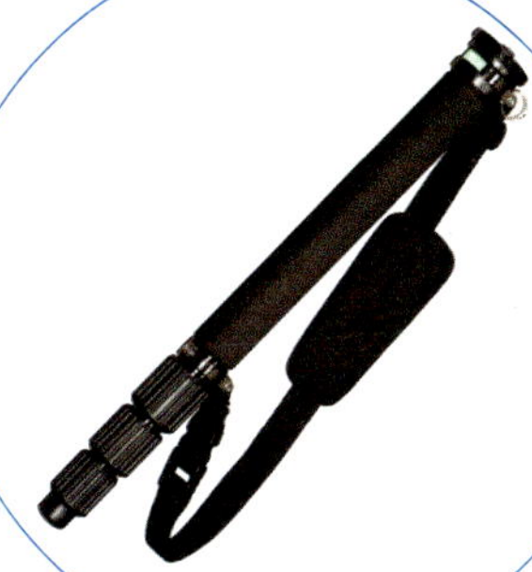
Velbon 独脚架

外置闪光灯

内置闪光灯的数码相机

Velbon（金钟）三脚架

微型脚架

包罗万象
——看数码相机的摄影包

有了自己的数码相机，我们还需要有一个合适的摄像包。一个结实、好用的摄影包，不仅可以用来装相机、数码存储卡、电池套件、辅助镜头或小型便携式三角架等，更重要的是它还可以为你的相机提供最大限度的保护。当你在下雨的时候带相机上街或在旅行中不小心地将摄影包由高处掉下，你将会发觉一个优质的摄影包是多么重要。

摄影包的品种繁多，选购时主要根据个人器材的多少、个人的审美品位，并本着经济、实惠的原则就可以了。摄影包从结构上，可以分为专用摄影包和综合摄影包两种。其中，专用摄影包是指专门为某种型号相机生产的摄影包，这类摄影包按照该照相机的外形设计，一般除了装下该型号的照相机以外，仅能再放置电池、存储卡等小件物品。由于外形小巧，这类摄影包适合于普通用户外出旅游使用。

综合摄影包是一种外形较大的摄影包，它的出现是为了弥补照相机增加外置镜头后，不能再使用专用摄影包的问题。这类摄影包除了可以放置外置镜头以外，还可以放置电池充电器、外置闪光灯和镜头清洁用品等相关摄影配件。有的综合摄影包甚至还可以放置三脚架、反光板等较大的摄影物品。

选购摄影包时，主要考虑的因素是摄影包的耐用性、防水性和防护性能。一般来说，摄影包的材质最好为比较结实且防水的帆布和尼龙，并且在摄影包的内部应该有较厚的海绵防护。

如果想购买新款摄影包，最好找稍大一点的。如果买的摄影包在每次取东西的时候，都要把里面的东西全部拿出来，那样的话会错过许多很好的拍摄机会，而且也烦人。因此，要买摄影包的时候最好把相机和附件带上，看一看哪种摄影包最适合你。

此外，如何背挎包也非常讲究。调整好摄影包上的带子，不要使相机离你的身体太远，否则它会从你的身上弹起，碰到别人或撞到其他物体。最理想的办法是，摄影包挂得稍高一些，这样你手臂可以防止它受碰撞，而且还可以防小偷。同时要注意，背相机时镜头朝里（向着你的身体）也可起到保护作用。

综合摄影包

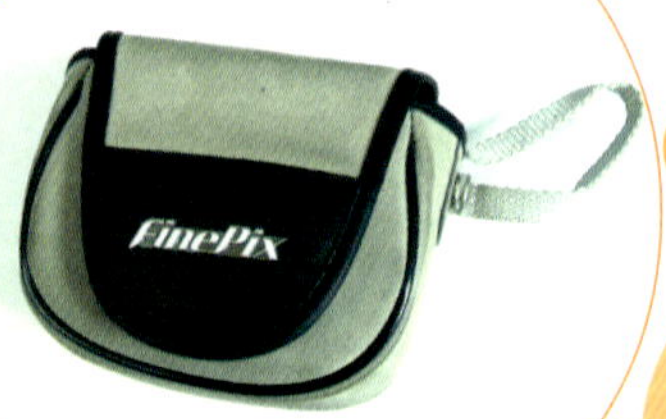

Fuji 2800Z 专用摄影包

文/图 张 认

3 第三章 THIRD CHAPTER

数码相机产品更新速度快、功能五花八门、性能指标趋于雷同化，这些都使得选择一部数码相机成为一件比较费心的事情，而数码相机配件的选择也是如此。如何才能选择到“称手”的数码相机及配件？下面我们就从数码相机选购原则、选择技巧和周边配件的选择几方面为大家一一道来。

我选择我“称手”

Purchase guide

随着数码相机的普及，它日渐成为一种消费类家电产品。而目前主流数码相机的价格不断下降，新产品也层出不穷，也许新购买了数码相机几天后就会感到后悔。但适合自己的就是最好的，只要把握好一定的选购原则，就能选到自己称心如意的一款数码相机。

数码相机九选过关

一选生产厂商

如果没有专业的要求，对于大多数普通消费者来说，价格应该是购买时首先考虑的问题，而价格的差异来自品牌的选择。国外的知名品牌以日系厂商为主，我们熟知的有富士、索尼、佳能、奥林巴斯等。此外，韩国的三星、美国的柯达也是不可小视的市场主力军。这些品牌民用级主流机型的价位一般在2500～3500元。国产品牌的数码相机以国内IT厂商生产为主，包括传统光学设备厂商（如海鸥等），大都主推自有品牌的数码相机（如联想、爱国者、明基、清华紫光等）。目前国产主流家用数码相机的价位在1700～2500元。

国内厂商：明基（BenQ）、清华紫光、爱国者、方正、联想、京东方、凤凰、海鸥等。

日系厂商：佳能（Canon）、索尼（SONY）、奥林巴斯（Olympus）、柯尼卡美能达（KonicaMinolta）、富士（Fujifilm）、尼康（Nikon）、宾得（PENTAX）、松下（Panasonic）等。

佳能PowerShot S1 IS具有10倍光学变焦能力

其他厂商：柯达（Kodak）、三星（Samsung）等。

1.国内厂商

国产数码相机具有本土优势之核心竞争力，然而由于技术基础薄弱，目前主要依靠性价比优势与国外品牌抗衡。各大国内厂商正逐渐意识到技术优势的关键，而以如今的设计外观、引进主要部件为手段做前期的产能和市场积累，加紧自有核心技术的研发。虽然在专业摄影用途上有一定差距，然而作为家用数码相机具有相当强的性价比竞争力。

2.日系厂商

日系厂商拥有传统相机生产的优势积累，尼康、柯尼卡美能达、佳能等厂商都是已经在传统相机有丰富经验而开拓数码相机领域的，因而具有先天优势。这类厂商最显著的特点便是产品做工精细，另一个特点是技术开发密切贴近消费市场。索尼的CCD技术是一流的，除了自己生产以外，还供应给其他数码相机厂商，但其镜头主要依靠外购，自身并不生产镜头。佳能、奥林巴斯则依靠其传统相机的优势拥有优质的镜头和出众的外型设计。富士作为一家老牌的胶片生产厂商，其多年对色彩的研究技术积淀，使得用富士数码相机拍出的图像艳丽而且层次丰富。同时富上还自行生产独特的超级CCD。虽然富士珑镜头不为一般人所知，

富士 FinePix S5000 使用自家生产的镜头

但却是电视台大型摄像机用镜头的首选品牌。

不过日系数码相机的弱点是其单纯针对用户市场而存在不可避免的"软肋"，比如索尼相机的过于艳丽、佳能某些型号在功能上追求花哨而配合失当。就目前而言，日系品牌数码相机占据全球市场绝大份额。

宾得(PENTAX，也译作潘太克斯)是一家与佳能(Canon)、尼康(Nikon)、美能达(Minolta)等齐名的光学摄影器材厂商，而对于迅速崛起的数码相机市场，则力图将自己的专业化设计融合到民用级的数码相机产品中，从而占有数码相机市场的一席之地。

3.其他厂商

柯达是美国的老牌摄影器材厂家，秉承美国产品的一贯特点。柯达数码相机在设计风格上有"粗犷"、"自由"的气质，操作上奉行"简单、家用"宗旨，大部分产品都采用十分方便的自动系统"EasyShare"，只用一个按键便可以完成传输至电脑、充电的操作。并且充分利用了胶卷产业的优势，拍出的照片色彩艳丽而不夸张，适合打印，当然带来的一定程度上的负作用便是噪点可能会增大。

三星数码相机目前还主要依靠大厂的名声，产品型号不多，但无论在外形或性能上都做得相当中规中矩，照片色彩逼真而不多渲染，在家用数码相机市场占有一席之地。

大家可以根据这些厂商的各自强项，挑选适合自己的数码相机。对于摄影发烧友，尼康、佳能、奥林巴斯、柯尼卡美能达是首选品牌；对于电脑发烧友，索尼、松下、富士、柯达、卡西欧是首选品牌；对于普通家庭用户，建议选择性价比高的国产数码相机。

二选像素大小

对于数码相机，目前市场上说得最多的就是像素，无论是广告，还是商场中的促销海报上，宣传的都是像素。CCD的像素决定了图像的精度。我们通常所说的200万、300万等就指的是像素。在单位面积的CCD上，像素越高，理论上其图像精度（分辨率）也就越高。但是，像素的多少和影像的清晰度有的时候并不一定有必然的联系，它和影像的制作尺寸有关系，就是要考虑数码相机有多少像素，有可能做到多大尺寸的照片。比如说

宾得 Optio 555 线条圆润，富有时尚感

柯达 DX6490 外形方正，具有"阳刚之气"

柯达DX6440，具有400万像素的CCD

200 万像素的数码相机直接在彩扩机上扩印，扩到长边为10 英寸大小的照片是没有问题的。300 万像素能直接扩到12 英寸，400 万像素能直接扩到15 英寸。我们使用一部200 万像素的数码相机和一部500 万像素的相机拍照，冲印同样大尺寸的照片，如果尺寸不是太大（比如A4幅面），有可能它们的影像品质是完全一样的，只有放大了才能分辨出它们之间的区别。如果我们不是经常制作大幅面的图片，200 万像素的数码相机就已经能够满足网上传送、制作电子相册和打印输出的需求了。而对于普通家庭，如果没有特殊的放大需要，300 万像素应该是一个性价比比较好的产品档次，甚至200 万像素也说得过去。如果在一种较低价位上，片面追求高像素值，那就极有可能损失相机的其他功能，而这些功能，比如变焦能力、微距拍摄能力、镜头质量、芯片处理速度等，对数码相机成像的质量而言，同样是极其重要的。这也是为什么有些300 万甚至400 万像素的数码相机，所拍摄的画面质量倒不如部分200 万像素级产品高的原因。

三选变焦高低

变焦能力也是数码相机镜头的设计重点。数码相机的变焦一般分为光学变焦和数字变焦两种。光学变焦就是和传统的光学成像相机一样，通过镜头的伸缩组合来实现变焦，这也是真正意义上的变焦。光学变焦的放大倍率，是利用光学变焦所拍摄的图像整体放大，所以分辨率与画质不会改变，当把镜头推进放大景物时，光学变焦可以使得原先景物在放大的同时更加清晰，因为它的图像粒子也同时增加，所以可以很好地显现出细微之处。照片的清晰度需要依靠光学变焦，因此一款相机的光学变焦能力好坏就成了评判其性能的重要标准。

但光学变焦镜头的成本较高，而且非常复杂。复杂的变焦镜头体积一般都过于庞大，这一点对于体积趋于小型化的数码相机来说，并不适用。因此，目前市场上主流的数码相机的光学变焦大多为5 倍左右。

数字变焦的基本原理是通过数码相机里的运算器对所拍摄的景物数据进行插值计算，从而对被摄物放大，达到变焦的效果。这种变焦方式似乎可以呈现更多的细节，其实只是对原先所拍摄影像做单纯的放大，并不会增加图像的清晰度。因为所多出来的像素数并不是镜头实际摄入的，而是通过软件插值计算出来的。数码相机的数字变焦现在市场上多见的是2 倍、3 倍或4 倍。

在数码相机的性能指标栏中一般都标有“此数码相机具有4 倍光学变焦以及2 倍数字变焦功能”的字样，可见，它们是数码相机镜头性能的一个重要指标。目前有些数码相机厂商为了吸引更多的注意，常常是强调其产品的变焦能力可达12 倍。这其实是将光学

宾得 Optio S具有3倍光学变焦镜头

变焦与数字变焦相乘的结果，例如12倍变焦能力则是相当于3倍的光学变焦乘以4倍的数字变焦，画面的确可以达到放大12倍的效果，但影像的实际清晰度还是依赖于3倍的光学变焦能力。

我们在实际选择数码相机产品的时候应注意其光学变焦能力，对于家用数码相机，选择3～5倍光学变焦的机型即可，稍微专业的用户，可以选择5～10倍光学变焦的机型。

四选操控方法

如果购买数码相机时能够在10分钟之内就掌握其所有操作功能，这样的数码相机在操作的简单性上就算是合格了。

1.功能按键与操作

用户在选择数码相机时，功能按键越少越好，最好是各种拍摄/播放功能可以通过一个按键随意切换。另外要具有四向按键，一个手指就可以轻松操作。

例如奥林巴斯专业单反数码相机E－1，其基本操作由"按钮＋旋钮"来完成。完全是"一功能一按钮"操作方式，习惯以后，眼睛不需离开取景器，就能进行各种操作和设置。尼康D1X采用功能键加四向按钮的操作方式，而卡西欧QV－4000采用与传统相机非常接近的按钮及模式盘，一些常规功能均采用了简易图标指示。

然后就是相机的操作系统，使用是否顺手因人而异，例如佳能数码相机的菜单和机身按键做得非常好，各类图示十分形象，各选项的安排也很合理，使用非常方便顺畅；尼康数码相机做得也很不错，只是有些机型没有中文显示，对不懂英文的用户有些难度。在购买时一定要亲身试用，包括各个按键和菜单各项功能，免得购买之后因为操作的不便而影响摄影的乐趣。

佳能 PowerShot A80 具备翻转式LCD取景器

2.LCD液晶屏

要看液晶屏能否旋转。能够旋转的液晶屏能帮助用户以许多"高难度"的姿势取景拍摄，比如自拍、高举过头或是放到地面上拍摄。例如佳能PowerShot G5/FinePix A80和尼康E5700/5400，液晶屏可以全方位翻转；索尼DSC－F828/F717，整个机身可以依水平轴上下旋转；美能达DiMAGE A1，液晶屏只能向上翻转；此外还有一些便携式数码相机，如京瓷SL300R，使用了旋转式镜头的设计，也可以认为具备可旋转的液晶屏。

尼康D1X的各种操纵按钮

3.情景模式

拍摄运动的物体、单人照、双人照、景色、夜景、夜景中的人物、宴会、家中的宠物等的时候，那些ISO值、白平衡、快门速度、光圈、曝光补偿应该如何设置才能把照片拍得更好呢？光是这一大串的专业术语就可能会把大家弄得头晕脑涨……

其实不熟悉专业术语并不要紧，只要买一台具备多种场景拍摄模式的数码相机就可以了。例如拥有多达21种场景模式的卡西欧QV－R51、拥有12种场景模式的尼康CoolPix 4300等，我们在拍摄时只要选好当时的情景，各种拍摄参数（快门、光圈等）就会由数码相机自动设置好，只要对准要拍摄的物体按下快门就行了。

美能达DIMAGE X20

五选便携程度

选购数码相机，便携程度也是考虑的因素之一，外出旅游、拍照，谁都不愿意携带“笨重”的数码相机。数码相机的便携程度主要取决于机身重量，为了抢夺便携数码相机市场，各大厂商纷纷重拳出击，其中的代表作有佳能的IXUS系列、奥林巴斯的μ300/μ400系列、富士的F401/F410系列、柯尼卡美能达的DIMAGI X系列、索尼的T1、宾得的S系列、卡西欧的Z3/Z4系列和京瓷SL300R等。

便携数码相机一般是采用单一的“机背大液晶屏”取景的数码相机。这些数码相机已经取消了光学取景部件，目的一般是为了减小机身体积，成为“超小型、超迷你”产品。

美能达公司的DIMAGE X20是一款便携性出类拔萃的时尚数码相机，超薄型机身设计，厚度仅2cm，配备3倍光学变焦镜头。通过在镜头顶端配置弯曲90度的棱镜，成功地将镜头垂直地内置于机身中。其特点是，机身不仅薄，而且还采用了没有凹凸的平板型设计，可轻松放入衬衣口袋。

另外，还可以适当考虑配件(例如电池包等)的便携程度，例如三星Digimax SBP-3606电池包净重量为140g，根本不用担心放在身上的时候那种负重的感觉，而可以将其任意地别在腰间、挂在胸前或者配置在相机上。

对于经常出门旅游的朋友，建议选择一款体积小巧的便携数码相机，而作为普通家用的数码相机，不必强求体积小、重量轻，只要功能够用、够好就行。

六选附加功能

随着技术的进步，数码相机装备和技术参数不断地刷新，性能指标的上升已经不足以打动更多消费者，而丰富的附加功能则成为吸引消费者的卖点之一。市场上不少数码相机已经带有MP3播放、录音、拍摄电影、世界时钟、闹铃以及防水等超值附加功能。

1. MP3播放

支持MP3播放功能的数码相机主要集中在富士、美能达和卡西欧的部分型号，多是以时尚年轻人群为消费主体，外型小巧亮丽，数码相机本身拍摄能力并不强，而是主打MP3播放功能。但支持MP3播放的数码相机在欣赏MP3音乐的同时却带来了不可回避的问题，电池使用时间大为缩短，在拍摄照片时就会捉襟见肘。至于是否值得购买，那就要看具体需求而定了。

富士 FinePix F710，具备拍摄电影的能力

2. 拍摄电影

数码相机已经慢慢开始向数码摄像机靠拢，越来越多的产品具备拍摄高达640×480分辨率的高品质电影的能力，而且很多可以无限时拍摄，仅受存储卡容量的限制，充当小型摄像机是没有问题的，拍摄画质已经超过了普通VCD的效果。富士、三洋和索尼等厂商已经走在了前列，其中富士FinePix F710，索尼V1和三洋DSC－J1都算是其中的精品。

3. 为静态照片加入声音

为静态照片加入10～30秒的声音注释，更好地体现照片带来的乐趣，发送E－mail让大家分享不失是一种极具情趣的事情。目前很多数码相机产品都有这样的功能，其中索尼、京瓷算是最忠实的拥护者。

4. PC摄像头功能

PC摄像头功能是互联网不断

卡西欧QV－R4

发展的产物，宽带网的不断普及让视频传输更具实际意义，视频聊天和视频会议已经成为时尚，而数码相机集成PC摄像头功能，让数码相机更加实用。目前，富士、京瓷等厂商的部分产品已经具备摄像头功能。

5. 防水功能

而具备真正意义防水功能的数码相机非常少见，除了专业人士，对于普通用户而言的确用处不大。具备生活防水功能的数码相机不但外型设计和内在装备没有受到丝毫影响，而且大大提高了在小雨和雾气大的天气情况下的拍摄能力。代表产品有奥林巴斯μ 400/410等。

6. 其他附加功能

宾得多款数码相机提供全世界62个主要城市的时区对应调节，这可以让你准确知道时间。支持闹铃设置和秒表功能，以及3D拍摄都是不错的小功能。

卡西欧的QV－R3和QV－R4提供的“合成照”（在相机里直接将自己的两张照片合成一张）功能、15秒在相机里就制作好数字相册、路人防呆功能（拍好构图背景，再请路人依照构图框线对准，即可拍出你心中想要的照片）等。

如果某些数码相机增加了一些实用的附加功能，但是销售价格并不比同档次数码相机高多少，这样的情况就值得购买，如果增加的功能华而不实，那么还是不要考虑为妙。

七选外部材质

数码相机的材质一般指的是机身的材质，可大致分为工程塑料、金属（包括铝镁合金、镁合金、金属／陶瓷混合材料等）两大类。

机身应该尽量选择金属材质，密封好的，可以在小雨或者沙滩使用，防止进沙子和雨水，因为沙子损坏数码相机的案例很多。还要选择整体性好的机身，尽量选择镜头不探出的（就是伸缩的），因为伸缩镜头容易损坏（尤其是电机），如果选择伸缩镜头的机型，就尽量选择伸缩节少的。

目前很多时尚机型一般机身都很小巧，机身材质基本都为ABS工程塑料或者时尚一些的铝镁合金两种。ABS工程塑料在质感和强度方面存在着差距，而镁／铝镁合金强度颇高，而且在重量与制造成本方面也较低，日系厂商推出的数码相机多采用铝镁合金机身，不仅轻巧而且外观时尚。

例如索尼DSC－F717采用全镁合金的外壳，看上去有很饱满

具备生活防水能力的奥林巴斯μ 410

的金属色泽，虽然这无疑增加了机身的重量，但是对于拍摄者而言这并不是一件坏事。奥林巴斯μ系列数码相机在前后盖的金属外壳中加入塑料体，双重结构既保证了生活防水又确保了相机机身的小型化。

松下DMC-FZ2上的徕卡镜头

八选部件质量

数码相机是由镜头、取景器、LCD显示屏等一些部件组成的，因此我们在选购数码相机时，应该综合考虑各部件的性能，确定选购目标。

1. 镜头

在数码相机的物理部件中，镜头是非常重要的一个部件，它的好坏是影响图像质量的关键因素。在数码相机的选购中对于镜头的考察主要是考察镜头材质、焦距大小和变焦能力这三个参数。

目前数码相机的镜头材质主要有玻璃和塑料两种。虽然全玻璃镜片投射图像最清晰，但并不是说玻璃透镜的相机就一定比塑料材质的机种好。这是因为光学的成像相当复杂，一定程度上还要受到透镜组设计的影响，而且玻璃材质较塑料材质更重，还可能影响相机整体的重量。所以大家在选购时，绝不可因为是玻璃做的镜片就以为它拥有绝对的高质量，还要从多方面进行综合观察。

索尼DSC-F828使用的卡尔·蔡司镜头

2. 感光成像部件

数码相机的感光成像器件一般以CCD为主。CCD的重要参数就是“像素值”，它取决于CCD芯片上光敏组件的数量，数量越多可产生图像的分辨率越高，所拍图片的质量也就越高。所以你在选购数码相机时，一定要记住，只能以CCD像素而不是其他什么指标的像素来衡量数码相机的好坏。

在选择数码相机时，还要注意CCD面积大小，这也是影响数码相机成像质量的一个极重要的因素。在相同像素下，CCD面积不同，也就直接决定了感光点大小的不同。感光点的功能是负责光电转换，其体积越大，能够容纳电荷的极限值也就越高，对光线的敏感性也就越强，描述的层次也就越丰富。相反，如果感光点的体积过小，就容易出现电荷溢出的现象，使拍摄出的画面出现噪点。专业数码相机的CCD面积往往做得比较大。

对于300万像素级的家用数码相机，一般CCD的大小为1/2.7英寸，400万像素级产品CCD面积一般为1/1.8英寸，但考虑到增加了100万像素，其感光点的体积并没有增加，CCD的相对面积也没有发生变化。但如果300万像素级的产品，其CCD面积却只有1／3.2英寸，那么，其成像质量肯定要打折扣。

3.取景器

目前的数码相机的取景器都是以组合方式出现的：

(1)"旁轴平视取景器+机背大液晶屏"

这种方式最为常见，从低端级别开始到准专业机种上都可以找到这样的组合。使用这样组合的相机一般都是性能普通，3倍光学变焦或以下，形体比较小巧的机种，价格多走中、低线路，适合普通家庭以及初级摄影爱好者选用。

富士FinPix 4900Z使用旁轴平视取景器

(2)"电子取景器EVF+机背大液晶屏"

这种组合多出现在各大厂商的中、高级别消费类数码相机上。采用这样的组合，既能获得类似单反相机"所见即所得"的效果，又能有效地降低制造成本。对摄影有所兴趣，且准备以较多资金投入数码影像领域的"数码相机玩家"、"数码摄影爱好者"们，建议采用这类取景组合方式的数码相机。

富士S3000使用电子取景器EVF

(3)"单镜头反光同轴取景+机背大液晶屏"

由于单反取景系统的制造工艺复杂，价格昂贵，所以一般只有专业的单镜头反光数码相机产品才会使用这样的结构。由于这些单镜头反光数码相机采用的是TTL取景，且由于它们所采用的CCD与其他普通的数码相机不同，光路设计也有所不同。因此，其机背的液晶屏不能用来取景，而只能用作回放和调节各种参数使用。

尼康D2H使用单镜头反光同轴取景器

4.液晶显示屏

液晶屏的大小从1英寸到2.5英寸见方的都有，最常见则是1.5和1.8英寸的屏幕，像素则多在11万像素左右，个别有18万甚至20万像素的。一般我们利用这块液晶屏即时回放刚刚

拍摄好的数码照片，看看是否有拍坏的，以便及时删除或者重新拍摄。这一部分不能马虎，毕竟对于大部分使用者来说大多数时间要通过液晶屏来取景和回放。

首先要看的是液晶屏的大小、分辨率和颜色亮度等。一般来说只要是名厂产品其液晶屏的显示效果都很不错，所以关键就是看尺寸和分辨率两项物理指标。更大尺寸的液晶屏在客观上增大了可视面积，但如果分辨率提不上去，这也只能是物理面积大小上的差别，对于反映图像品质和清晰度上并没有更多的帮助。大家在比较液晶屏大小的同时，也要注意一下分辨率(也就是像素数)，最好是鱼与熊掌兼得。

5.光圈

光圈是数码相机的另一个极其重要的物理部件，数码相机毕竟还是相机，再好的镜头如果没有好的光圈也不会有理想的效果。图像拍摄最原始的质量来自于曝光的控制，而曝光量则受到光圈与快门的双重影响。

在选购数码相机时，应注意它的技术规格中标注的最大光圈值。越大的光圈表示透光率越好。

好的数码相机会根据测光的结果等情况自动计算出光圈的大小，一般情况下快门速度越快光圈就越大，以保证有足够的光线通过，所以也比较适合拍高速运动的物体，比如行动中的汽车、落下的水滴等。大多数廉价数码相机有一个很大的缺点就是光圈比较小，很多都在F5以下，因此在光线不足的情况下很难拍出好的照片，所以在选购数码相机时一定要注意选择光圈至少在F5以上的数码相机。

6.快门

普通数码相机的快门如果在1/1000秒之内，基本上可以应付大多数的日常拍摄。快门不单要看“快”还要看“慢”，就是快门的延迟，比如有的数码相机最长具有16秒的快门，用来拍夜景足够了，然而快门太长也会增加数码照片的“噪声”，就是照片中会出现杂条纹。

另外，主流的数码相机除了具有自动拍摄模式外，还必须具有光圈优先模式、快门优先模式。光圈优先模式就是由用户决定光圈的大小，然后相机根据环境光线和曝光设置等情况计算出光门的大小，这种模式比较适合照静止物体。而快门优先模式，就是由用户决定快门的速度，然后数码相机根据环境计算出合适的光圈大小来。所以，快门优先模式就比较适合拍摄移动的物体，特别是数码相机对震动是很敏感的，在曝光过程中即使轻微地晃动相机都会产生模糊的照片，在使用长焦距时这种情况更明显。在选购数码相机时，最好选购具有这几种模式的机型以保证拍摄的效果。

7.闪光灯

闪光灯是在室内或低光环境下拍摄时用于照明的设备，它的类型因数码相机的不同而不同。大多数数码相机都不能外接闪光灯而具有内置的可调节闪光灯，但内置闪光灯与外接闪光灯装置相比照明范围非常有限，其平均照明距离还不到3米，因此闪光灯的控制模式就显得非常重要。

一般来说，数码相机的闪光灯的控制模式有：Off/On/Auto、Red-Eye Reduction、Flash Sync、Hot Shoe等几种。其中，Off/On/Auto是数码相机中最基本的闪光设置，即闪光灯一直关闭或打开，Auto则是自动闪光；Red-Eye Reduction(防红眼)模式是用于减小或阻止图片上人像的红眼出现；而Flash Sync(闪光与快门同步装置)则可用于连接附加的闪光装置，以提供足够的照明并与快门同步，当然，很多数码相机除有Flash Sync外，还具有传统的闪光装置，如自动闪光；最后说一下Hot Shoe(热靴)，该模式也是用于添加额外的闪光设置，同样，很多数码相机同时具有传统的闪光灯和Hot Shoe功能模式。对闪光灯选购的考察点就是，功能较好的数码相机应可支持多种闪光灯控制模式，如果经常拍人物照，则一定要选择有消除红眼功能的数码相机。

九选升级潜力

数码相机也能升级？答案当然是肯定的。当一部高像素的数码相机买回来之后，才发现没有三角架螺纹接口，只能完全靠手持来拍摄，你会作何感想？另外，数码相机在首次购买时基本上都是固定的镜头，当为了一些特殊拍摄用途要增加广角镜头或者鱼眼镜头等，才发现相机的镜头上没有螺纹，根本不能外接镜头……所以我们在选购时，要详细了解数码相机是否具有升级潜力。

1. 可否接三角架

很多朋友在使用数码相机摄影时，经常会拍出一些模糊不清的照片，通常使用者会认为是对焦不准或者相机抖动引起的。但很少有朋友能注意到三脚架对拍摄质量所起的作用，他们认为三脚架多数是专业摄影者的装备或是自拍所用的，其实三脚架在拍摄过程中是非常重要的，它能让我们拍摄照片模糊的问题迎刃而解。因此数码相机可否接三角架就成为购买数码相机值得考虑的因素之一。

2. 可否外接镜头

外接镜头就是外挂在相机本体镜头上的

富士 S602 镜头上没有螺纹

镜头，即本机镜头的扩展，用于增强原相机镜头的功能。例如增加光学变焦、扩大广角端范围、增强微距拍摄能力等。常见的外挂镜头有增距镜、广角镜、微距镜等。

如果相机的镜头上有一圈螺纹，就表明可以接各种滤镜以及外挂镜头。而有的数码相机，它的镜头是伸缩的，镜头上没有螺纹，例如富士的FinePix S602，需要另购特制的转接筒，把转接筒安装在镜头上，然后把外挂镜头安装在套筒上。

3. 固件是否可升级

我们经常需要对电脑操作系统进行升级来获得更稳定的性能，数码相机也一样，通过软件系统的升级，可以去除Bug，提高系统的性能，改善系统的功能，而升级后也有可能会产生新的Bug，软件系统就是在这样的不断完善中进步。数码相机的固件也遵循这个规律，一般新购的数码相机，其固件往往是最新版本的，而较早购买该型号相机的用户，可根据自己的需要来决定是否升级相机的固件。

数码相机固件升级的途径有两种方式，一种是下载固件升级程序，将数码相机和电脑连接，并在电脑上执行相关程序进行固件升级；另外一种方式就是把固件升级文件拷贝到存储卡上，直接在数码相机上进行操作完成固件升级。

很多数码相机都具备固件升级能力，有些机型通过升级，还可变身为其他机型，例如松下DMC－FZ1 通过专用升级软件，可以拥有与其升级版DMC－FZ2 相同的功能，并改善拍摄的画质。

松下DMC－FZ1

数码相机，我选择我“称手”

在熟悉了数码相机的选购原则之后，在实际购买数码相机时需要注意哪些问题呢？下面就为大家一一说明，包你选到“称手”的数码相机。

第一步，明确购买相机的用途和目的

确定购买相机的用途与目的是非常重要的，只有了解自己的需求，才能选择并购买到自己真正需要的数码相机。否则，有可能花了很多钱买回来的相机，结果发现功能不能满足自己的要求，或者功能太多根本用不到。

例如家庭用户的购机用途：日常家庭拍照，旅游拍照。需求点：价格便宜，性能实用，操作简便，携带方便。购买建议：家庭用户在市场上都是属于“中庸型”的，希望效果不是太差，价格又不要很贵。我们给出的购买建议是：最好买台入门型的，因为数码相机还处在发展阶段，技术更新非常快，要考虑够用即可，不必太超前。这类相机的像素在300万左右，镜头一般是3倍光学变焦，有液晶显示屏，可以同电脑连接输出图片。

时尚用户的购机用途：追求时尚生活，网上照片交换。需求点：外形时尚化个性化，功能网络化多样化。购买建议：时尚用户对个性对美感有着近乎苛刻的要求，购买相机的用途也不仅仅是拍照，还有体现前卫的意味，喜欢在网上和朋友分享照片。因此我们给出的购买建议是：这类相机不一定需要很高的像素，几十万或许已经满足要求，但一定要有绚丽的外表、独特精美的外形，具有计算机接口，可以方便地处理照片。

业余摄影爱好者的购机用途：作为爱好，想拍出不错的数码照片。需求点：性能较好，价格适中，可以调整拍摄参数，存储设备性能好。购买建议：这类用户一般都是热爱旅游、热爱生活的年轻人，希望能够记录生活的点滴又追求完美，也喜欢将满意的数码作品冲印出来。所以我们给出的购买建议是：500万像素，5～8倍的光学变焦、具白平衡调整、曝光调整功能；支持大容量存储卡，采用高能量电池，能够输出实际规格的照片。

照片输出的问题也需要事先考虑好，要考虑到自己是否需要冲印很大的照片或者仅仅是在屏幕上看。通过这样考虑，我们才能决定需要购买多少像素的数码相机，如果我们仅仅是在屏幕上看，那么200万像素的数码相机已经足够了。如果是要冲印，并且冲印到10英寸以上，就需要买像素尽量高的相机。

第二步，决定心理价位

在决定了购买相机的用途和目的之后，我们就应该依照自己的经济能力决定一个可以承受的心理价位，通常家用数码相机的价格在2000～4000元左右，性价比较高；而时尚类这类相机的价格都相对便宜一些，大概在1000元左右；业余摄影使用的数码相机价格一般在5000～7000左右。事先确定自己购买数

码相机的心理价位可以节约不少时间，也可以在选择的时候更有目的性。

第三步，通过各种途径收集资料

前期的资料收集是非常重要的，可以让我们对所要购买的数码相机有一定的了解。收集产品资料的途径有很多，首先，不少厂家推出数码相机的时候都会有一定的宣传画报，我们可去销售商那里拿来看看。其次，媒体广告也是一个很重要的途径，如今的IT类报刊上有很多的数码相机广告。再者，现在很多的数码类专业杂志如《新潮电子》等或一些大众类报刊都会有一定的篇幅介绍数码相机或对数码相机进行评测。然后，我们也可以通过网络来了解。当然，我们也可以到厂家的网站去了解产品的技术资料。

如果可能的话可以下载相应相机的说明书看看。这对购买数码相机非常有好处：一方面可以让你更加熟悉数码相机，另一方面可以让你在购买的时候也有所准备，能进行基本的操作。

技术资料能让我们了解数码相机的外观、功能等信息。而我们更应该去看看实际拍摄的照片（样张）。这样可以知道你所关注的数码相机的特点，比如色彩、画质等方面。

第四步，大致决定机型

到网上查找相关价格的产品，然后对比它们各自的参数，再选出一款适合自己的数码相机。为了能查到更多的相关产品的资料，我们可以从多个网站（主要是提供导购内容的网站和网上商城）查找相关产品的详细参数。查到的资料越多，对比就越仔细，越容易选到合适的数码相机。

产品资料的收集是非常重要的，这可以让我们充分了解数码相机的特性。但是光看这些资料，我们只能有感性的认识，只有实际去看看数码相机甚至试用一番，才能对数码相机有理性的认识，从而确定选购的机型。这时就需要去数码相机卖场了。可以看看橱窗或柜台里摆放的样机，真实的数码相机可能和照片上的看上去有所不同，或许会更好看些。当然，我们还可以让商家把数码相机拿出来，实际操作一番。

数码相机要看，价格也要问，询问价格的时候要注意商家的报价通常是留有还价余地的。

奥林巴斯 C-5060 Zoom 相机拍摄的样张

富士 FinePix S7000

第五步，选好购买时机

决定了要购买的数码相机后，就要看准时机将数码相机买回来了。数码类产品的价格瞬息万变，所以对市场的判断还是很重要的。另外，也要注意搜集数码相机厂商的促销降价消息、本地数码相机经销商的促销活动等，在合理的价位购买到满意的相机。另外要明确的一点就是，尽可能避免在过节前购买。节日前购买数码相机的人肯定很多，由于货源紧张，一般价格不会便宜。

第六步，买相机现场必读

购买相机的时候我们需要仔细检验，以免买到次品或上当受骗。下面给出一个比较详细的验机步骤：

(1)看看包装是不是非常旧，如果很旧，那么可能是别人换下来的，或者是存放已久的产品。最简单的验证产品的方法是：拨打贴在机身上的激光标签电话，验明相机来源。另外，一些具有中文菜单的相机，要注意菜单的语言，还有不要忘了查看随机附带的记录单是否是新的，如果记录单上已写了日期，那么该机可能是退货机。

(2)打开包装盒之后看一下盒子里面的配件是否有被使用过或明显被拆开过的痕迹；特别要注意电池引脚的地方有没有划痕。

(3)查看数码相机的外表。看看机身上有没有划痕，包括按钮、镜头、LCD、EVF 和外壳等。

(4)尝试拍摄，并试用一下变焦功能，看看远近是否都可以拍清楚。如果对将要买的数码相机不熟悉，试机的时候可以用 Auto 档来拍摄。此外闪光灯也要试用一下。

(5)接着仔细看一下LCD和EVF有没有坏点。可以用手稍微挡一下镜头，这样可以看到比较纯色的图像，或者对着白色的纸和深色的纸。

(6)CCD 是数码相机的关键部件，如果上面有坏点会影响拍摄。由于直接在数码相机上是很难看清楚 CCD 坏点的，所以需要将图片导入电脑再看。如果商家那里没有电脑，建议和商家谈好一定的包换期，然后回家测试。

如何测试坏点呢？我们可以使用两种办法测试：一种是用眼睛看原图。这种方法比较直观，但是要细心，不然容易漏掉点。第二种就是用软件测。现在最流行的坏点测试软件是Dead Pixel Test。该软件不需要安装，解压缩后直接可以用。

测试前我们首先要拍摄一些全黑的照片。对于有镜头盖的数码相机而言，我们只需要盖着镜头盖拍。如果没有镜头盖的数码相机，可以在平坦的桌子上放张厚点的纸，将数码相机镜头向下，镜头扣在纸上拍摄。须注意的是，一定不能让光线进入到镜头里面，同时也不要太用力，以免损坏数码相机。

拍摄时的参数可以设置为光圈最大、ISO 100，选择 1／60 s 和最慢的快门，以不同的快门速度各拍摄一张。

拍摄完毕之后，就可以把照片导入电脑并打开

Dead Pixel Test 进行测试了。打开这个软件之后，可以看到其界面。点击“Browse”按钮，选择需要测试的照片。按下“Test”按钮，就会出现结果。如果 1／60 s 快门拍摄的照片测试出有超过 10 以上的噪点，建议还是尽量换一台。

第七步，看配置附件

除了专用电池和内置存储卡外，常规的数码相机配件有说明书、软件光盘、充电器、USB 接线、腕带等，购买时一定要对照说明书逐一检查是否配齐。有些相机还赠送一些附件，如遥控器等以方便自拍，一定索要齐全。

第八步，问服务承诺

行货的数码相机的包换期一般为 15 日至 1 个月不等，保修期一般为一年，购买时还要记住问清楚换、修的条件和方式，是否有全国联保，如果包换期内该产品停产如何处理等。特别是在包换期内，购买者要全方位地测试相机，以发现其缺点，在发现问题时要理直气壮地找销售商更换。

哪些配件合我用？

买了数码相机当然还需要买一定的配件，以便我们能更好地拍摄。配件其实是相当重要的，如果买得不好，那么可能会影响到我们的正常拍摄。通常我们可能需要购买存储卡、电池和充电器、UV和转接环、相机包、三脚架等。对于数码相机来说，合适的配件将可使它如虎添翼。对于使用者来说，合适的配件除了可以增强数码相机的拍摄效果外，还可以有效地保护数码相机免受伤害。那么应该选择哪些配件呢？选购中又应该注意些什么呢？以下就分别来谈谈购买这些配件所需要注意的地方。

存储卡

买存储卡的时候要考虑到自己日常的拍摄量，并结合自己的数码相机来决定所需要购买的卡的容量。其次，我们需要考虑卡的品牌。目前市面上卡的品牌有不少，卡的品牌从某种意义上决定了卡的质量。比如SanDisk等品牌，质量一流，兼容性也不错。再次，要考虑卡的速度。现在销售的卡有普通速度和高速卡两种，如果要拍摄RAW甚至TIFF格式的照片，那么尽量买高速卡。

1．外观和做工

选购存储卡我们首先要从外观入手。就像买盒装CPU一样，存储卡的包装印刷是否精致，有防伪标签的要认清；然后自己亲自拆封，仔细查看附件是否齐全；再看卡的做工，卡是否变形、有凹凸、裂缝等瑕疵，小地方如边角的做工是否精细，金手指是否没有划痕等。一般来说，世界名牌大厂出品的闪存卡无论是在包装、做工以及细微处的处理上，都是很让人满意的。

2．注意兼容性问题

和电脑一样，闪存卡与数码产品之间也存在着兼容性问题。如果不兼容的话，轻则出现死机等怪毛病，重则完全无法工作。CF卡由于内置控制器，因此兼容性比较强；SM卡由于没有内置控制器，对设备的依赖性很强，大容量版本的SM卡一般都无法在早期的数码产品上使用。另外，一些廉价的SD卡也与某些相机存在兼容性问题，会在写卡的时候导致频繁死机。所以，最好的办法是购买的时候带上自己的数码相机到商家处亲自试一试，这样就可以有效地避免这个问题。

3．注意同类型的存储卡的不同型号

例如CF卡分CF Ⅰ与CF Ⅱ，如果自己的数码相机只支持CF Ⅰ，那么CF Ⅱ型卡是无法使用的；但反之CF Ⅱ则向下兼容CF Ⅰ。在购买SM卡的时候，要注意机器使用的SM卡的电压是多少。早期的设

CF Ⅱ型卡，速度更快，容量更大

备使用的是5V的SM卡（容量大多为2、4、8MB），如今的数码相机基本都使用3.3V SM卡。采用不同驱动电压的SM卡不能在同一设备上混用。

4. 注意存储卡容量

存储卡是以1000kB作为1MB来计算容量的，而操作系统是以1024kB作为1MB来计算的。因此，存储卡的标称容量和实际的格式化容量就存在着一定的误差。这一点大家在购买的时候也要注意。

5. 注意鉴别真伪

现在市场上CF、SM、记忆棒都有假货存在，假货和水货不同，假货非但没有售后保障，而且连质量也根本无法保证。如果想要购买某个特定品牌的存储卡，那么最好在购买之前查询一下厂商的防伪措施以便在购买时辨认。就目前来说，记忆棒是其中假冒伪劣情况较为严重的一种存储卡，消费者在选购的时候一定要格外小心。假记忆棒的主要特征是卡身上商标等文字的印刷相对真卡来说粗糙一些，卡身背后的小字不是由激光烧蚀而是印上去的。

专业用户的选卡标准：容量升级潜力大、速度快。作为专业数码相机用户和摄影发烧友，一方面要随时随地拍照，一方面要经常承担大量的连续摄影和高像素拍照任务。因此，对闪存卡的选择应重点放在容量大小、升级潜力和存取读写速度几大方面。

除SM卡外，记忆棒和xD卡的未来潜力都很大，而现实中容量开发较大的卡莫过于CF和SD卡两种。从速度方面来看，因为闪存卡市场的竞争正不断转向速度之争，所以，当前几种新的存储卡都在速度方面有较大的优势，就连CF卡也不断提速，最快能达到8MB/s的读取速度，6.6MB/s的写入速度。

当然，作为专业用户和发烧友，如果经常外出拍摄，在用卡的基础上，一方面可以利用随身携带的笔记本电脑作为输出终端；另一方面，还可以购买数码相机伴侣，实现20GB以上的超大容量存储。

索尼记忆棒

家庭用户的选卡标准：速度快、价格适度。对于家庭用户，容量并非关键因素，一般而言，只要拥有一张128MB大小的闪存卡，就能满足常规的外出旅游需求。某种程度上，速度和价格是家庭用户应着重考虑的。即使不做抓拍和连拍之用，速度的作用同样不可小视。

对于价格，xD卡256MB接近千元，索尼记忆棒256MB在千元上下，相对于五百多元就可以买到的同容量CF卡来说，需要太多的支出，可视个人购买力情况来定。

电池

拍摄精彩瞬间的时候电池没电可是很令人难受的事情，这样选购理想的充电电池就显得至关重要。由于目前使用锂离子电池的数码相机一般都随机提供了电池，因此本文重点介绍目前广泛应用的镍氢充电电池。

首先，让我们先来了解一下充电电池的2个重要参数：电压和容量。

一般干电池的电压是1.5V，镍氢电池的标准电压是1.2V，而锂离子电池通常是3.6/7.2V。以上电压都是正常工作电压，而当没有连接用电器的情况下，电压往往会比标称电压略高，这属于正常范围。

电池容量是指电池能够储存电量的多少，用单位mAh（毫安时）来表示。它是一个复合单位，由电流单位和时间单位乘积构成。比如一节理想的充满电的电池用160mA电流放电可以持续10小时，那么我们就可以将放电电流与时间相乘得知这节电池的容量是1600mAh，理论上如果将它用在1600mA放电的场合只可以使用1个小时了（电池容量÷放电电流）。电池容量是充电电池产品一个很重要的

卡西欧的原装锂电池

卖点，一般会在电池的醒目处以大字体标出，一般来说，同一品牌容量越大的产品，价格也就越贵。

在实际购买充电电池的时候，建议大家从以下几个角度去挑选适合自己的电池：

1.看品牌选电池

(1)GP 超霸

GP 是全球十大电池制造商之一，香港金山工业集团三大成员公司下属金山国际电池公司的自创品牌。现在市场上的GP 电池多以一个充电器加4 节电池的套装形式出现，4 节1600mAh 的AA 电池加1 个慢速充电器的套装价格在70 元左右，4 节1800mAh AA 电池加1 个1 小时快速充电器的套装价格在200 元左右。

(2)三洋

AA 充电电池中，目前市面上可见的三洋镍氢充电电池最高容量是2100mAh。三洋电池在国内市场有两种：一种是三洋和海尔(Haier)合作，在海尔的家电销售网络销售三洋·海尔品牌电池，一般为2 节一个包装，包装上的说明文字为全中文，这也是国内惟一的行货三洋电池，价格比较贵，一节1850mAh AA 电池要20 元左右。但我们能在市场上买的三洋电池更多的则是进入国内的水货电池，包装上的说明文字为英文，单节1850mAh AA 电池16 元左右，2100mAh 的则要20 元左右，价格虽然便宜，但是水货没有什么售后服务，质量也很难保证。

(3)松下

和三洋一样，松下（Panasonic）公司也是电池业的巨头，其产品质量和研发速度在世界上始终保持着领先水平。不过松下公司目前未在中国发售行货产品，我们在市场上能买到的松下电池，都是通过其他渠道进入市场的，目前常见的是2000mAh 的产品。

(4)国产品牌

进口品牌的电池性能固然很好，但是其高昂的价格可不是每个人都能够承受的。最近几年来，国内的电池工业有了很大的发展，树立了许多国产的电池品牌，其中品新和次时代电池就是近两年新兴的电池品牌，它们以低廉的价格，良好的性能，出色的性价比赢得了不少客户。目前市场上销售的国产品牌AA 电池最高容量产品为2100mAh，价格在18 元左右。

(5)其他品牌电池

在市场上，我们还可以看到一些由家电厂商推出的电池，如奥林巴斯（Olympus），富士（FujiFilm）、索尼（SONY）等，其实这些产品多是OEM 产品。我们可以发现，这些品牌的电池有一个共同特征就是电池底部都有一个HR 的钢印，这是三洋充电电池所特有的标志，也就表明了是三洋提供的OEM 产品。这些电池性能和三洋电池是完全一样的，但价格却往往更贵，一般情况下不推荐购买。

2.假货与水货

任何产品名气一响了，假冒产品也就跟着来了。前面提到的几个品牌电池，市场上都有假货存在，这就需要我们具备一定的辨别能力，避免买到假货。其实辨别真假电池并不难，只要掌握好以下几点，就能避免买到假货。

(1)价格：假货一般都非常便宜，一般都在5 元以下，如果见到1600mAh 的电池卖5 元，6 元，那必然是假货无疑。

(2)重量：同样容量的电池，假货由于使用了劣质电芯，容量不足，电池密度不高，重量很轻，用手一掂就能感觉出来。

(3)外包装：仔细看电池的外包装和电池外皮的用料以及印刷工艺是否细腻，光洁，如果外包装用料粗糙，电池外皮印刷模糊，边缘粗糙，那么必是假货无疑。

(4)特有的防伪标志。如GP 电池的电池身上都有打印的"正品"

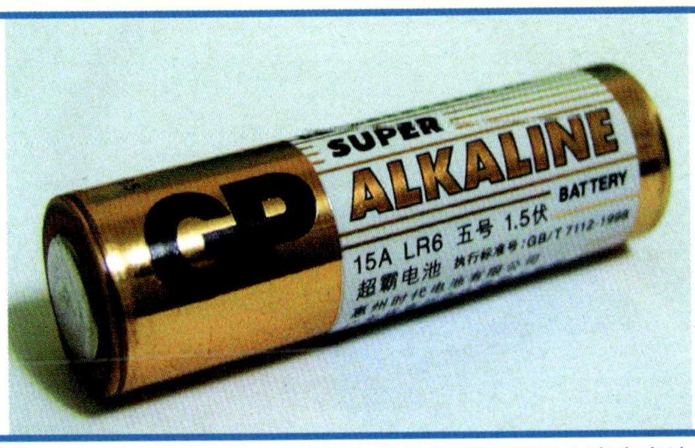

市场上常见的GP 超霸AA 充电电池

东芝镍镉AA 充电电池

字样，底部有GP字样的钢印；三洋及其OEM电池底部有HR字样。但是现在由于制假者的"技术进步"，许多假冒电池也逐渐具备了以上特征，但是假的真不了。假货做得再好，和真品始终是有所区别。假货虽然有钢印，但明显比真货的浅，但是如果没有比较，很难发现，所以如果购买电池，最好手头有真货相对比。

UV镜

UV镜对于数码相机而言主要的功能就是保护镜头。是否需要购买，首先要看使用的是什么数码相机。如果数码相机比较小巧，那么还是不要考虑为好。因为通常UV镜靠转接环或转接筒才能装在数码相机上，这样就增大了相机的体积。如果数码相机本身就比较大，就比较适合。购买UV镜的时候我们还要考虑UV镜的口径，如果对这个不是很熟悉的话，那么可以带着相机去购买。此外一般装了UV镜之后，随机的原装镜头盖通常就不能盖上了，需要再配一个。

UV镜的选购，可以从以下几方面入手：

1.镀膜

镀膜的一个重要指标就是通光能力。下面我们可以看看著名滤色镜厂商保谷（HOYA）公司的滤色镜分类方法，以增加对UV镜镀膜的了解。

标准型：拥有合理的价格和高素质的滤光镜，供业余和专业摄影者使用，双面镀膜，减少反光和增加光线的透过率。

HMC多层镀膜型(Hoya Multi-Coating)：能够减少滤光镜表面的反射，减少眩光和鬼影，可以透过97%以上的光线，提供清晰的反差和平衡的色彩。为了保证现在多层镀膜镜头的成像质量，建议采用HMC滤光镜。值得注意的是，保谷的UV镜分为UV（N）和UV（O）两种，其中UV（N）代表镜片采用普通玻璃，而UV（O）则代表镜片采用光学玻璃制成。

Super HMC超级多层镀膜型：这类滤光镜能够大幅度地改善光线透过率和平衡色彩。在UV(O)的表面上施加12层超级镀膜，使光线平均透过率达99.7%！配合精密的表面加工，能够有效地抵御眩光而不降低原镜头的素质。Super HMC滤光镜特别适合对影像质量要求极为苛刻的摄影者。

2.材质

光有好的镀膜还不够，还要有好的材质来配合。制造UV镜的材料主要有光学玻璃，普通玻璃和树脂。光学玻璃性能稳定，通光率高，加工细致，镜片薄，配合镀膜能最大限度保证光线的通过，是购买UV镜时的首选。如果你是一个追求画面质量的人，就应该选择这种UV镜。树脂材料价格低廉，比较耐摔，但是在通光性、稳定性上不及光学玻璃，建议不要选择。

3.做工

和买其他东西一样，UV镜也要看做工。质量优秀的UV镜，应该表面平整如镜，没有划痕等瑕疵，有镀膜的UV镜，可以在侧光下观察到红色、绿色或者是黄色的镀膜色，没有镀膜的UV镜自然也不会有这样的颜色。再看UV镜的接圈部分。做工优秀的UV镜，接圈加工应该是非常精密的。如果是黑色的接圈，那么外层的黑色漆一定是喷涂均匀，如果是银色接圈的话，研磨得肯定也是非常到位，摸上去手感细腻。再看镜片和接圈的镶嵌情况，做工好的UV镜镜片与接圈应该是紧密结合，不会产生松动的情况。接圈的螺纹也是要注意的地方，质量好的UV镜螺纹清晰，差的则做工粗糙。最后，如果有条件的话，建议大家最好在购买的时候带上自己的数码相机装上UV镜当场试验一下成像质量是否有下降，装上镜片后是否有对焦困难或者对焦不准的情况出现，以保证万无一失。

4.品牌

UV镜有许多品牌，和镜头一样，主要分为原厂和副厂两种。原厂UV镜主要是指那些镜头生产厂商生产的UV镜如佳能（Canon），尼康（Nikon）等，这类镜片的品质一流，但价格较为昂贵。而副厂UV镜一般指那些专

B+W UV镜

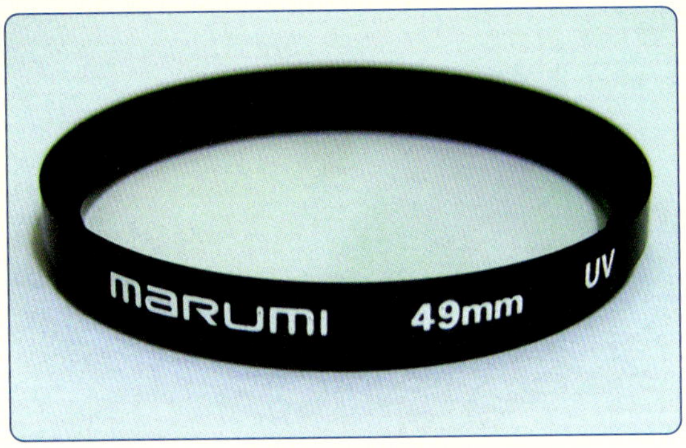

玛露美UV镜

业的镜片生产厂商，其中高档的有德国的B＋W（施莱德），其产品质量极为出色，甚至超过一些原厂镜片，当然价格也贵，普遍在300元以上；中档的产品主要有肯高（KENKO，已被图丽TOKINA兼并），保谷（已被图丽TOKINA兼并）等，这些镜片也是质量上乘，价格可以接受，按照口径以及镀膜的不同价格一般从几十元到一百多元，非常值得推荐。价格更低的UV镜则主要是由一些小厂生产的产品，玛露美（MARUMI）算是其中一个较为出名的品牌，适合那些对价格较为看重的消费者。

摄影包

购买摄影包时，一定要考虑到放配件的位置，而且要带着数码相机去购买。在挑选的时候把相机放到包里试一试，最好再把装满器材的摄影包试着背一下，看看是否舒适、合身。摄影包不是越大越好，而是适合才是最好的。此外还要注意包的材料，尽量买防水性好的包。这不仅仅关系到相机的保护问题，更关系到相机携带的方便性和舒适性。

1.大小

购买摄影包首先就要考虑大小。选择究竟多大的摄影包主要从摄影者的器材数量以及用途来考虑。对于只有一台小型的数码相机以及不多配件的摄影者，并且只是希望在平时旅游的时候拍摄一些旅游纪念照片的，那么便于随身携带的袖珍型摄影包应该是个好的选择；如果摄影者有一台体积较大的高端数码相机，如奥林巴斯（Olympus）E-20P，富士（FujiFilm）FinePix S602Z等机型，再加上一大堆电池、存储卡、外接镜头等配件，那么中型摄影包很适合他；至于一些经常外出采风的摄影发烧友，那么适合旅行的大型摄影包则是理想的选择，因为这类大型摄影包不仅可以存储并保护摄影器材，还可以携带旅行需要的各种物品，外出携带更为方便。

2.品牌

市面上的摄影包也和服装一样，有许多品牌，不同的品牌代表着产品不同的质量以及档次。一流的品牌中市面上常见有美国的LOWEPRO（中文名"乐摄宝"），DOMKE、BILLINGHAM这些品牌的产品质量上乘，设计优秀，惟一的缺点可能就是其昂贵的价格了，一般的消费者难以承受。除了这些"洋"产品，难道就没有物美价廉的品牌吗？当然是有的，国产的品牌例如广东中山立信皮具公司生产的

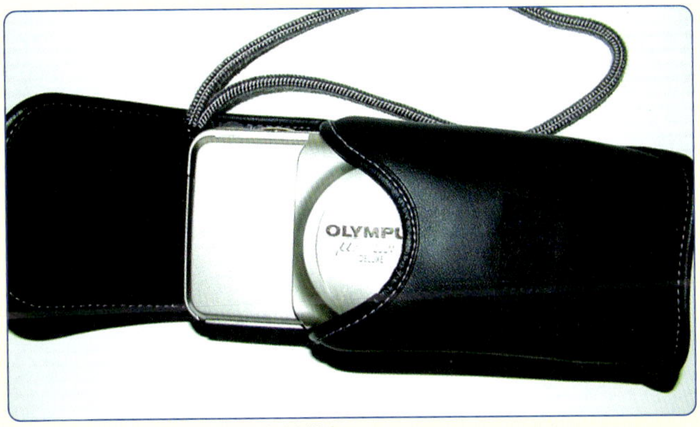

体积小巧的袖珍摄影包，方便携带

吉尼佛（JENOVA）摄影包，通过引进、学习国外先进技术，其产品质量已经颇具专业水准，价格可能只有LOWEPRO的几分之一，应付一般使用已经足够；还有一些不知名的小品牌，有的产品也很好，价格也便宜，如果对价格很敏感，也是不错的选择。我们可以根据自己的实际需要来选择适合自己的品牌。

另外市场里

有一些标着Canon、Nikon等相机厂商品牌的摄影包，大家千万不要以为是佳能、尼康公司出品的摄影包，一般都是一些小厂仿造的，质量参差不齐，在购买这类摄影包的时候一定要仔细检查。

3.设计

好的设计会让摄影包使用起来更方便同时也可以更好地保护相机。在这个方面，我们可以来看摄影包是否有足够的口袋，无论是里面的还是外面的。口袋的大小是否合适，取用东西是否方便，内部的间隔是否可以随意调整，都是要考虑的内容。我们还可以看摄影包的顶盖上是否有防水围边，是否可以锁住拉链，背带是否采用了防滑设计。

4.做工

再好的设计，没有好的做工也不行。买摄影包一定要看包的做工。

先看看用线，好的摄影包的用线应该是双线，如果是单线的话也是用粗线，针脚整齐，这些都有效地保证了摄影包的牢固度。

再看插扣部分。谁都不希望自己的包背到一半突然插扣断掉造成险情，所以插扣也是一个很关键的部位。绝大多数摄影包都是使用塑料插扣的，少部分使用铜制插扣。在购买使用塑料插扣的摄影包时，不妨在征得老板同意的情况下，将插扣略微反复弯曲几次。做工好，用料足的插扣都有足够的柔韧性而不会断，然而质量差的塑料插扣却往往因为弯曲而折断。

在摄影包的选择上我们通常有三种方案：

1.原厂产的包

优点

与相机本身的结合紧密程度最高。

包的质量比较好，比国产组装的要结实一些。

缺点

对相机的保护性较好。

价格比较贵。

市场中不好找与相机同一型号的产品。

2.组装的国产包

优点

价格便宜。

宜于购买，很多地方都买得到。

很多包具有相机厂商的品牌，比较般配。

缺点

与相机的结合不够紧密。

包的质量不是很好，也不是很结实。

对相机的保护性一般。

3.品牌包

优点

专业摄影包厂商生产，包的牢靠性高。

包的设计比较人性化，功能多。

对相机的保护性较好。

缺点

价格很贵。

一般人的认知度不高。

三脚架

很多人新买相机时都会一并购买三脚架。不要以为三脚架的功能简单就对它掉以轻心，因为三角架的好坏对于数码相机成像质量往往起着非常重要的作用。

1.看重量选三脚架

市面上所出售的三脚架，如果按照体积、重量来分，可以分成大型、中型、小型和微型这四种。大型三脚架多用于摄影室固定大型相机使用，重量非常重，价格也非常昂贵，在这里就不多说了。中型三脚架的重量则普遍在二至十公斤之间，多由合金钢制成，具有良好的稳定性。当然，高档的产品，如法国的捷信（GITZO）有不

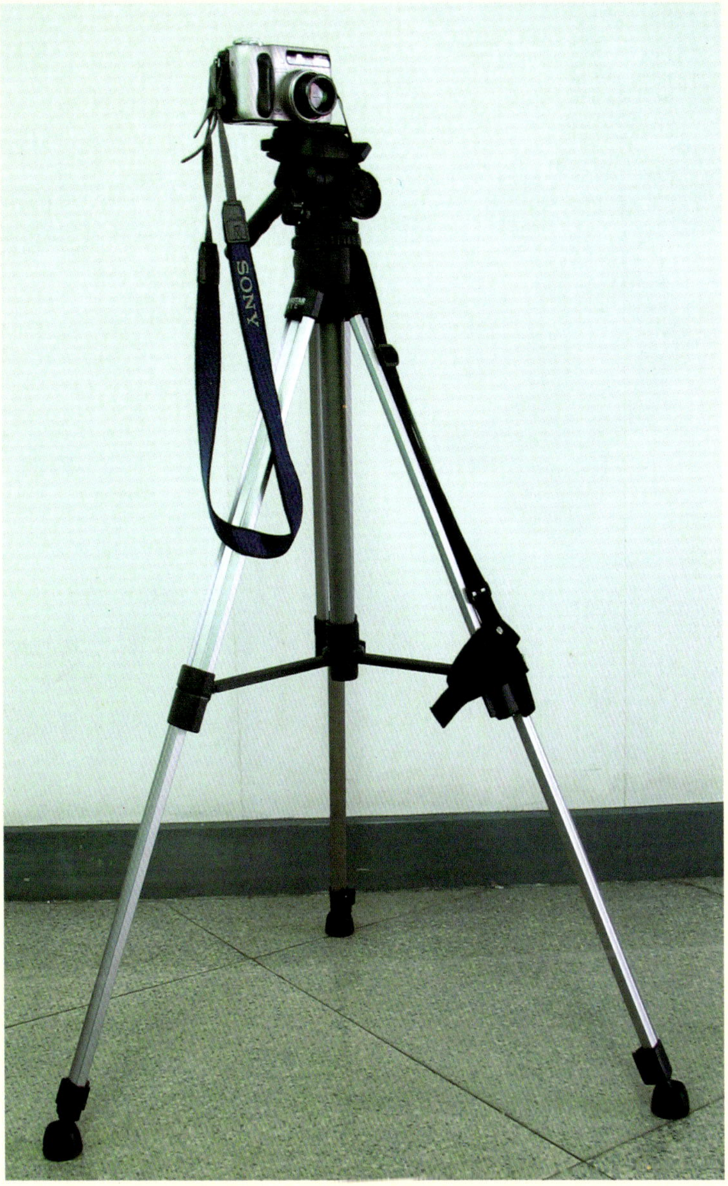

少产品使用了碳纤维材料，在具备良好稳定性的前提下大大减轻了重量，只是这类三脚架价格普遍较为昂贵。小型三脚架则是使用较为广泛的一类三脚架，它多由铝合金材料制成，重量很轻，体积也不大，携带很方便，价格也非常便宜，价位普遍都在100～300元。但由于小型三脚架重量较轻，因此稳定性较之大中型三脚架略逊一筹。微型三脚架是一种特殊的三脚架，体积很小，重量也很轻，甚至可以放在衬衫口袋里，尤其适合随身携带。

这么多种类的三脚架，那么到底该选哪种呢？其实主要还应该根据自己使用的相机来考虑选择何种三脚架。对于类似索尼（SONY）T1这类重量较轻的便携式数码相机来说，一支轻便的小型铝合金三脚架就足以胜任了。而对于索尼DSC－F828这类体积较大，重量较重的机型来说，使用这类三脚架就有些勉强了，而一支中型三脚架就更为合适。而微型三脚架则适合作为第二个三脚架，方便随身携带。

2.看品牌选三脚架

和任何商品一样，三脚架也有许多品牌。进口品牌主要有捷信、曼富图（Manfrotto，意大利）、金钟（Velbon，日本）等，其中捷信属于高端品牌，其采用碳纤维材料的脚架不仅坚固耐用，且非常轻便，成为摄影爱好者梦寐以求的目标。只可惜东西是好，就是太贵（脚架加云台普遍在3000元以上），对于普通的数码相机用户来说并不推荐购买。曼富图的三脚架做工也非常精致，品种也较为丰富，价格相对捷信来说较有优势，但基本也要上千元。其他的一些进口品牌如金钟等，在国内市场不多见，价格也较贵，性价比不是很高。

接下来是国产品牌。市面上多见吉尼佛、伟峰、泰立、海鸥等几个品牌。国产品牌相对进口品牌最大的优势可能就是价格了，一般只有进口产品的几分之一，但在做工方面则稍显粗糙。但对于使用数码相机的朋友来说，选用这类脚架已经足以满足需要。

3.看做工选三脚架

在具体购买的时候，应该从以下几个

三角架中轴

螺旋式锁紧装置

方面去判断一个三脚架的做工。

(1)中轴

三脚架中间那根可以升降的轴就称为中轴。常见的中轴升降方式有两种：一是利用齿轮进行调节，第二种则是手动调节。齿轮调节的中轴因为使用了摇杆调节，调节起来比较精确，缺点则是不太方便，而且时间长了齿轮也难免磨损。滑动调节的优点是调节方便快捷，缺点则是很难精确调整。购买滑动中轴最好选用六边形柱的中轴，这种中轴能有效避免因磨损而引起的打滑。

(2)腿

腿是衡量三脚架质量的重要标准。制作腿的材料很多，有钢、铝合金、碳纤维和塑料。钢质材料强度高，份量重，不易变形磨损；碳纤维份量轻，强度高，也不易变形磨损，是高档三脚架的首选材料。铝合金和塑料多用于小型三脚架，份量轻，但是强度不高，容易变形。同样材质的情况下，圆柱形的腿比多边形的腿更为牢固。

三脚架的腿多为采用伸缩式结构。一般来说3节的比较好，因为节数越多，最下面的一节就越细，势必影响整体的稳定性。而节数太少，则造成携带长度较大。关节处的锁紧装置也大有讲究。一般可分为扳扣式和螺旋式锁紧装置。这两种锁紧装置各有利弊，但是笔者觉得螺旋式的锁紧装置更为牢靠和耐用。在锁紧装置的材质方面，自然也是以金属材料为佳。

(3)脚

三脚架的脚是与地面直接接触的部分。从物理的角度来说，接触面积越大，摩擦力越大，所以我们不要嫌弃三脚架有一副“大脚”，因为这是提供稳定的关键。材质方面一般都使用橡胶材料。另外有的三脚架还提供了脚钉，以提供更为理想的稳定性。

有了三脚架，还离不开一个合适的云台。云台是放置、固定相机的地方。常见的云台有二维、三维、球形云台。二维云台就是用二根螺杆来控制相机的转动，实现左右转动和90°旋转以实现竖拍的云台。这种云台在小型三脚架中使用较为广泛。三维云台就是使用了3根螺杆来分别控制相机各个方向转动，比二维

三维云台

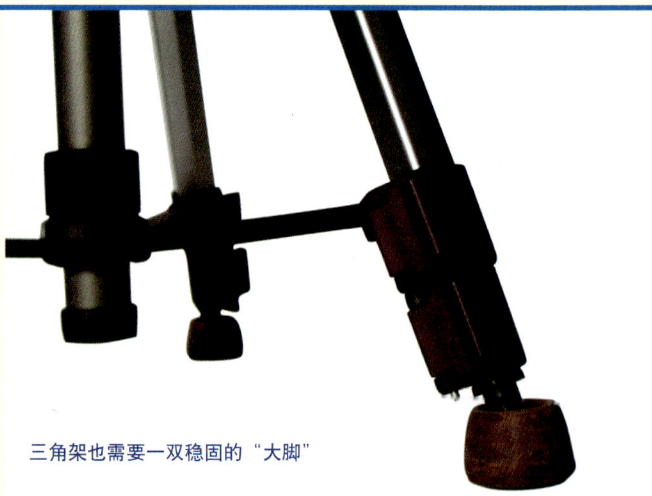

三角架也需要一双稳固的“大脚”

云台更灵活，但是控制起来比较复杂，价格也较贵。球形云台是通过杵臼关节来实现自由的运动和固定，它具有快捷方便的特点。在购买云台时，尽量购买金属材质的云台。另外云台上的快装板也值得注意，快装板一定要垫有橡胶垫以免划伤相机，板上的螺丝做工要精细，相机装上去的时候，旋转手感要顺滑，否则会对相机的螺丝接口造成伤害，材质也以金属为佳。最后要检查一下云台的锁定装置是否牢靠。

爱国者数码相机伴侣

数码相机伴侣

由于现有数码相机存储容量的限制，带动了一个新兴的产品——数码相机伴侣的快速发展。数码相机伴侣是一个"高速大容量移动硬盘＋多种读卡器"的合二为一的数码储存装置，可以实现在没有电脑的情况下转存数码相机存储卡的数据，因而已经被越来越多的人所接受。选购数码相机伴侣也要注意一些问题。

1. 兼容性

数码相机伴侣的作用是"转存"数码相机存储卡上的数据，要支持多种存储卡，所以兼容性是选购数码相机伴侣的关键要素。

2. 接口

USB 2.0 可以提供高传输率，而且兼容性更佳，所以最好购买USB 2.0 接口的产品。

3. 电池

要查看一下是否是锂电池，因为相机伴侣耗电性比较大，用普通的电池太浪费，充电锂电池会比较节省一些，也可以增加使用时间。

4. 液晶屏

注意有无液晶屏幕，有液晶屏看起来相对简单明了一些，还可以查看自己传进来的资料和正在传输的资料的显示。

5. 外壳

外壳要够结实，金属外壳的比较好。因为金属外壳有 3 大好处：更能保护内部的硬盘，提高抗震性；具有防潮防电磁幅射的能力；有利于散热。

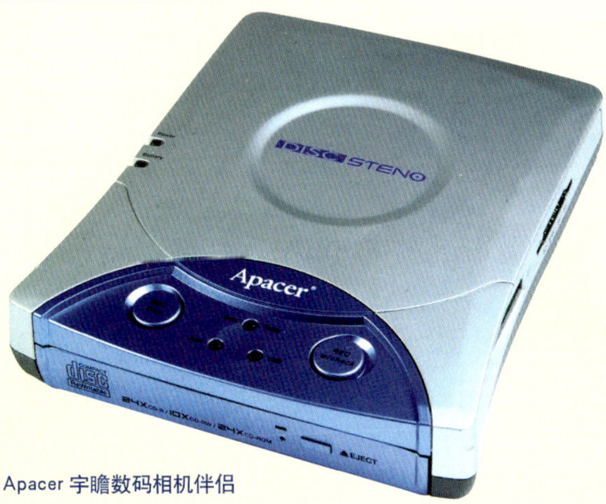

Apacer 宇瞻数码相机伴侣

6. 操作

操作方式一定要简单易懂，一般数码相机伴侣上具备三个键：一个"开机"，一个"选定"，再一个"拷贝"就够用了。

外接镜头

外接镜头也有品牌之分，大致可以分成原厂镜头和副厂镜头两种。原厂镜头就是数码相机厂商为本品牌某个特定型号或者系列的数码相机所专门设计的外接镜头。例如奥林巴斯（Olympus）、尼康（Nikon）等传统光学设备（或相机）大厂，都为自有品牌的数码相机设计了外接镜头。这些镜头由于系出名门，而且是量身定做，品质自然不用多说，多层镀膜，低色散都是其优点，但就是价格很

RAYNOX 显微镜头

高，一般都在千元以上。副厂镜头就是由第三方厂商设计生产的兼容镜头了，常见的品牌有RAYNOX、肯高等，这些镜头最大的特点就是兼容性强，可以通过不同尺寸的接圈与许多相机兼容，价格却只有原厂产品的几分之一，性价比很高。但需要注意的是，副厂镜头的品质一般来说不如原厂镜头，特别是在控制色散等方面的表现稍逊一筹。

选定功能和品牌之后，在实际选购的时候，还需要注意一些细小的环节：仔细观看镜头的镜片有没有划痕、气泡等瑕疵；看镜头内部有没有灰尘；有镀膜的镜头，在斜射的光线下观察镜头表面，镀膜应呈现出色泽均匀的反光，注意镀膜有没有破损、脱落。在购买外接镜头的时候，最好带上自己的数码相机亲自试用，看看在接上外接镜头后，对焦性能是否正常。有的外接镜头在接上后会导致相机在部分焦距段对焦失灵。此外，还可以从试拍的样张里看镜头的成像质量，看色散、广角畸变等情况是否严重。最后看看镜头的做工，镜筒和镜片之间的镶嵌是否紧密，有没有松动等。

外接闪光灯

不少数码相机具备热靴功能，以便选购外接闪光灯，适合更多拍摄环境的需要，其中闪光灯分为普通通用型和专用型两种，普通通用型价格比较

SIGMA 闪光灯

便宜，一般在50～400元，而专用型价格一般在800～4000元。专用型的闪光灯是专门针对某款数码相机专门设计的，其自动化程度高、用起来也非常方便。通用型闪光灯的品牌中以国产的银燕、金鹰等品牌比较好。银燕的闪光灯价格在50～300元，非常适合普通摄影爱好者使用。进口的以Vivitar、Sunpark、Metz、SIGMA（适马）这几个品牌最为常见，价格中等，功能强大，适合有较高摄影要求的人士使用。佳能、尼康、美能达、奥林巴斯原厂的专用闪光灯就比较贵了，当然也是搭配各自数码相机的最佳选择。

尼康原厂望远镜头，价格昂贵

文/图 石毅

4 第四章 FOURTH CHAPTER

数码相机已慢慢走进人们的生活，不再是可望不可及的产品，但是谈到具体的操作，还是有不少人苦于没有中文说明书而望机兴叹，或者不能充分利用相机的全部功能。其实数码相机和传统相机的许多操作和图标都是大同小异的。本章从数码相机的基本使用、功能图标、相机功能直到协调光线等，对数码相机的基础技能进行了一一讲解，希望能够为您消除一些神秘感。其实只要多注意观察、尝试和思考总结，就能举一反三、触类旁通、运用自如。

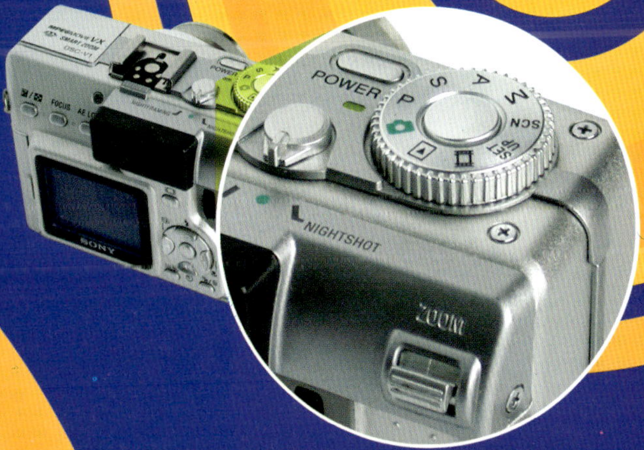

数码相片怎么拍？

Basic manipulation

练好你的基本功
——数码相机的基本使用方法

掌握数码相机的基本使用方法不但为了拍好照片、多拍好片，而且还有利于相机的保养，延长相机的寿命。

照片为什么会拍糊

俗称拍糊就是照片成像不清楚、被摄主体不够清晰。例如，不能分辨景物的轮廓、线条等细节，图像模模糊糊一片，有些情况下还会出现双影或多重影像。大家都知道，摄影所记录的是物体瞬间相对静止的影像状态，由于在拍摄过程中，摄影者及相机与被摄体的相对位置时时刻刻处于不稳定状态，如果在曝光时间内两者出现较大的位移，照片就会拍糊。

对于初学者来说，很多时候由于没有掌握相机的基本使用方法和相机的正确握持要领，在曝光的瞬间，相机发生了抖动，照片拍糊也就是必然的了。为了避免照片拍糊，初学者首先要掌握相机的正确握持方法，针对不同拍摄场合采取相应措施以增强相机的稳定性，保证拍摄时相机处于相对静止状态。

另外，还要排除有可能干扰拍摄稳定性的其他因素。例如，不要选择过慢的快门速度，防止被摄体出现瞬间移动、避免或尽量减轻拍摄环境中外界震动源的干扰、了解快门时滞并掌握最佳拍摄时间、连拍模式下密切注意被摄体或取景范围的变化等。

当然，照片拍糊的原因还可能是拍摄技术上的问题，例如对焦位置不准确造成焦点不实等，这部分内容请参考本书相关章节的介绍。

数码相机拍摄基本功

要拍出好的摄影作品，不打好基本功可是不行的。而要练好拍摄基本功，首先就得从掌握相机的正确握持方法做起。

1．不同取景方式的相机正确握持方法

和传统相机相比，数码相机的外形多变，没有正确的握持方法很难保证相机的稳定性。从取景的角度来看，拍摄横幅照片和竖幅照片分别需要采用横握相机和竖握相机两种方式。从拍摄角度来看，与人眼等高的平视取景方式通常较为多见，但为了拍摄某些特定物体有时也会采取低角度取景方式。另外，为了构图的需要，有时还会采用地平线平视取景或仰角取景方式。

（1）基本握持方法——横拍、竖拍平视取景

摄影者直立、相机与眼睛等高是拍摄中最为常见的取景方式，由于拍摄高度和人眼等高，因此照片符合人们通常的视觉习惯。其中，虽然横握相机拍摄横幅照片的拍摄场合较多，但竖握相机拍摄竖幅照片也是比较常用的取景方式。横握与竖握是相机的两种基本握持方法，熟练掌握这两种方法将有助于取景时的相机平稳握持。

不同外形和大小的相机握持方式不必拘泥一格，但应保证舒适、自然。牢靠地使用双手分别握持相机两端，两臂与身体夹紧，双脚自

注意 Notice

有些数码相机的右侧（面向相机后背时）具有符合人体工程学造型的手柄，握持较为牢靠、舒适。而如果你的相机无明显手柄，那么更要注意握持方法。

正确的握姿是右手掌心紧贴相机右侧，拇指放在相机后背，中指、无名指及小指放在相机前面，并以自然、舒适的状态握紧相机，再将食指自然而放松地贴附在快门释放按钮上。然后用左手掌托住相机左侧及底部，具有固定镜头或有较长镜筒的相机可用拇指及其他四个手指握紧镜筒。

竖拍时一般将相机逆时针旋转 90 度，右手在上且握持方法不变，左手在下并托住相机左侧。

然分开与肩部等宽，可增强人体的稳定性，并有效地防止相机的抖动。

此外，外形较小的相机或手大的摄影者可不必追求全部手指把握相机，否则手指可能会遮挡镜头、取景窗口等部件。使用取景器取景时，额头适当部位紧贴相机可增强相机的稳定性。

（2）低角度取景

为了从低角度拍摄某些物体或场景而降低拍摄高度时，可采取半跪姿态并将肘部支撑在膝盖上，形成较为稳定的拍摄姿态。

（3）地平线取景

拍摄高度接近地平线时，如果取景器不能调整角度，只有采用卧式姿态拍摄。俯卧在地面后，双肘要适当分开一定角度并支撑在地面上，与上体形成较为稳定的三角支持姿态，相机的握持方法与平视取景相似。

（4）仰角取景

仰角取景方式可表现高大建筑物

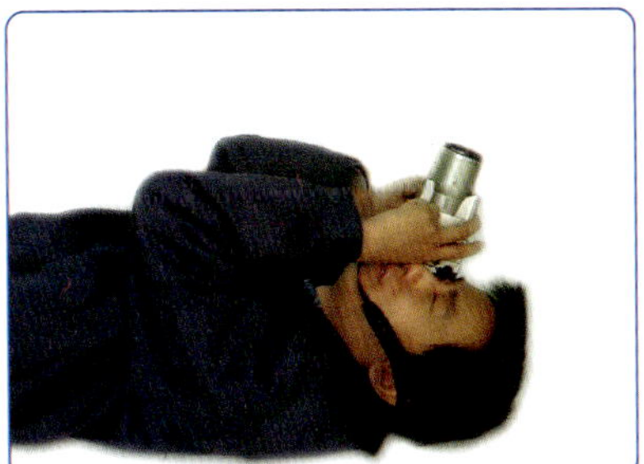

为了从更低的角度取景，获得更好的透视效果，可采仰卧姿态拍摄。

（5）液晶显示屏取景的正确握持方法

使用液晶显示屏取景时，双臂夹紧肋部两侧可增强相机的稳定性，如果把背带套在颈间或背部并向前拉紧，可进一步增强相机的稳定性。

注意 Notice

左臂或肘部要尽量远离左前胸，以减少心脏跳动带来的影响。

2．如何增强拍摄稳定性的措施

为了增强拍摄稳定性，还要注意以下几个问题。

（1）使用双手握持相机

通过以上介绍的几种取景方式可以看出，双手握持相机是防止拍摄中相机抖动的有效措施，单手握持不但不能保证相机的稳定性，而且不利于设置按键等操作。

（2）按快门的正确方法

在第一阶段中，相机的稳定性并不影响照片的清晰度，但要注意是否聚焦在被摄体上以及是否完成自动对焦。而在第二阶段就要格外注意相机的稳定性，此时要屏住呼吸、保持身体稳定。

按快门的第二阶段既不要用力过猛，也不要拖泥带水，要掌握轻巧、适中的力度，以防止相机的抖动。按下快门后，切忌猛然、快速地抬起手指。

(3)利用三角形的稳定性

不同外形和大小的相机、采用不同的取景方式、相机的不同握持方法和拍摄姿态，都可利用三角形的稳定性来减轻相机的抖动。

自动测光、自动对焦的数码相机具有半按快门功能，即从按下快门到释放按钮有两个阶段。第一阶段是在按下一半的快门时进行测光和对焦，就绪后一般会有声响或提示图标。第二阶段是在测光、对焦就绪后，继续按下按钮，则快门释放、完成拍摄。

室内拍摄光线较暗、快门速度较慢的情况下，可将相机靠在门框、柜子的边角等物体的边缘。

例如，额头贴紧相机可在双手握持相机的基础上增加一个支撑点，液晶屏取景利用背带同样也可为相机增加支撑点，跪姿取景时膝盖和肘部可保证身体的稳定性等等。

(4)寻找依托，增强稳定性

在没有三脚架的情况下，寻找另外的支撑点作为依托也可增强拍摄的稳定性。

在室外可利用树干、电线杆等物体，也可以把相机放置在桥墩、石桌、石凳上。不过，有些物体表面比较粗糙，要注意保护相机避免磨伤。

(5)手持极限快门速度

同等条件下，在进行手持拍摄时，快门速度越高，越容易得到清晰的照片。否则，相机的抖动会导致照片拍糊。俗称手持极限快门速度是在不使用三脚架或依托物拍摄静物的情况下，保证清晰照片可以使用的最慢快门速度。手持极限快门速度与拍摄焦距有关，这一点对于大变焦数码相机很重要。同等条件下，焦距越长，获得清晰照片的快门速度要求越高，一般可以焦距的倒数计算。

对于数码相机来说，这里的焦距指的是相当于35mm相机的焦距。例如，松下FZ1相当于35mm相机的焦距为35mm～420mm，在广角端的手持极限为1/35s，而12倍光学变焦的长焦端手持极限就是1/420s，拍摄时选用比计算结果稍高的快门速度值较为稳妥。

手持极限还与其他多种因素有关，如摄影者个体条件、相机使用熟练程度、快门机械性能等。对于大多数初学者来说，在广角端一般使用1/30～1/60秒左右的快门速度应该能够获得清晰的6英寸照片。否则，可能是方法不当致使拍摄出现不应有的抖动。

在必须选择较慢的快门速度时，最好使用三脚架，尤其是拍摄珍贵镜头或需要放大较大幅面照片时。

当然，一个人的手持极限不是一成不变的，熟练使用自己的相机、掌握正确的拍摄要领、排除外界因素的干扰，经过一段时间练习后，有些人可能会达到1/30秒或更慢的快门速度。个别情况虽然在几分之一秒或更慢的情况下也拍摄出了清晰的照片，但并非意味着每次都能获得满意的效果。

照片的清晰度也和照片冲印尺寸或图片浏览尺寸有关，使用很慢的快门速度拍摄的照片虽然冲印小尺寸照片很清晰，但不能保证冲印大尺寸同样清晰。

3. 影响拍摄稳定性的其他因素

有些客观因素或外界环境因素也会影响照片的清晰度。

(1) 被摄体瞬间位移的影响

尽管摄影者有过硬的基本功，但由于被摄体在曝光瞬间出现位移同样也会导致照片拍糊，尤其是人物摄影，无论是抓拍还是摆拍同样都会出现这个问题。抓拍时要密切注意人物将要出现的瞬间静止姿态，尤其是拍摄儿童。

(2) 相机快门时滞的影响

快门时滞就是完成快门按揿动作后到快门打开的时间，不同数码相机的快门时滞有所不同。一方面要注意快门时滞对于被摄体的影响，否则会坐失良机。另一方面要注意完成快门按揿动作后不要急于抬起手指，更不要马上移动相机。

拍摄时要注意构图、取景、对焦的时间不要过长。否则，长时间面对镜头，不但人物的表情会变得不自然，而且身体或面部将变得不稳定，在拍摄老年人时这种现象更明显。此外拍摄外景要注意风力的影响，尤其大风天气，树枝的摇曳也会影响照片的清晰度。

(3) 使用三脚架长时间曝光的注意事项

长时间曝光或在拍摄夜景时使用三脚架虽然可以有效地防止照片拍糊，但应该注意把三脚架的角度适当开大，可升降的中轴不要升得太高，同时检查各个活动部位是否锁紧。中轴有挂钩的最好挂些重物，以免受到风力或其他震动源的影响。

即便使用三脚架，同样需要注意按揿快门动作不要过猛，有条件时最好使用快门线或遥控器，而且在曝光时间内不要误碰相机或三脚架。

(4) 连拍模式的注意问题

连拍模式可以连续捕捉精彩镜头，但要逐渐体会并掌握好自己所用相机的连拍间隔时间，每次曝光前同样需要保证相机的稳定性，尤其是在不断变换取景范围时。

(5) 拍摄运动物体需要注意的问题

拍摄运动物体或处于不稳定状态的物体时，要注意寻找被摄体相对稳定状态，并选择较高的快门速度。采用追拍手法拍摄运动物体时除注意选择恰当的快门速度外，相机追随被摄体移动要停止在曝光结束以后，而不是与曝光同时结束。否则，不但不能得到追拍效果，而且会把被追拍的主体拍糊。

(6) 在交通工具上拍摄需要注意的问题

在车船等交通工具上拍摄不要使用三脚架，因为三脚架会将震动直接传导给相机，由于人体具有较好的减震作用，手持拍摄和较高的快门速度可以拍出较为满意的照片。手持拍摄也不要以车船为依托物，否则也会把震动传导给相机。

(7) 不稳定的环境因素

拍摄时要注意外界环境的震动源带来的影响。例如，在邻近街道拍摄、在木制或竹制地面、桥面等特殊环境拍摄要注意往来车辆或行人带来的震动。尤其是在快门速度较慢的情况下，很有可能把照片拍糊。

(8) 不是万能的防抖功能

具有防抖功能的相机虽然可以明显

摄影包是必备的，尤其是在外出摄影时，把相机放在摄影包中可有效地防止震动或挤压给相机带来的危害。在景点拍摄时，如果不是准备时时刻刻都要拍摄，不妨把相机放在相机包中再挎在颈间，可防止在人多场合发生的不小心碰撞，并可在爬山或丛林中防止外界物体的碰撞和摩擦。

改善相机抖动对于照片清晰度的影响，但防抖功能并非是万能的，在剧烈或大幅度抖动的情况下，照片仍然会拍糊。一般相当于快门速度降低2～3挡时，可保持原有快门速度的清晰度。

因此，具有防抖功能的相机也不可过度降低快门速度，拍摄时仍然不可掉以轻心。

安全地使用数码相机

数码相机是集微电子和光学仪器为一体的精密设备，同时也是摄影者手中的武器，只有良好的保养和使用习惯才能延长相机的寿命、拍出更多的好照片。

1.相机的防震、防挤压及防碰撞

如果放在摄影包或相机包中不便于抓拍精彩镜头，挎在颈间把镜头面向身体一侧也可防止意外损伤镜头。

暂时不需要拍照时，要把镜头盖扣好，以免灰尘污染或划伤镜头及滤镜。

另外还要注意，相机背带应该时时刻刻挂在颈间或缠绕在手腕，以免不慎落地摔伤，尤其是在水边、山间、高空或交通工具上拍摄时，要随时随地防止滑脱跌落。

2.防止高温和强光的损伤

旅游途中不要放在机动车的机箱上、不要长时间曝露在强烈阳光下。镜头也不要长时间地直对强烈阳光，以免镜头聚焦损伤感光器件或内部机件，尤其是日出后一小时到日落前一小时拍摄逆光照片更需要注意，有条件最好配备ND8 密度镜。

3.防止有害物质的损伤

在潮湿环境或阴雨天气拍摄时要注意防潮、防水，在海边更要注意海水中的盐分对电子器件和镜片的侵蚀。在较为严重的潮湿环境或雨中拍摄，最好把相机放在塑料袋中，只露出镜头。在风沙天气下拍摄要注意沙尘对镜头的污染，同时还要注意细小的灰尘可能会侵入相机内部，暂时不拍摄时最好把相机放入包内。

4.镜头的保养

对于经常外出拍摄的朋友，如果需要去类似陕甘宁、内蒙等干旱多风沙地区拍摄时，要随身携带吹气球、镜头刷、镜头纸。清理被灰尘污染的镜头首先要吹去灰尘，不易吹掉的灰尘可用镜头刷掸去。如果直接擦拭，沾染在镜头上的灰尘将会划伤镜片。需要注意的是，少许灰尘一般不会影响成像，镜头擦拭次数过勤并无益处，只有污迹较为明显才有擦拭的必要，擦拭前必须确认无灰尘。

严重污迹不易擦除时可用嘴哈口气再擦，不要使用乙醇等化学溶剂，无法擦除的污迹可选用高级镜头水。擦拭材料最好使用一次性材料，如镜头纸，但也不要重复使用，更不要使用其他擦拭材料。

鹿皮是重复使用材料，虽然较为柔软，但擦拭镜头时，其上沾染的灰尘会划伤镜片。干净的鹿皮可用来擦拭机身。

5.防止温度骤变的影响

无论是冬季从室外到室内还是夏季从空调房间到室外，要注意温度从低到高的骤变所导致的相机镜头或内部机械、电子器件结露的危害。镜头结露影响成像清晰度，甚至不能对焦和拍摄，机件长期结露可能会导致锈蚀，电子器件结露可能会失灵甚至短路损坏。因此，进入温差较大环境时，要提前把相机放入包内一段时间，进入温差较大环境后，要经过一段时间再取出拍摄。在低温环境中把相机揣在怀里是个简便而有效的办法。

文／图　智炳超

新丁入门之10项全能

从这里开始，我们就要真正开始使用数码相机进行拍摄了。选择曝光模式、调整白平衡、设置ISO感光度，选择测光方式，打开闪光灯，对准焦距……怎么，不太明白？那么让我们先从新丁必备的十项全能入手，拉开摄影之旅的序幕吧！

(这里出现的相片除非指明，均为Nikon CP4500数码相机拍摄，后不再重复)

曝光模式细斟酌

要用数码相机留下美好的瞬间，清晰是关键。照片是否清晰取决于两个因素，一是曝光准确，二是对焦准确。我们就先从曝光模式的选择与应用开始谈起。

1.认识曝光

(1)传统曝光

在传统摄影中，所谓曝光是指运用相机的光圈大小和快门速度，控制投射到胶片上的光的“数量”，通过光的变化，把物体的影像记录在胶片上。

当不同强弱的光同时照射到胶片上，胶片上的乳剂就会不同程度地发生化学结构变化，最终通过冲印程序得到完美的照片。

曝光就好比光线透过一个窗口射进暗室，由于被照射的物体本身各部分反光特性不同，物体本身亮的部分反向光较强，也更亮，而暗的部分则较弱

曝光量(E，Exposal)＝光照强度(I，Intensity)×光照时间(T，Time)

好像我们用一根水管去冲刷一块平坦的沙滩，随机调节水压和冲刷时间，沙滩就会被冲得凹凸不平，道理是一样的。

(2)数字曝光

数码相机的曝光原理跟传统胶片一样。不同的是，这里的胶片换成了CCD或CMOS感光器件。

当不同强度的光照射到CCD或CMOS上时，CCD或CMOS通过光电耦合，将光信号转变为电信号传递给数码相机的图形处理芯片，再由这块芯片将电信号还原为图形文件并记录在存储卡中。

根据前面的公式可以看出，用较强的光照强度配合较短的曝光时间，或用较弱的光照强度配合较长的曝光时间，都能得到同样的总曝光量。

滴水能穿石，但需要漫长的时间，用激光却能在瞬间完成，这就是不同强度配合不同时间得到相同结果的例子。

在相机中，光照强度和曝光时间分别由光圈和快门来进行控制。

光圈即是光线通过相机镜头的一个由活动叶片构成的孔。这个孔的大小用“f/”值来标注，“f/”值越小，所对应的光圈直径就越大，如f/1.8光圈＞f/4光圈。

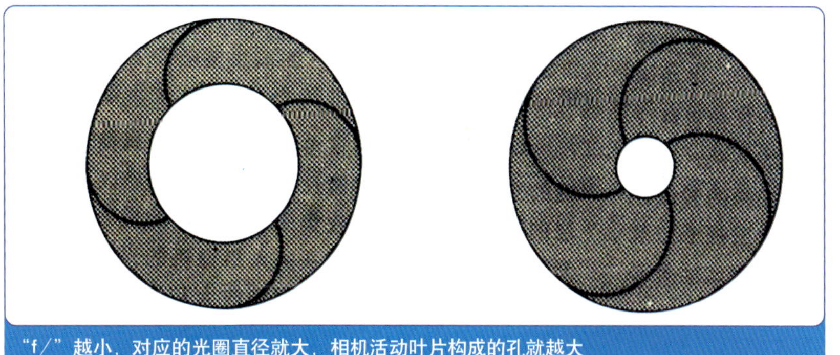

“f/”越小，对应的光圈直径就大，相机活动叶片构成的孔就越大

快门在传统相机上是由金属或其他材料制成的一块很薄的两层幕帘，这两层幕帘开闭时间的长短就是快门速度。而在数码相机上，则没有这个快门帘，主要是由电路控制CCD或CMOS通电的时间长短来达到相同的目的。

2. 曝光模式的种类

基于上面介绍的曝光原理，就有了自动曝光、光圈优先、快门优先、手动曝光、曝光补偿、多重曝光等不同的曝光模式。那么怎样根据拍摄的环境条件和拍摄目的来选择合理的曝光模式呢？下面就逐个来了解一下：

(1) 自动曝光

适用人群

初级用户，既然是“自动”，也就意味着不需要我们自己费劲，所有一切都交给机器来处理，很轻松不是吗？

数码相机的自动曝光通过机内的CCD或CMOS感光器件，获取被摄景物的光信号（光强、光照时长），并调用固化在机内图形处理芯片里的曝光程序，确定适当的光圈、快门组合以达到正确曝光的目的，这个系统就是我们常说的“测光系统”。

测光系统中固化的曝光组合是经过生产厂家若干次测试后确定的，在大多数时候都能提供准确的曝光。

但凡事无绝对，所以不能完全相信测光系统。我们必须学会在什么条件下使用自动曝光模式，这样才能发挥自动功能的优势，轻松拍出满意的照片。

注意 Notice

在全自动曝光模式下，相机的对焦点是不能自由选择的。被拍摄的人或物应该尽量处于画面中间，否则容易出现焦点跑到主体之外的情况。这样一来，曝光是准确了，但并未达到拍摄目的。

另一种容易发生的“意外”就是，被拍摄的人或物处于反差很大的环境，如逆光，这时如使用自动曝光模式，就会因为背景太亮而造成主体曝光不足。

Nikon CP4500数码相机处于自动曝光模式状态

采用自动曝光模式拍出的照片，基本能够满足初学者的需要

逆光条件下主体曝光不足，整张照片偏暗

①全自动AUTO模式

在自动曝光模式下，拍摄者的操控权很小，只能对照片大小及质量进行设定。

适用环境

拍摄现场光照条件很好，被摄物体或人物受光较为均匀，且背后或周围没有特别明亮或特别阴暗的空间，比如阳光明媚的公园、灯光条件较好的室内等。

②程序自动P模式

在P模式下，拍摄者可以控制一些拍摄要素，如对焦点的选择（数码相机支持多点对焦功能）、ISO感光度选择等。

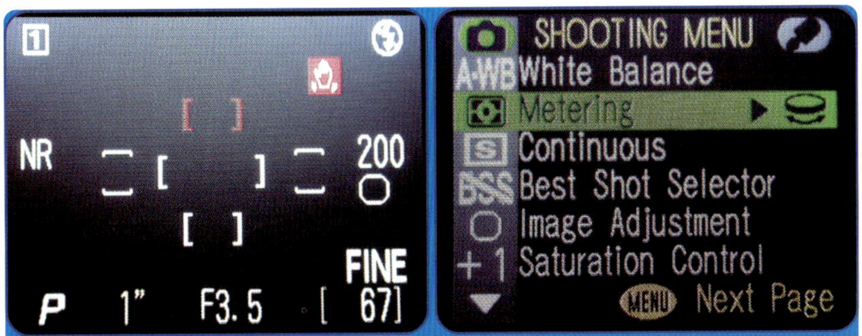

P 模式下，用户能自主调整的内容是不是多些了？

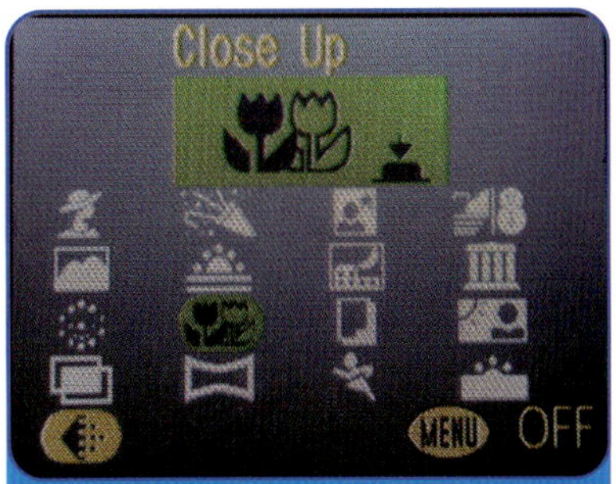

Nikon CP4500 提供了 16 种情景模式，包括人像模式、夜景人像模式、室内模式、雪景模式、风景模式、运动模式、微距模式等，基本涵盖了大多数应用环境

适用环境

相对于 AUTO 模式而言，P 模式拍出满意照片的几率要大一些。在光线稍复杂的情况下（如背景较暗）也能轻松拍摄出较成功的相片。

首先，多点对焦功能避免了 AUTO 模式下焦点跑掉的问题。其次，可以自由调节 ISO 感光度。在 AUTO 模式下，相机曝光程序为了避免因拍摄者手的抖动造成拍摄失败，通常会在光线较差的时候自动提高 ISO 感光度以保证较高的快门速度，这样就会使照片显得颗粒较粗，不够细腻。

这张照片采用微距模式拍摄，当时相机和它的距离只有 15cm，但也暴露出背景光线控制不好的问题

③ 情景模式

在现在市面上的数码相机中，通常都有这个模块，只是相应的情景模式数量不同罢了。

适用环境

在情景模式下，相机的自动化程度很高，能自由控制的设置较少，要根据环境灵活运用。如选用夜景人像模式时，相机将闪光灯模式固定为防红眼，在环境比较华丽的时候较实用。而当环境黑暗的部分较多时，就容易造成照片上人清楚，但背景一团漆黑的问题。要解决这样的问题，可以选择使用“闪光灯模式”，我们将在后面详细讨论。

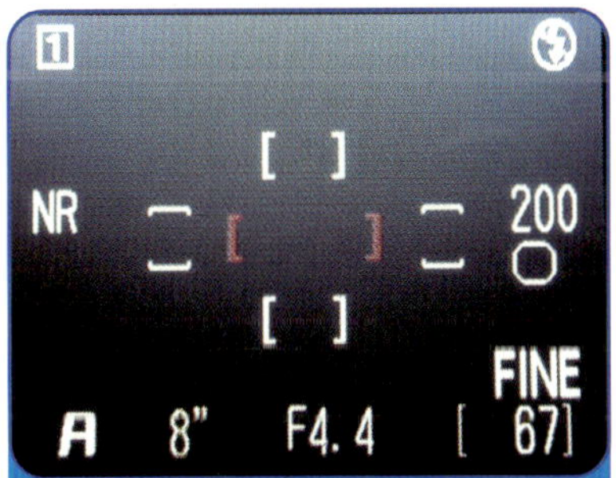

调用 Nikon CP4500 的光圈优先模式

（2）光圈优先

适用人群

熟悉所持相机，具备一定摄影基础知识的初学者。

所谓“光圈优先”就是将设定的光圈大小作为一个不变的参数，相机通过测光系统据此估算出正常曝光所需要的快门速度。

光圈优先模式在相机上通常标注为 A 模式（Nikon）或 AV 模式（Canon 或其他厂家）。

左图使用 AUTO 模式，相机自动将 ISO 感光度提升至 ISO 400，右图在 P 模式下将 ISO 值固定为 100，得到的照片显得更细腻

光圈优先也基于自动曝光，其不同之处在于，决定曝光量的一个重要参数——光圈由拍摄者自由控制。

光圈的控制会带来哪些不同的变化？

第一，可以通过光圈控制快门速度。在同样的光照环境下，光圈越大，通过镜头的光量就越多，所配合的快门速度就越快，反之亦然。

利用这个原理，当光线较差，且必须手持相机进行拍摄时，我们就可以将光圈放大，以得到较高的快门速度，防止手抖带来的不利影响。

当光线过强时，大光圈所需配合的快门速度可能会超出我们手中相机的最高快门速度限制，这时就应该收小光圈，将快门速度降到相机能力所及的范围之内。

这张照片与前图正好相反，景深过浅，使得该表现的主体没能很好且完整地表现出来

这张照片景深过大，主体与背景混杂，不能突出人物

采用快门优先模式可以将流水拍出丝帛般的感觉，设置时需要把快门速度定得很慢。看潺潺流水是不是像丝绸一样？

这张照片的景深控制相对较好，主体被很好地突出，用来衬托主题的背景则被虚化

第二，可以通过光圈控制景深。简单地说，景深就是指照片中的清晰范围。我们拍摄一张照片，并非所有纳入画面的东西都很清楚才是好照片，根据实际情况和拍摄意图，经常会需要将一些不重要的内容模糊掉，以突出主体的地位。

光圈与景深的关系是：光圈越大，则景深越浅，即光圈越大，照片中的清晰范围越小。

(3) 快门优先

适用人群：

熟悉所持相机，具备一定摄影基础知识的初学者。

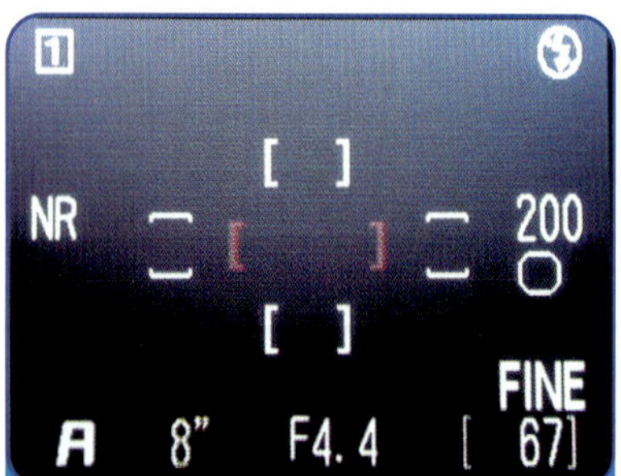

Nikon CP4500 使用S模式拍摄

快门优先又叫速度优先，与光圈优先模式的原理相似。快门优先是将拍摄者确定的快门速度作为一个不变的参数，由测光系统根据拍摄现场的光线条件，计算出正确曝光所需要的光圈大小。快门优先模式在相机上通常标注为S模式(Nikon)或Tv模式(Canon或其他厂家)。

同光圈优先一样，快门优先也是自动曝光的一个特殊方式，通过对快门速度的控制，可以在一些特定条件下达成拍摄目的(如拍摄运动中的物体或人)，这种手法在拍摄溪流时运用得也比较多。

这张相片就是采用光圈优先模式拍摄后，再适当调整，用手动曝光模式拍摄的

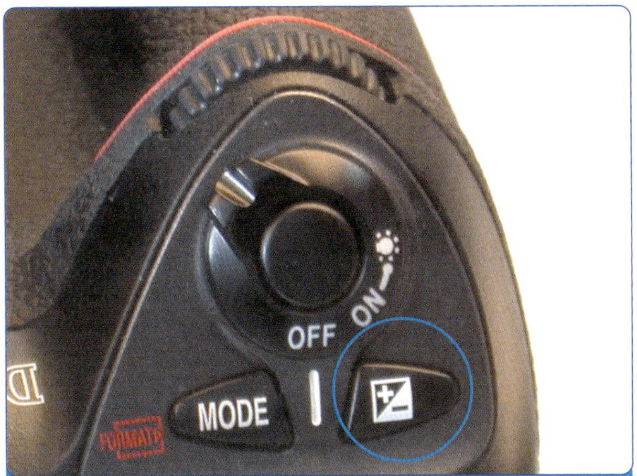

设置曝光补偿通常以组合按键来操作，常见方式是功能“按钮”+“转盘”，功能按钮上(或旁边)有标志或以“EV+/−”文字标注

(4)手动曝光

适用人群

熟悉所持相机，有一定摄影经验的用户。

手动曝光就是由拍摄者自己来控制决定曝光量的两个要素——光圈和快门，而放弃了相机测光系统的自动计算功能。手动曝光模式就需要拍摄者有丰富的摄影经验，能依靠目测大致估算出所需的光圈、快门组合。

而实际上，经验再丰富的摄影师，也不能在任何条件下都进行准确估算，因此测光表是许多专业摄影师必备的工具。一般用户不必配备这个价值不菲的器材，只需要在拍摄中先用自动或前述的优先模式试拍，然后根据回放看到的成像效果对光圈快门组合加以适当调整，就能用手动挡拍出不错的照片。

(5)曝光补偿

适用人群

熟悉所持相机，摄影经验较为丰富的用户。

曝光补偿实际上是对曝光量的微调，通过数码相机设置的程序人为增强或降低曝光量，通常是以1/2挡或1/3挡曝光量为单位进行调整，而1档曝光量增强1倍或降低为原有值的1/2。

重要原则：

使用曝光补偿时，一个重要的原则是“白加黑减”，即当画面中亮的部分较多时，就进行正补偿；画面中暗的部分较多，就进行负补偿。

这是因为亮的部分较多时，相机的测光系统会以为光照强度较高，而减少曝光量，从而使拍出来的相片亮度不够；暗的部分较多时，相机又会以为光照强度低而增加曝光量，使拍出来的相片“过曝”，从而丢失被摄对象应有的细节。

在不同模式下，曝光补偿调节的对象有所不同，光圈优先时，调节的是快门速度；快门优先时，调节的是光圈；自动曝光模式或程序自动模式下，二者皆有可能，但更偏重于调节快门。

对于没有优先模式和手动曝光模式的数码相机，曝光补偿是

从左到右的相片拍摄时分别采用了+1EV、正常曝光、−1EV的曝光补偿模式

改善拍摄质量的一个好功能，善加运用会使拍摄成功率增加不少。

(6)多重曝光

适用人群

熟悉所持相机，摄影经验较为丰富的用户。

多重曝光是一种比较特殊的曝光方式。通常情况下，相机作一次曝光就产生一张照片，而多重曝光则是把两次或更多次曝光产生的影像重叠在一张相片上。这种曝光方式在一些特定场合非常有用。比如在天未黑尽时，灯光较暗，而天黑后，天空也较暗时，如要获得蓝天下灯火辉煌的效果，就需要使用多重曝光。

在拍摄手机照片时，因为手机屏幕很亮，如使用常规的曝光模式拍摄，则拍摄结果要么机身曝光不足，要么屏幕曝光过度，此时如果采用二次曝光法，则可以很好地综合机身、屏幕的曝光要求

另外，拍摄带发光屏幕的产品图片，如手机或显示器等，也需要多重曝光。使用多重曝光时，很重要的一点就是相机和被拍摄物体都必须保持位置固定，否则拍出来的照片就会发生"晃动"，整个模糊不清。

调出我的白平衡

相片是光影的再现，而不同的光源所产生的色调是不同的，这在光学中用色温来表示，色温低就偏暖调（如红色），色温高就偏冷调（如蓝色）。一般情况下，白炽灯光色温偏暖，而荧光灯光色温偏冷，体现在相片上就是偏红或偏蓝。

在各种光源条件下，对色调反应最明显的就是白色，所以数码相机就用白色来作为色调适应性调整的基础色。在不同色调的光线条件下，只要白色还原正常，其他色彩也就会得到准确的还原。因此，我们把数码相机适应各种光线条件，真实还原色彩的能力称为"白平衡"。

一般说来，数码相机都会提供自动白平衡、预设白平衡和手动自定义白平衡这几种模式供用户选择。

1.自动白平衡

自动白平衡功能是所有数码相机都具备的。这个功能是相机通过CCD或CMOS来感知环境的色温，对通过镜头进入机内的光线进行波长过滤，相机会自动消减偏色的光，使照片尽量还原出物体本来的颜色。

左图采用自动白平衡，有效避免了右图偏红的问题

目前市场上的数码相机的自动白平衡功能都做得较好，能在大多数场合满足拍摄需要，但在一些特殊场合也无能为力。对此，数码相机生产厂家在设计产品时，已经根据常见的几种特殊环境制作了相应的模块，这就是下面要介绍的预设白平衡。

2.预设白平衡

预设白平衡是厂家在设计数码相机时，按照一些特定光源的特性，有针对地预先设置的白平衡功能。不同厂家不同机型所提供的预设白平衡功能不尽相同，常见的有：日光白平衡、阴天白平衡、荧光灯白平衡、白炽灯白平衡等。这些预设摄影模式都对应了一种较单一的光源条件。我们应该根据拍摄时所处的光源环境来合理地选择白平衡，这样才能得到色彩真实的照片。

3. 手动自定义白平衡

我们知道，纯粹的东西是很少的，光线也一样。我们通常会在杂乱的光源中进行拍照，比如在既有白炽灯，又有荧光灯，或者其他不明照明光源的室内环境中，这时自动白平衡和预设的白平衡模式就不能完全发挥作用。

此时，我们需要自己动手设置白平衡。

自定义白平衡时，可以找一张白色的纸放在镜头前，让白纸占满LCD显示屏，然后调节相机上的功能旋钮进行调节。例如，使用Nikon CP4500的转盘，当LCD上显示的颜色是正常的白色时，按下确定按钮（4500为指点杆，有些相机设计为按下快门），此时就得到较为标准的白平衡。使用这种方法时，主观感受起了决定性的作用，要在平时注意培养这方面的敏感性。

在阳光下使用了自动白平衡，感觉偏红

常见白平衡模式的应用环境

白平衡选项	应用场合
自动（Auto）	较杂的光源
白炽灯（Tungsten或 Incandescent）	室内以白炽灯作光源
日光灯（Fluorescent）	室内以日光灯作光源
晴天（Sunny）	户外晴天
阴天（Cloudy）	户外阴天
闪光（Flash或Speedlight）	以闪光灯作光源
色温（Color Temperature）	若知道光源的色温，可直接选择色温值
手动预设（Manual Preset）	可得到较准确的色彩

4. 故意错用白平衡

有时候，我们想营造一种特别的气氛，故意使用错误的白平衡。如拍摄粉红物体时手动调节白平衡，使拍摄出的画面偏冷；拍摄蓝色物体时调节白平衡使拍摄出的画面偏暖。

左图拍摄时采用正常的白平衡，而右图则故意使用了“白炽灯”白平衡，营造出静谧的气氛

使用日光白平衡，色彩还原比较准确

(1) 宁静的傍晚

在傍晚的阴天拍摄剪影，这时的色温偏高，正常情况下应该使用“阴天”的白平衡模式。得到的相片中，天空呈现灰白色，画面比较平淡。由于反差很高，正常的测光下拍出来的天空都有点过曝，使天空失去层次。

这时如果适当减少正常的曝光量，再将白平衡模式设为“白炽灯”模式，便使整个画面略带蓝色，给人一种宁静的感觉。

(2)金黄的日落

如果用点测光形式，降低曝光补偿，令相片整体曝光稍微不足，使色彩加深，再使用"闪灯"、"荧光灯"或某些相机带有的"H 荧光灯"白平衡模式，可进一步降低色温，使画面的金黄色加重。

拍摄夕阳时，先对着蓝色的参照物调节白平衡，可以拍摄出充满温暖气氛的画面；若想拍摄偏冷色的夕阳景象，就对着红色的参照物手动调节白平衡。而如果把数码相机的白色平衡设定在自动位置，摄像机会把夕阳的暖调色温误判成室内，因而会补偿画面的蓝色，并减少红色，把夕阳原有的温馨气氛完全破坏了。

细腻质感一线间——如何调节感光度

我们通常把感光度设置称为 ISO 设置。所谓感光度，就是指成像元件对光的敏感程度，感光度越高，对光线就越敏感，对同样强度的光线接纳能力也就越强。

采用 ISO 400 拍摄的效果，局部出现明显的"斑点"(也就是常说的噪点)

感光度直接影响曝光组合的确定，而且这种影响是有规律的。同样条件下，当 ISO 值提高一倍，所需要的快门速度就相应提高一倍，或光圈相应收缩一挡。感光度除了影响曝光组合之外，另一个重要方面就是对照片画质的影响。感光度越低，得到的照片就越细腻，反之，就越粗糙。

除非迫不得已，最好使用较低的感光度设置，如 ISO 100～200 就能满足我们通常的拍摄需求。而在一些特殊场合，如拍摄室内场景时，为了得到较高的快门速度以防止抖动造成的不利影响，就必须使用较高的感光度，这时普通数码相机使用 ISO 200 基本上就能在速度与画质之间得到平衡，再增高 ISO 值就会降低画质。

抓住光线的轨迹——常见测光模式

测光，就是相机通过某种方式，对进入机内的光线进行侦测，以判断光照强度。目前相机测光方式种类很多，不同厂家不同型号的相机所提供的测光方式不尽相同。

常见的测光方式有：分区测光或矩阵式测光、中央重点测光、点测光、AF 对焦区域测光，本文中使用的 Nikon CP4500 机型也提供了这四种测光方式。在数码相机上，测光方式的选择通常是在菜单中进行，对于没有中文菜单的机型，可以从图标上进行识别。

1. 分区测光与矩阵式测光

分区测光是指将拍摄画面分为多个区域(通常是 256 区)，数码相机通过机内软件，对所有区域内的光线分别作出评价，并经过计算得出整个画面的最佳曝光组合。

矩阵式测光实质上就是 256 区分区测光。在尼康相机中把它称为"矩阵式测光"是由于在确定曝光参数时，考虑了被摄目标的距离的影响。

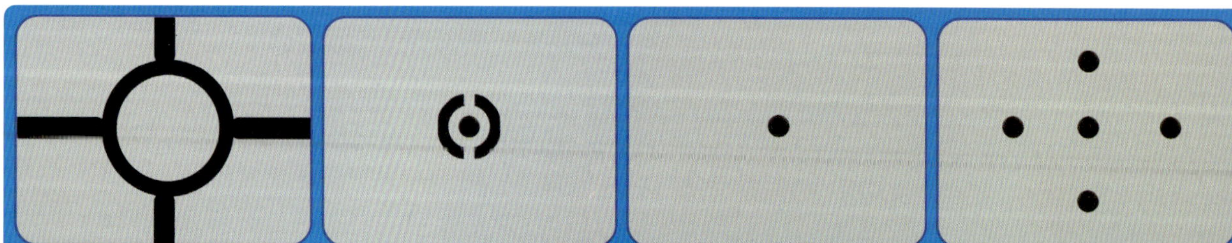

从左到右依次是矩阵式测光、中央重点测光、点测光、AF 区域测光(其他类型的数码相机与之类似)

分区测光是现在数码相机中最常用的测光方式，在AUTO曝光模式下，一般都使用分区测光方式，在大多数情况下，分区测光能获得较佳的曝光效果。

2．中央重点测光

中央重点测光又叫做中央重点加权测光。这种测光方式是相机对画面中央约1／4的区域按80％的比例测光，常用于人像摄影。该方式

> **注意 Notice**
>
> 在光比很大（即背景与主体之间的明暗差异较大）的情况下，分区测光的结果可能会造成曝光不准确。

点测光对中央区域测光，可使相片中位于该区域的景物光线充足，但也暴露出背景细节容易丢失的弊病

要获得美丽的夜景必须进行长时间曝光

能对画面中央的物体准确曝光，并保留部分背景细节。在大光比环境下，中央重点测光的效果会稍好于分区测光。

3．点测光

点测光是一种比较重要的测光方式，它的工作原理是，相机仅对拍摄画面中央占整个画幅1％～3％的区域进行测光。点测光的好处是，即使背景很亮或很暗，拍摄的主体都能得到很好的曝光，但背景的细节也可以丢失。

4．AF对焦区域测光

AF对焦区域测光是点测光的一个变种，它与点测光的区别在于这种测光方式的测光点与对焦点连动，测光范围比点测光稍大一点。当拍摄主体不在画面中央时，AF对焦区域测光能对非中央的主体进行比较准确的测光，并给出最佳曝光组合。

“眨眼”之间——常见闪光灯模式

除了专业相机外，我们使用的数码相机一般都有内置闪光灯（在前面的介绍中已经为大家进行了展示），并提供多种闪光模式：自动闪光、强制闪光、消除红眼闪光、慢同步闪光等。下面，就让我们来对这些闪光模式的使用加以了解。

1．自动闪光

在自动闪光模式下，相机通过测光系统感知光照情况，当自动侦测确定的快门速度低于1／30 s（在这个标准以下，相机可能无法捕捉到足够准确成像的光量）时，就会自动启动闪光灯，进行补光。

> **注意 Notice**
>
> （1）在室内或黑暗环境，自动闪光可能会造成“红眼”现象。
>
> （2）室外逆光拍摄使用平均测光时，自动闪光模式可能不会启动闪光灯。

2．强制闪光

正如前面刚提到的，在室外逆光拍摄使用平均测光时，闪光灯可能不会启动，此时逆光的主体就会曝光不足。于是，我们就需要使用强制闪光。启动强制闪光的方法很简单，只要手动开启内置的闪光灯即可。

使用强制闪光时，无论光照

条件如何，闪光灯都会启动。但在照明光源不只一种，且目测光线偏暗（初学者目测光经验不足时常常遇到这类情况）时，强制曝光容易引起相片“过曝”，此外，强制闪光也可能造成相片中的人像“红眼”。

3. 强制关闭闪光

有些时候，我们不需要闪光灯补光，但相机却自作聪明引发闪光灯。没办法，只好把它强制关闭了。例如，在拍摄夜景风光时，需要长时间曝光，如果不关闭闪光灯，就无法达到目的。

4. 消除红眼闪光

为什么给朋友拍出来的相片，总是发现他们都变成了“小兔子”？红红的眼睛是怎么产生的呢？

注意 Notice

采用消除红眼闪光模式时，闪光灯要预先频闪几下，所以我们会感觉到快门有一点延迟。

其实，在拍摄使用闪光灯时，闪光灯发出的闪光会使被照射的人视网膜瞬间充血，从而在相片中形成“红眼”现象。

要避免人像出现“红眼”，就要靠消除红眼闪光模式来实现了。这种模式越来越多地采用到家用型数码相机中。使用此模式时，闪光灯会在快门动作前，先频闪几下，使被拍摄人物的瞳孔在强烈闪光之前收缩变小，减少照射到视网膜上的光量，从而有效避免产生“红眼”。

这样的夜景照片也许经常会看到吧，拍摄时要使用后帘同步（使用佳能 EOS 10D 拍摄）

5. 慢同步闪光

慢同步闪光又分为两种类型：前帘同步和后帘同步，这两个概念均来源于传统相机。因为传统相机纵走式快门分为前后两帘，所以才有了“前帘”和“后帘”的说法。而对数码相机来说，前帘同步就是在快门打开的同时进行闪光，然后相机根据设定好的曝光时间继续曝光，直至关闭快门；

注意 Notice

使用前帘同步闪光时，因为闪光过后，相机仍在继续曝光，所以不要急着移动相机，被摄的人也不要急着移动，否则就会出现下图所示的情况。

移动相机时，相机曝光仍在继续

后帘同步则是闪光灯在相机曝光时间已到，即将关闭前一瞬间进行闪光。

这两种慢同步闪光模式使用方法有所不同，通常我们在拍摄夜景人像时，使用前帘同步闪光，这也是使用得较多的方式；当我们需要一种特殊效果时，如一辆拖着长长灯线的汽车时，就要使用后帘同步。目前，很多数码相机只提供前帘慢同步闪光，只有少数机型才具备后帘同步功能。

回来才发现美景“糊”了

由模糊到清晰——了解对焦模式

1. 什么是对焦?

上图的问题也许我们都常遇到过，造成这种情况的很大一部分原因就是对焦不准确。那什么是对焦呢?

我们都知道，摄影的原理就是小孔成像。光线通过小孔将景物呈现在成像面上，利用凸透镜成像的原理来制作照相机。光线在通过凸透镜的时候发生了折射，方向发生了变化，最终所有的光线都聚集在一点，然后以锥形状散发开来，最终在焦平面上成像。

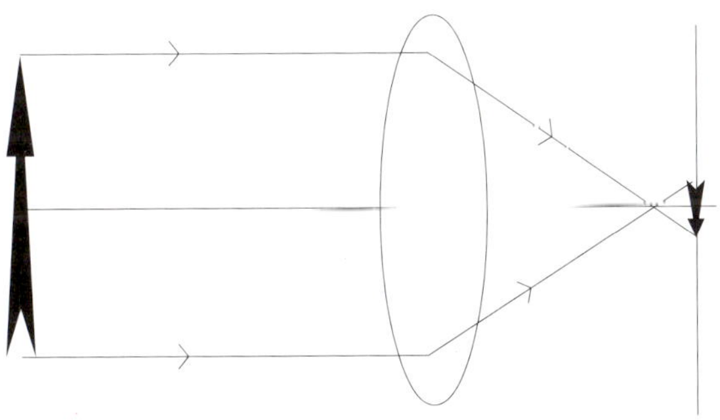

在实际拍摄的时候，被摄物体与照相机之间的相对距离，总是会发生变化的。在光圈值恒定的情况下，对于不同的照相距离，其光学系统的像距也将随之变化。为了使不同距离的被摄物体能够正确地在焦平面上成像以得到清晰的影像，我们必须随时调整镜头与胶片之间的距离来适应不同物距变化。

对焦的概念就是调节镜头元件位置、处理拍摄对象和成像介质，使不同距离的被摄物体能够正确地成像在焦平面（一般是胶卷平面或者CCD）上，以得到清晰的影像。

2. 常见的对焦模式

常见的对焦模式有两种，即自动对焦（AF）或手动对焦（MF）。

自动对焦时，相机通过光的反射来确定被摄主体的距离，并驱动马达实现对焦。在传统单反相机上，自动对焦的精度比不上手动对焦，因为无论多精密，马达驱动的对焦系统都是分级的，而手动对焦能实现无级调节。

我们手中的消费级数码相机则有点不同，因为消费级数码相机的镜头都是电子驱动的，即使提供了手动对焦功能，也仅仅是以手动方式来驱动马达，与传统相机镜头的手动对焦是不同的。所以，对于普通的数码相机来说，绝大多数时候使用自动对焦就行了。

3. 对焦点的选择

现在很多数码相机都提供了多点对焦选择，如佳能A40的三点对焦选择、尼康的五点对焦选择，有些相机还提供了七点甚至更多的对焦选择。

多点对焦的最大好处就在于大大方便了我们拍摄时取景构图，因为我们拍摄照片时，被摄主体并非总是处于画面中央，经常是偏左或偏右一点，以使画面更适合我们的审美要求，有了多点对焦选择功能，我们就可以任意指定其中一个作为对焦主体范围，这样，拍摄的自由度就提高了很多。

那么普通数码相机的手动对焦功能是不是全无用处呢?也不是，当我们处在一些自动对焦系统无法发挥作用的场合时，就会用到手动对焦。比如在光线很暗的地方，自动对焦系统常常会对焦失败，这时就可以用手动对焦来完成拍摄任务。

注意 Notice

多点对焦选择只在自动对焦时起作用；黑暗环境中使用手动对焦时，LCD屏幕显示质量较差，会给对焦成功带来较大困难。

远近高低各不同——景深选择与应用

景深是我们在拍摄中常常看到，常常提到的一个概念。

所谓景深，就是指我们拍摄的景物的清晰范围。景深对一张照片成功与否，有着很大的影响。影响“景深”主要有两个主要因素：焦距、光圈。

1. 光圈大小对景深的影响

在同样的焦距条件下，光圈越大，所得到的景深就越浅，这是基本的规律。

Nikon CP400 拍摄时采用 f/7.5。

但是，在普通数码相机中，上述基本原则体现得并不明显。原因是，普通数码相机的光圈值是通过一个折算系数计算得到的“相当于135 相机镜头”的光圈值，并非实实在在的物理光圈值。举个例子，数码相机的 f/4 光圈等效于135 单反相机的 f/4 光圈，但它真正的光圈口径比135 单反相机镜头要小得多。

2. 焦距对景深的影响

在同等光圈条件下，焦距越长，得到的景深就越浅。焦距包括物距和像距两段，物距就是被摄物体到镜头的距离，像距就是镜头到CCD 的距离，在同等条件下，物距越短，景深也就越浅，这就是为什么微距摄影时，景深通常都很浅的原因。

注意 Notice

（1）对数码相机而言，焦距（特别是物距）对景深的影响更明显。

（2）拍摄风景照片时，应使用较小光圈和短焦距来获得浅景深，拍出远近都清晰的照片。

（3）拍人像时，应使用较大光圈和较长焦距以获得较浅景深，虚化背景来突出主体。

相机也能拍电影？——动态拍摄模式

实际上，咱们手中的数码相机并不单纯只能拍照片，它还可以是数码影音多面手哦。拍一小段电影对它而言亦非难事。

现在几乎所有的生产厂商都给数码相机配备了摄像功能，闲暇时可以利用数码相机将生活中的趣味片段记录下来。

不同的厂家生产的相机在摄像功能方面有较大差异。老牌的传统相机生产商，如尼康、佳能、奥林巴斯等，在这方面的功能并不很强，通常只能是按照几十秒一段来进行分段拍摄。在摄像功能上，索尼的数码相机就有不错表现，多数都能提供连续不限时摄像功能（以存储卡容量为限）。

对于摄像功能，我们需要注意的是，并非所有数码相机所摄取的动态影像都是有声的，有些较老型号的数码相机只能提供无声摄像功能。

注意 Notice

（1）数码相机使用摄像功能时，曝光会在第一张画面时固定，不能随时调整，所以拍摄效果远不如摄像机。

（2）数码相机用于摄像只是附加功能，不必要求过高。

光圈 f/3.9，快门 1/8，焦距 2.0ft，拍摄距离 60cm

光圈 f/3.9，快门 1/8，焦距 2.0ft，拍摄距离 10cm（Nikon 995 拍摄）

总有一张“适合”你——高速连拍模式

不知大家有没有遇到过这样的情况，在拍摄运动或舞蹈场面时，常常因按快门不够及时或数码相机的快门时滞而错过精彩镜头？这时高速连拍功能就派上用场了。

不论数码相机还是传统135单反相机，都提供了高速连拍功能，使相机以每秒超过一张的速度连续不停地拍摄，直到缓存耗尽或胶卷用光。

不同的数码相机，连拍功能有强有弱，比较强的如佳能 EOS 10D数码单反相机，它能以每秒3张的速度连续拍摄9张，而本节主要使用的Nikon CP4500相机，其连拍速度仅为每秒1.2张，连拍功能较弱。

使用高速连拍模式后从中挑选的相片(SONY F717拍摄)

注意 Notice

(1)对于某些数码相机，使用高速连拍时，按住快门钮不放，即可进行连拍，松开则停止。

(2)数码相机的连拍张数受缓存大小制约，缓存满时，相机就会将已拍的照片写入存储卡，在存储照片过程中，相机不能继续拍摄。

(3)有些数码相机在使用高速连拍时，必须关闭降噪功能。

气势胜于雄辩——全景拍摄模式

全景模式是数码相机的一大优势，它能将多幅照片拼接成一张完整的宽幅大照片。在使用这个模式时，通常要在菜单里选定全景模式，然后保持相机水平，垂直方向固定不动，拍下第一张后，水平转动相机，拍第二幅，然后第三幅……如果愿意，甚至可以在原地360°转一圈。同样地，也可以保持相机水平方向固定不动，在垂直方向进行俯仰，拍两幅或两幅以上的照片进行拼接。

不同的相机在全景模式的操作上有些许不同，佳能相机能使用相机内部软件进行拼接，尼康就必须使用随机配送的软件进行拼接操作，而奥林巴斯相机的全景功能则必须配合随机配送的原装存储卡。

由于全景拍摄模式使用较为特殊，我们将在后面内容中详细介绍。

注意 Notice

(1)使用全景模式时，所有用于拼接的照片曝光都将在拍摄第一幅时固定，所以应保证所有照片的光照条件基本一致。

(2)因为相机镜头在广角端成像都有一定程度的形变，所以使用全景模式时，应避免使用广角端。

(3)用于拼接的照片在边缘处应有一定范围的重叠，但不宜重叠过多。

(4)使用全景模式时，必须使用三脚架，仅靠手持无法保证相机水平或垂直方向固定不动。

采用全景拍摄模式拍摄后拼接的图片

文/图 覃卫星

捕捉飞舞的精灵

摄影用光的艺术

对使用数码相机的朋友来说，最关心的就是如何用自己的相机拍出满意的照片。而在摄影过程中，除了相机本身的因素以外，影响照片质量的环境因素也有很多，其中最主要的就是光线对照片质量的影响。在这里，就介绍一些各种光线环境下的拍摄技巧，希望能对大家有所帮助.

打开相机，捕捉按下快门那一刹那的光线，这就是摄影的艺术，也是处理光线的艺术。

认识光线

摄影用光有 6 个要素：光度、光位、光质、光型、光比和光色。摄影用光的基本目的一是满足曝光的需要；二是控制画面主题再现的效果。现在就分别介绍一下摄影中把握用光的几个基本要素。

1. 光度

光源的强度与光线在物体表面呈现的亮度可理解为光度。光度的大小决定了被摄物体表面的明暗度，不同的光度使被摄物体有了明暗的变化，画面变得有立体感。

2. 光位

从字面上很容易理解这个名词，即光源相对被摄主体的位置，也可以说是光源方向与主体产生的角度。同一主体因光位不同产生不同的造型效果。以下是经常遇到的一些光位。

（1）正面光

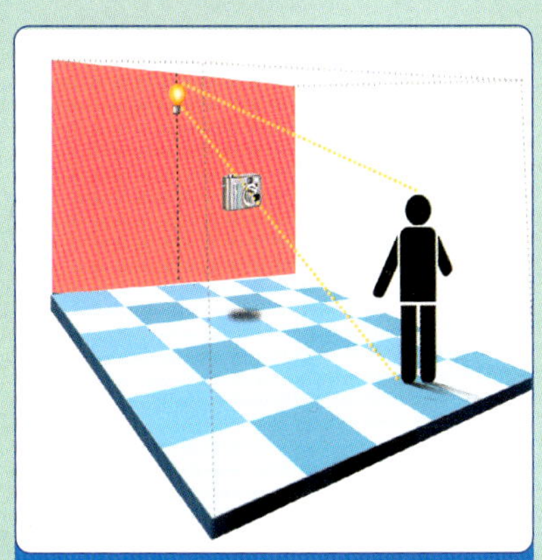

摄影者背对光源，随着光源角度高低又可分低角度平射光、顺光和高位顺光。光线从正面方向均匀地照射在被摄体上，被摄体受光面积大，令人感觉明亮，拍摄时曝光控制比较容易。但因被摄主体受光情况完全相同，被摄主体的立体感、质感的阴影部分不易显现，所以对主体的描写趋于平淡。在灯光人像中，正面光常用作辅光。

（2）侧光

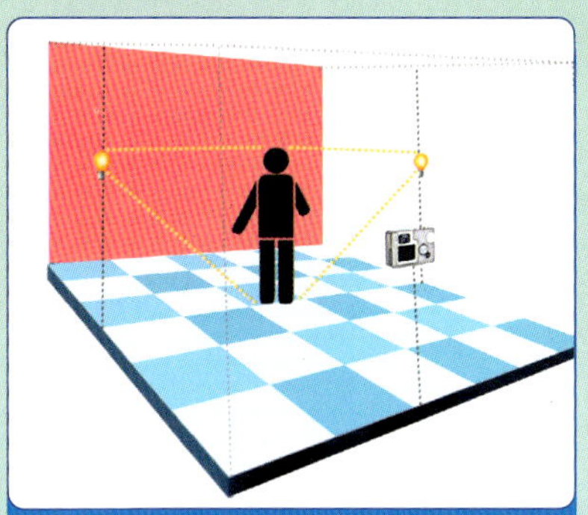

指来自被摄主体左侧或右侧的光线。侧光下的摄影主体有阴阳感，可造成较强烈的造型效果，富有生气和立体感。有时也把侧光用作装饰光，突出表现画面的某一局部或细部。在灯光人像中，前侧光常用作主光。风光摄影中，采用侧光可使画面层次分明，景物有立体感和丰富的阶调。

（3）逆光

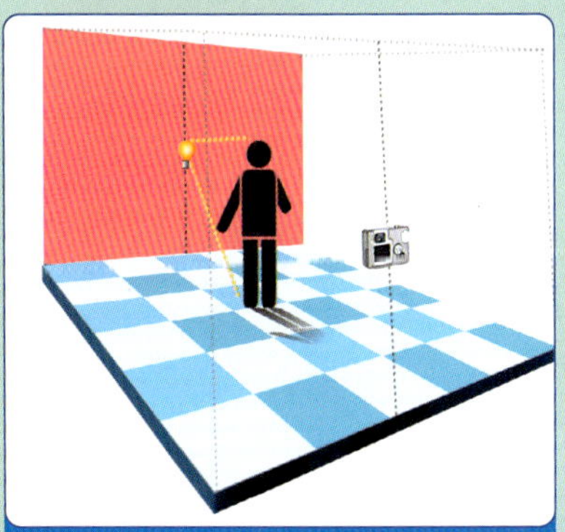

指光线来自被摄主体的正后方，能使被摄体产生生动的轮廓线条，影像既简单又有表现力。在拍摄人像的逆光照片时，如果按背景测光或者按自动程式曝光，往往会发生曝光不足的情况。这时一定要注意使用曝光补偿或是补光，补光可以用反光板或闪光灯。侧逆光和逆光最能表现景物的质感、层次影调和深远度，同时又能勾画出清晰的轮廓线，使前后景层次分明，又善于表达空间和气氛。因此风光照片的拍摄除用侧光外，最宜采用逆光或侧逆光。

（4）顶光

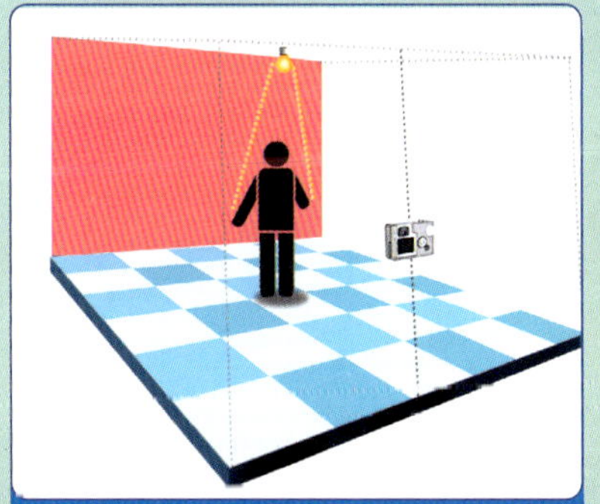

即来自顶部的光线，与景物、相机成90°左右的垂直角度。拍摄人像的时候顶光会使人物脸部产生阴影。

（5）脚光

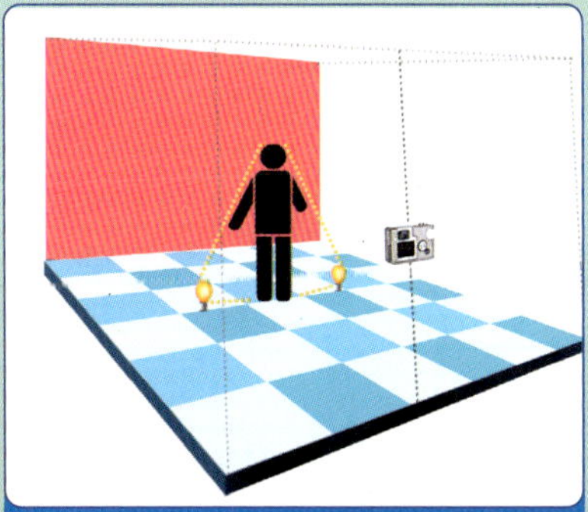

光线来自被摄体的下方，具有丑化人物的效果。

3. 光质

光质指的是光线聚、散、软、硬的性质。

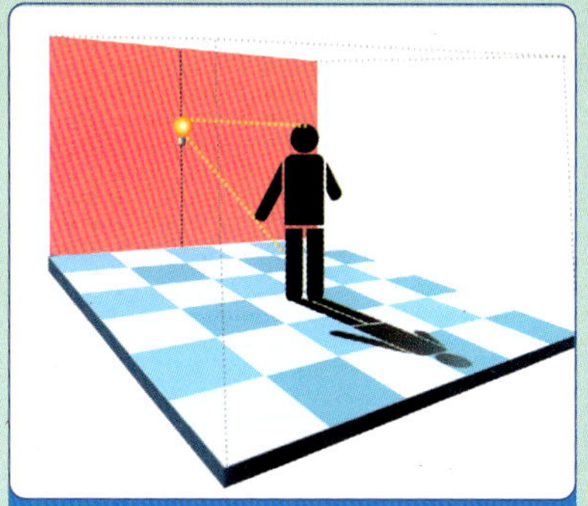

聚光的特点是光线来自明显方向，形成的阴影明显。

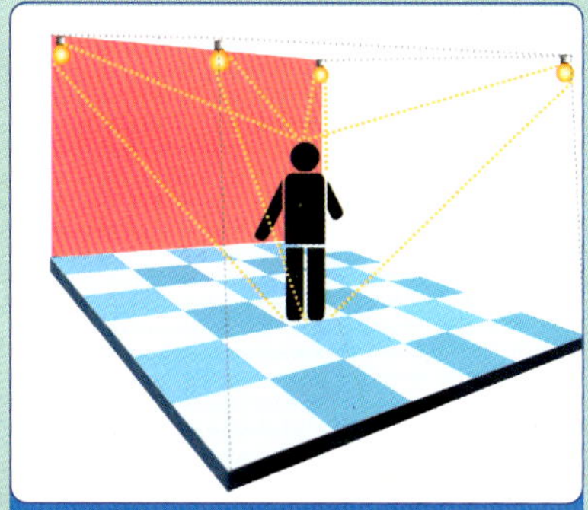

散光的特点是光线来自若干方向，形成的阴影不明显。

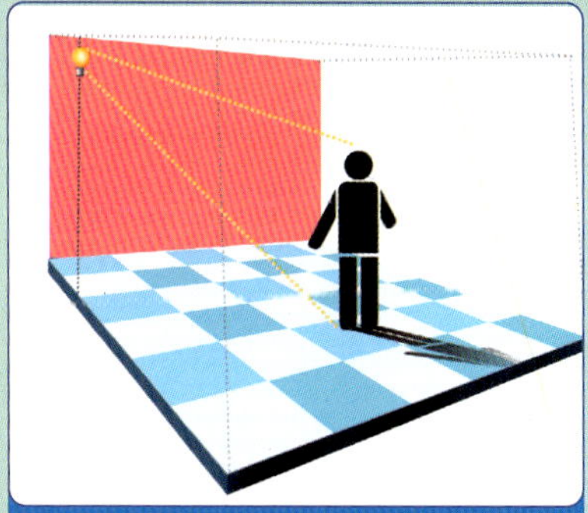

硬光的特点是光线集中，光束很窄，能够产生强烈的明暗对比。

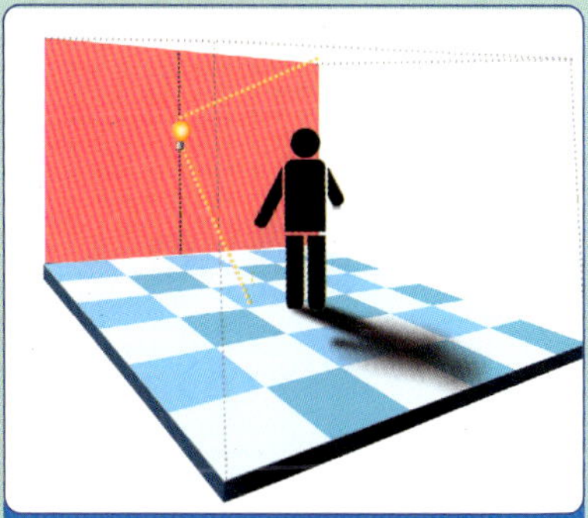

软光的特点是光线分散，光束很宽，效果柔和。

电子闪光灯的近距离正面闪光，光束集中，比较硬，而通过反射的光束更宽，就是一种软光。

4.光型

光型用于区别拍摄时起着不同作用的各种光线。其中有：

（1）主光。又称“塑形光”，用以显示景物、表现质感、塑造形象的主要照明光。

（2）辅光。又称“补光”，用以提高由主光产生的阴影部分的亮度，揭示阴影部位细节，减小影像反差。

（3）修饰光。又称“装饰光”，指对被摄景物的局部添加的强化塑形光线，如头发的反光、眼睛中瞳孔的反光、工艺品或首饰发出的耀斑光等。

（4）轮廓光。指勾画被摄体轮廓的光线，通常都用逆光、侧逆光作轮廓光。

（5）背景光。灯光位于被摄者后方，朝背景照射光线，用以突出主体或美化画面。

（6）模拟光。又称“效果光”，用以模拟某种现场光线效果而添加的辅助光。

5.光比

光比指被摄体主要部位的亮部与暗部的受光量差别，通常指主光与辅光的差别。光比大，反差就大，有利于表现“硬”的效果；光比小，反差就小，有利于表现“柔”的效果。

6.光色

光色指“光的颜色”或者说“色光成分”。通常把光色称为“色温”。光色无论在表达上还是在技术上都是重要的，光色决定了光的冷暖感，这方面能引起许多感情上的联想。一个有经验的摄影者，必须熟练掌握不同光源的色温变化，以便更好地把握照片的色彩和色调，更充分地体现创作的主题和画面的气氛。

在彩色摄影中，光源色温的高低直接影响着被摄体色彩的真实还原。色温是表示光源的光谱成分，是光源颜色的一种度量，用K来表示。通俗地说，在色温高的光源中，所含的红色光成分多于蓝色光，而在色温低的光源中，所含的蓝色光成分多于红色光。

不同光源的色温值是不一样的，拿日光来说，日出或日落时的太阳光色温较低，在2000～3000K左右，早晨或下午的阳光色温在4000～5000K左右，而中午前后的阳光色温则为5500K左右。在常用的摄影灯光中，电子闪光灯的色温大约是5500K，而摄影钨丝灯的色温一般为3200K左右。

正确地控制色温对于纪实摄影是重要的，但艺术摄影则不必过于循规蹈矩，因为在技术上做到了正确的色温控制，不一定就能做出出色的艺术表达。使用数码相机的朋友可尝试跟踪拍摄12小时，观察一天中不同时间色温的变化，同时感受色温变化对图片的影响。

利用光线

了解这么多种光线的相关知识后，我们如何对光线加以利用，来拍出漂亮的图片呢？在实际拍摄中，我们可以把光线分为自然光和人造光两类，不同的光线有不同的利用方法。自然光是指日光、月光、星光，以日光为主。人造光则是指人工制造的发光体，如闪光灯、碘钨灯、白炽灯等光源所发出的光。自然光变化快，常使摄影者的创作处于被动

中午

凌晨

状态。阳光的照度随季节、时间、天气的变化而不同，摄影者须掌握其变化规律，加以灵活运用，才能获得满意的光效。而人造光比自然光具有易控制、较稳定的优势，它能使摄影者的创作处于主动状态。在人像摄影、广告摄影中通常都采用这种人造光源在摄影棚内拍摄。摄影者可以随心所欲地调整光线，并配合辅助器材，将被摄体布置在最佳的光照状态下。

1. 利用自然光

平时摄影大多都是在自然光条件下进行的，我们无法自由地控制自然光，因此对自然光的合理利用就显得尤其重要。自然光一般有正面光、顺光、侧光和逆光，每种光线都有自己的特点，要根据需要合理地使用。

在使用自然光进行拍摄时，我们可以利用一些工具来改变光线，最常用的改变光线的手段就是制造辅光，也叫做补光。补光能够把自然光照不到而又必须表现的部位照亮，使这些地方突显出来。

一般初学摄影时都会把人物安排在正对阳光的一面，也就是利用顺光进行摄影，这样人物的面部会因为有足够的光线照耀而变得清晰。但采用顺光拍摄出的人物脸部光线是平均的，不易表现人物脸部的轮廓和个性，看起来像是一个平面，身体的曲线也反映不出来。

最常见的用来补光的工具是反光板。任何能够反射光线的平面物体都可以作为反光板，一张白纸、一个食品包装袋都可以，摄影商店里也有专门的反光板出售，只是效果可能会有差别。除了补光，反光板也可以用于增加一些修饰光，如照亮人物的眼睛使它看起来更有神，或是照亮头发让头发看起来更顺滑。另一个用于补光的辅助工具是辅助闪光灯，它也能完成反光板的工作，但更重，也更贵。

2. 利用人造光

在摄影中，自然光可以简单地被利用，而人造光则不同，要通过合理的布光以获得满意的照明效果。所谓布光是指布置光源的方位，使其射向被摄体的光，对被摄体本身、陪体、背景造成整体照明效果。

侧光是艺术摄影创作较多采用的光线，侧光能利用人物脸部或身上凸起的部位遮挡直射光线而形成阴影，表现人物的轮廓，构成明暗对比，有这些反差存在看起来就生动活泼了，富有强烈的艺术魅力。

对布光的要求是：

a．挑选最能表现质感的光源。

b．保证最低的照明强度，得到符合拍摄要求的均匀投射光的覆盖面。

c．使用最低限度的光源数量。

d．尽可能利用反光器具进行补光。

e．恰当地把握被摄体自身的反差和画面主体、陪体、背景三者之间的明暗对比。

布光的步骤是先确定照相机机位，然后设置主光和辅助光，恰当地控制光比，并根据创作意图，加设轮廓光或背景光、装饰光。

光线不足时怎么拍？

在摄影过程中，常会遇到光线不足的情况。一般来讲，光线不足主要会造成以下几种情况。

a．照片曝光不足，模糊不清，图像黯淡。

b．由于使用了过高的感光度出现颗粒状图像。

c．有红眼现象。

针对这些情况，我们可以在拍摄过程中，使用以下方式来将光线不足带来的影响尽量减小．

1．使用数码相机提供的情景模式进行拍摄

和光学相机不同的是，现在的数码相机基本上都提供了比较完备的情景模式，其中有很多就是针对光线不足的情况而预设的（如本例中使用的佳能A80就自带了夜间拍摄模式），这些模式通过预先设定的参数，能比较好地解决拍摄时光线不足的问题。不需要拍摄者手动调节曝光、对焦、光圈值等繁琐的参数，只需要在拍摄的时候针对当时的环境情况选择对应的情景模式即可。使用情景模式比较简单，也容易操作，所以建议刚刚接触数码摄影的朋友使用。

2．使用曝光补偿辅助拍摄

曝光补偿是一种曝光控制方式，一般常见在±2~3EV左右，现在的数码相机一般都有曝光补偿设置项。如果环境光源偏暗时，可增加曝光值（如调整为+1EV、+2EV）以增强画面的清晰度。

同样，在大雾和阴天的时候，虽然环境仍然是明亮的，但是实际物体的照度明显不足，如果不加曝光补偿则可能造成照片昏暗，适当的曝光补偿（如+0.5EV）可以使得景物亮度更加自然。

3．调整ISO感光度辅助拍摄

有时我们会遇到无法使用闪光灯的环境（如有些场所禁止使用闪光灯，或者使用闪光灯时拍摄对象会反光），由于光线不足，在这种情况下拍摄的照片可能会非常模糊。这时我们就可以通过调整ISO感光度来缓解这个问题。

晚上7点，在北京天安门使用AUTO模式进行拍摄。可以看到，尽管当时的环境光线对于人眼来说已经很明亮，但是对于数码相机来说还是过于黑暗。所以在这种情况下，我们拍摄的主体——天安门显得很昏暗，照片的总体感觉很黯淡，和当时的实际情况相差甚远。

现在开启夜景模式进行拍摄，因为该模式是通过使用慢速快门来保证足够的曝光时间，使得背景也不致过暗。可以看到，使用夜景模式后拍摄的照片效果明显，光线不足的地方也很清晰，而且色彩也更加鲜亮，体现出了天安门灯火辉煌的迷人夜景。

注意 Notice

由于夜间模式是通过较大的光圈和较慢的快门速度使背景能够充分曝光，所以在按下快门到完成拍摄的时间会比较长。在这段时间里，用手持拍摄难免会有晃动，会严重影响到图像的清晰度。因此，在这种情况下建议使用三角架，或者先找到可以稳定依托的物体后再进行拍摄。

小知识 Knowledge

ISO感光度是传统相机中经常碰到的术语，表示胶卷对光线的敏感度，分为100、200和400等。感光度越高，就越适合于在光线昏暗的场所拍摄。数码相机中感光部分的元件是图像传感器，同样也是采用了ISO的标准来衡量对光线的敏感程度。ISO的值越高，相机对光的敏感度也就越高。所以通过提高ISO值，可以有效提高画面亮度。

这是在某展馆抓拍的一张展品照片，摄影场所光线不足，可是在开启闪光灯后，由于是对着玻璃柜进行拍摄，所以在玻璃柜上有一个很大的反光斑，导致我们要拍摄的主体——钟表根本就不能看清。

这时，强制关掉闪光灯，通过调整 ISO 感光值对光线不足的情况进行矫正。在将 ISO 感光值设置为 400 后，可以看到，在光线黯淡的展馆中，拍摄的主体得到了正确的体现，而且避免了反射光斑的困扰。

由于拍摄时没有对应当时的环境光线进行设置，导致曝光不足，整张照片都很昏暗，完全没有体现出首都夜间的灯火辉煌。

用 Photoshop 打开这张照片，在菜单栏中选择“图像”→“调整”→“亮度／对比度”。在弹出的对话框中向右拖动滑块，分别加大亮度和对比度，直到收到较好效果为止。然后点击“好”按钮使修改生效，并保存图片即可。

注意
Notice

虽然提高ISO值可以保证照片的曝光度，有助于提高照片的亮度，但是过高的ISO值会带来比较严重的噪点问题（如上图就已经有噪点现象了）。一般情况下，档次越高的数码相机，由于过高的ISO带来的噪点问题也就越小。所以在使用ISO的时候，如果照片上出现了明显的颗粒状图像，就要适当的降低ISO值。这时，光线不足的情况就要通过诸如延长曝光时间、调大光圈等手段来加以弥补。

4. 用 Photoshop 做后期处理

对于摄影爱好者来说，最郁闷的事情就是辛辛苦苦捕捉到的镜头，导入电脑时却发现根本不是自己理想的效果，此时回去补拍可能就不大现实了。

可以看到，对比原图，画面的亮度和清晰程度都得到了很大的提高。

这时千万不要沮丧，因为后悔药还是有得吃的，毕竟使用的是数码相机，在图像的数字化处理方面，具有得天独厚的优势，我们还可以使用Photoshop之类的软件对曝光不足的数码照片进行修补。

对于光线不足导致大范围发暗的数码照片，一个最常用，也是最简单的方法就是在Photoshop之类的图形处理软件里面使用“亮度/对比度”工具进行调整。

一般情况下，在光线不足的时候，可以选择的对策主要是以下几种：

a．使用慢速快门延长曝光时间

b．提高ISO感光度

c．使用较大的光圈

d．使用曝光补偿

e．使用外界非自然光线（如闪光灯）人为加强光线

需要注意的是，以上各种解决办法都有其局限性。如慢速快门对相机的稳定性要求很高，提高ISO感光度则可能带来严重的噪点问题。而对一般的相机来说，光圈的调节可供选择的余地很小。所以在具体应用的时候，还是要根据实际情况，采用对应的方法进行拍摄，有时还需要多种方法辅助，方能得到满意的效果。

逆光时怎么拍?

在拍摄过程中，我们经常会遇到逆光的情况，而一些摄影老手也会常说，逆光是新手摄影的大忌。似乎在逆光的情况下进行拍摄需要很高的技巧才可以。那么，什么是逆光？在逆光的情况下，又该如何进行拍摄呢？

逆光拍摄是摄影与摄像中常见的一种情况，在逆光条件下，光源或明亮的背景都位于拍摄对象的背面，这时的拍摄就属于逆光拍摄。在逆光的场景下，物体的轮廓十分明显，人物身体的边缘线也会呈现出来，拍摄主体会变得更富有立体感，这也就是在摄影创作领域中，许多人喜欢逆光进行拍摄的一个重要原因。

然而，在进行逆光拍摄时如若掌握得不好，很容易造成曝光的失误。这是因为和背景的亮度相比，被摄物体就显得比较暗，直接逆光拍摄会导致被摄主体显得太暗，容易形成阴影，而且背光太强还会造成主体曝光不足。所以对于刚刚接触摄影的朋友来讲，逆光就不能说是一种很理想的拍摄条件了。

下面就来讲讲逆光拍摄时要注意的问题。

首先是需要测光。大家都知道，摄影技巧在很大程度上就是掌握对光的运用，只有正确的曝光，才能保证拍摄出良好的照片。这样一来，准确地测光就变得非常重要。一般来讲，数码相机往往使用以下三种方式进行测光。

（1）区域测光方式

这种测光方式将画面区域分成数个区域，各自独立运算后再合并整理，取得一个完整曝光值。在有的数码相机中（如本例中使用的CANON A80），这种测光方式也叫做评价测光。

总的来说，这是一种比较新的测光方式，但是并不适合在光线反差很大的情况下使用。

（2）中央重点平均测光方式

该模式是考虑到一般摄影者大多习惯将对焦部位置于画面中间，因此负责测光的感光原件会根据来自画面中央某一比例的测光值，搭配画面中央以外另外一处的测光数据，经过CPU对数值加权平均之后取得的比例，从而得到拍摄的建议测光数据。

（3）点测光方式

点测光的范围是以观景窗中

这是使用自动(Auto)模式拍摄的。由于拍摄的主体——啤酒罐位于阳光的强烈背景之前，主体和背景的明暗反差较大，而自动模式在默认情况下是使用评价测光方式来测定曝光值的，由于整体环境光线较亮，于是数码相机测到的曝光值也偏低，可是这一曝光值对于位于背光面的拍摄主体来讲就显得太低了。因此最终拍摄的结果是拍摄主体严重曝光不足，于是就使得拍摄主体的表面一片昏暗，什么都看不清，这显然不是我们想要的效果。

针对这种情况，需要我们准确地进行测光。解决的办法是将数码相机置于光圈优先的模式，再将测光的方式由评价测光转换为点测光。

央的一极小范围区域作为曝光基准点，根据这个区域测得的光线。

在实际拍摄过程中，应用不同的测光方式，可以收到截然不同的效果。

有时在逆光的情况下，我们还可以应用曝光补偿的方式辅助拍摄。当拍摄主体处于一个非常明亮的背景下的时候，为了能够清晰地体现拍摄主体的细节，也可以通过提高曝光补偿来手动调整曝光量，以保证拍摄的主体部分也可以充分曝光。

这是没有采用曝光补偿时拍摄的照片。由于相机针对背景明亮的光线采用了较低的曝光值，造成拍摄的主体曝光不足，形成了一种类似剪影的效果——主体的轮廓明显而细节表现不足。

使用同样的拍摄手法，但是增加了+2 EV 的曝光补偿进行拍摄（EV 值每增加1.0，相当于摄入的光线量增加一倍）。可以看到，拍摄主体部分变得很明亮，表面的细节也得以表现。

总的来说，逆光摄影具有极强的艺术表现力，尤其是想体现物体清晰的轮廓，或者想要造成一种剪影的效果时，逆光更是非常适合的光线条件，因此它也深受摄影者喜爱。但要拍出好的逆光作品，对光线的把握至关重要。以太阳光源来说，它的光线每时每刻都在变化，尤其是它在光线强度、角度以及色温等方面的变化，对逆光拍摄有着重要的影响。日出日落时分，光线与地面的夹角较小（约为0°～30°），

注意 Notice

使用点测光后，在LCD的中央会有一个点测光区框。将这个区框对准我们需要拍摄的主体进行测光，就会得出适合拍摄主体的曝光值来。

使用点测光后，我们可以看到拍摄主体倒是变得很明亮了，但是背景部分却曝光过度，导致一片惨白。造成这种现象的原因也很简单，在对着主体部分进行测光后，相机测得的曝光度对于拍摄主体来说是足够了，但这一曝光值对于明亮的背景来说则显得太高。这样看起来，无论采用哪种测试光方式，都无法兼顾背景和主体。其实，对付这个问题，比较常用的方法就是借助外来光线进行补光，即利用外界非自然光（如反光板和闪光灯等），对拍摄主体进行补光，提高拍摄主体的亮度，降低前景，背景的光亮反差，以求取得较为自然的效果。

在采用了外来光源对啤酒罐进行补光后，再以啤酒罐为主体进行测光，在拍摄的结果中可以看到，主体和背景都得到了较好的表现，画面也柔和了许多。

强度弱，对逆光拍摄是很有利的，尤其是拍摄较矮小的物体时。色温低，能较好地烘托气氛和意境，使作品形成一种暖色调。

值得注意的是，日出日落时，光线的变化很快，壮丽景色瞬间就从眼前溜走了，所以要充分做好前期的准备工作。

在日出后和日落前两个小时，阳光与地面约成30°～80°夹角。如果天气正常，光线会较强烈，这时进行逆光拍摄，其作品会强烈地晕化，不利于表现事物形态。这时应尽量避免直接面对光源来拍摄，采用其他物体的反射光束拍摄，即可减弱光的强度。

而正午时分光线与地面基本处在垂直状态，光线十分强烈，对逆光拍摄也极为不利。可以利用前景或被摄物自身进行遮挡，使阳光形成强烈的放射效果。这样既较好地调节了光强度，又增加了作品的艺术魅力。

由于是在中午强烈的阳光下进行拍摄，所以照片明显呈现曝光过度，拍摄物体表面一片惨白，什么表面细节都看不清。看来，这个时候，相机的自动测光系统没有得出正确的测光数据。

佳能 Canon PowerShot A80
拍摄模式：自动
快门：1/600s
光圈：F4.0
闪光灯：不闪（强制）
EV 补偿：无
测光模式：评价测光

光线过强时怎么拍？

我们在摄影的时候，总希望光线能够更明亮一些。的确，充足的光线可以使得拍摄的照片更加清晰，色彩更加鲜艳。但是如果光线过强，却会起到负面作用。在强光下拍摄，我们经常会遇到以下几个问题。

（1）反差大

在过于强烈的光线（夏日正午的阳光）下摄影，很多相机的中央重点测光系统会因为过于明显的反差而失灵，这时很难测出使强光部分和阴影部分都满意的平均读数。

在这种情况下拍摄的照片的色调范围显得很窄，阴影部位和强光部位没有什么其他色调。拍摄主体的表面细节都被强烈的光线吞没。

（2）强烈的光线导致拍摄人物表情不自然

在强光下，人会很自然地眯起眼睛。同时强烈的日光还会使得被拍摄人物面部中的明亮部位和强光部位产生如同聚光灯照明那样的明显界限，形成难看的阴影，显出皮肤皱纹。

（3）强烈的光线可能会损害人的眼睛或是数码相机

数码相机的CCD感光元件和人的眼睛一样脆弱，

在同一时刻，使用同样的拍摄参数，在使用了－2EV的曝光补偿后，人为地降低了曝光量，收到了较好的效果，正确的曝光值使得拍摄主体的细节得以充分体现。

佳能 Canon PowerShot A80
拍摄模式：手动
快门：1/600s
光圈：F4.0
闪光灯：不闪（强制）
曝光补偿：−2 EV
测光模式：评价测光

在强烈的光线直射下，人物面部的表情十分勉强，而且更糟糕的是，出现了很难看的阴影。

在这种情况下，最好避免在拍摄人物时面向强烈的光线。换一个角度，避开强烈的阳光，在背对太阳的角度拍摄一张的话，可以看到，孩子的面部表情变得自然，难看的阴影也消失了。

在强光的直射下都可能会产生永久的损害。

这时，强烈的光线不仅对拍摄没有任何好处，反而严重影响了照片的质量，所以针对这些情况，还是要采用一些对应的手段加以弥补。

1. 强光导致强烈反差时的拍摄方法

在强烈的光线下，尤其是强烈的阳光直射下拍摄的景物，往往会出现反差过大的情况，这时拍摄的照片，往往会出现过度曝光或曝光不足的情况。

我们知道，数码相机可以用来调整照片明暗程度的手段主要有以下几种：

a．调整快门速度。快门越慢，则曝光时间越长，照片就越亮。

b．调整光圈大小。光圈越大，光线的射入量越大，画面也就越亮。

c．使用曝光补偿。+EV 补偿可以使得照片更亮，反之则变暗。

所以，如果我们拍摄时遇到光线过强的情况，可以用以上几种手段调节拍摄参数，使之适应当时的拍摄条件。

除了使用曝光补偿来解决光线太强的问题外，我们也可以通过加快快门时间，使用较小的光圈来解决。当然，这需要更多的拍摄经验，才能根据当时的光线状况使用适宜的拍摄参数，这就需要在实践中多积累了。一个建议就是，在拍摄中对一个景物用几种不同的拍摄手法进行拍摄，回去之后加以对比，如果发现曝光过度或者曝光不足，就可以针对当时的光线情况和拍摄参数，得出正确的结论。

2. 强烈光线导致拍摄人物表情不自然：

在拍摄人物照片时，经常会遇到阳光强烈的情况。这时候进行拍摄，除了容易导致曝光过度以外，强烈的光线还会导致拍摄人物表情不自然，因此拍出来以后，人的表情往往是皱着眉头，或眯缝着眼睛，而且面部还会出现很严重的阴影。

需要注意的是，此时属于逆光，要防止拍摄主体由于受明亮背景影响而发生曝光不足的情况，解决方法在逆光拍摄的内容里面已经有介绍，可以使用针对拍摄主体测光或者使用闪光灯补光的方式加以解决。

3. 直接对光线强烈（如太阳）物体的拍摄技巧

对于数码相机来说，强烈的阳光固然很可怕，但是日出和日落时

佳能 Canon PowerShot A80
拍摄模式：光圈优先自动曝光
快门：1/1000 秒
光圈：F3.2
闪光灯：不闪（强制）
EV 补偿：无
测光模式：点测光

因为我们拍摄的对象就是太阳本身，如果再按照逆光拍摄的技巧进行操作，使用较大的光圈（即较小的光圈值），同时对较暗的物体测光的话，就会拍出如本图所示的效果。其他的景物都表现出来了，而太阳本身却成为了一片强烈的光晕，这哪里像是太阳刚刚升起时的样子？

候的太阳却不具备杀伤力，可以随意拍摄。而且此时的阳光往往呈现迷人的外观，更容易拍摄绚丽的色彩。当然，在拍摄时，也需要我们注意测光的问题。

注意 Notice

因为数码相机里面的CCD芯片比较脆弱，如果对着太阳拍摄，可能会让CCD上的“视觉细胞”受到永久的损害，就如同人眼不能直视强烈的阳光的道理是一样的。所以，若无必要，千万不要拿自己的数码相机对准太阳取景，如果一定要拍，最好加上滤光镜。

换一种方式，用相机直接对准太阳周围明亮的天空测光，同时使用较小的光圈。这时，拍摄的主体——太阳得到了较好的体现。而且图片本身的色调和光亮强度更能表现日出时的气氛。

佳能 Canon PowerShot A80
拍摄模式：光圈优先自动曝光
快门：1/2000s
光圈：F6.3
闪光灯：不闪（强制）
EV补偿：无
测光模式：点测光

经过以上的介绍，大家对各种光线条件下的拍摄技巧应该有所了解了吧。其实，摄影的本质就是对光线的合理运用，光线是摄影的灵魂。就像是画家手中的笔，我们摄影爱好者的笔就是那一缕缕看得见，摸不着的光。所以，加强对光线环境的认识是我们摄影爱好者的必修课，这只有通过大量实践，我们才能找到窍门，摸出规律。

另外要说明的是，我们在拍摄的过程中，一定不要急于按下快门。最好在拍摄之前，多问问自己，我要表现的是什么？我要体现什么效果？只有这样，才能够有的放矢，采取对应的手段，来实现自己的拍摄目的。

小知识 Knowledge

文/图　王志坚

摄影术语解释

像差：光线经过镜头之后，影像清晰度降低了，就产生了像差。

反差：各色调间亮度差别的大小，大叫高反差，小叫低反差。例如暗的很黑，亮的很白就是高反差。

色调：影像的均匀密度。

彩色饱和度：又叫色彩浓淡。饱和度高就是浓度高，饱和度低就是色彩很淡。

景深：摄影时向某景物调焦，在该景物的前后形成一个清晰区，这个清晰区称为全景深，简称景深。(1)使用大光圈，景深小；(2)使用小光圈，景深大；(3)物距小，景深小；(4)使用广角镜，景深大。

感光度：感光器件对光线反应的能力，感光度高就是对光敏感，感光度低就是对光较不灵敏。国际上统一以ISO表示。

曝光过度：拍照时误使感光器件记录太多光量。原因：(1)光线太强；(2)曝光太久。后果：导致图像反差减弱。

镜头光斑：不必要的光线射入镜头，造成影像扩散或留下镜头结构的痕迹。

视差：由相机观景窗所看到的景物与镜头所能记录的景物有误差。

焦点：平行光线通过透镜形成的像点。

场曲：在一个平坦的影像平面上，影像的清晰度从中央向外发生变化，聚焦形成弧型，就叫场曲。

焦距：从焦点到透镜中心的距离。

像距：像点到透镜中心的距离。

超焦距：当镜头聚焦在无限远时，位于无限远的景物结成清晰的影像，同时在有限距离某一点上的物体也能达到清晰的标准，近于这一点的物体就模糊起来。那么，这个物体到镜头之间的距离就是超焦距。(1)超焦距越大，景深越小；(2)光圈越大，超焦距越大，光圈开大一级，超焦距就增加0.5倍；(3)焦距越长，超焦距越大。

5 第五章 FIFTHS CHAPTER

熟能生巧，巧能夺天工。也许我们都还是数码拍摄的新手，但这并不妨碍我们欣赏佳作，憧憬自己潇洒按下快门的情景。其实，这样的梦想也能成真，只需要你的投入与耐心。学习技巧只是我们迈出的第一步，练习实拍才是我们成长的真实投影！

数码相机玩出花样！

operating skills

新丁学构图

什么是摄影的构图？构图在英文中为Composition。摄影构图就是在摄影过程中，在照片这个有限的平面空间中，合理地安排所看到的或者需要拍摄的各个元素的位置，从而使照片达到最佳视觉审美效果的过程。

如果将摄影比做写文章的话，那么摄影的主体就是文章的标题，而构图则是根据摄影者的意图确定文章的中心思想，选择适当的摄影技法就如同遣词造句，最后用摄影的独特语言让这篇文章丰富、形象起来。

流水不息远山不止，景物的层次感由此体现

常见的构图二三式

摄影初学者如果有一定的美术功底，对于构图可能更容易上手。如果美术功底比较薄弱也没有关系，这里有一些简单易学的构图方式可以让大家参考借鉴。

1. 三分构图法

三分构图法是摄影过程中最

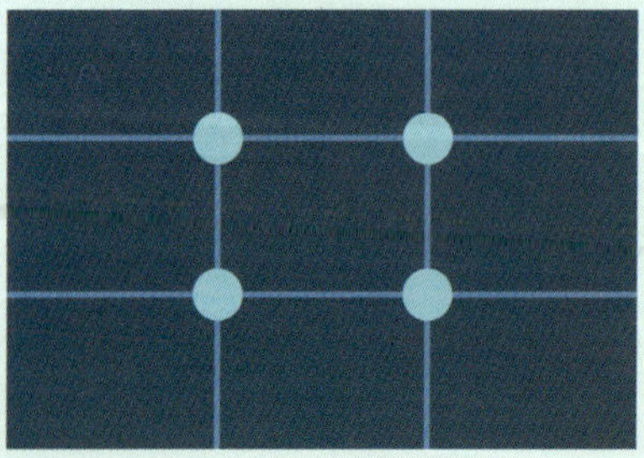

雪峰还有多远？远在天边，也近在眼前。两层山峰层次叠加，蓝天下白雪皑皑，即使前途艰险也令人神往

小知识
Knowledge

什么是黄金分割？

黄金分割是由古希腊数学家欧道克萨首先提出的，最基本的公式是把1分割为0.618和0.382，接近3:2的比例。

常用到的构图方法。摄影时，可以把画面的水平部分和垂直部分均各等分成3个部分，将画面要表现的主体放在等分线的交汇处，就是使用三分法构图的要点。三分法可以基本满足“黄金分割比例”。

四四方方的建筑物就可以使用三分构图法拍摄

2. 三角形构图法

采用这种构图方式时，需要拍摄的主体会以三角形的布局出现。选取的3个点，即为景物的3个视觉中心点，具有3个视觉中心点的景物也就当然适合采用这个构图方式。采用三角形构图拍摄的照片秉承了三角形稳定的特点，给人一种安定均衡的感觉。但在实际运用中，并不是每次都使用正三角构图，我们可以根据拍摄主体的形状、特点，灵活地调整。

3. 水平构图法

这种构图方式最常使用在全景图片的拍摄中。在采用这种构图方式拍摄的照片中，景物的形态或色彩变化均以水平呈现，给人一种安定均衡的感觉，一些拍摄的全景照片还能给人以大气磅礴之感。平展广阔的景物，例如宽阔的湖面、辽阔的草原等适于采用这种构图方式拍摄。

4. 对比构图法

写文章用对比可以使描写的景物形

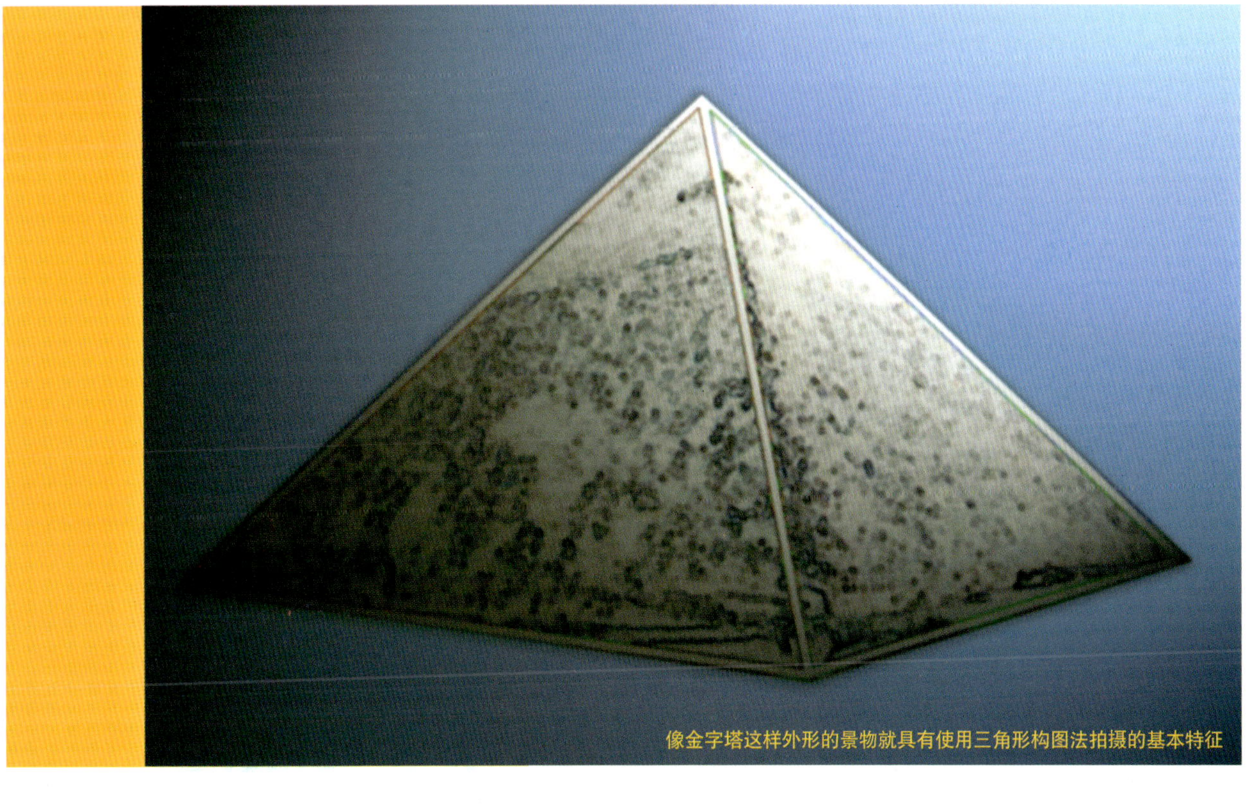

像金字塔这样外形的景物就具有使用三角形构图法拍摄的基本特征

如果拍摄水边倒影就可以采用对比构图法

可采取造型或补充背景的方式使画面达到平衡，以弥补失重感

象鲜活，拍摄时也可采用对比构图法，根据需要把拍摄主体和作为陪衬的客体同时摄入照片，在视觉上形成对比。运用对比构图法要求主体和客体与对比的中心均保持一段距离，且这段距离内最好不要有其他与主题无关的景物进入。

采用这种构图方式拍摄的照片通常比较鲜明醒目，而客体可以起到引荐、说明、抒情及均衡画面的作用。

5. 对称式构图法

从字面即可理解，采用这种方式构图，拍摄的主体应该位于画面正中，主体本身或主体与背景以中线为轴形成对称。这种构图方式需要从正面拍摄，适用于严肃、庄重的场合等。

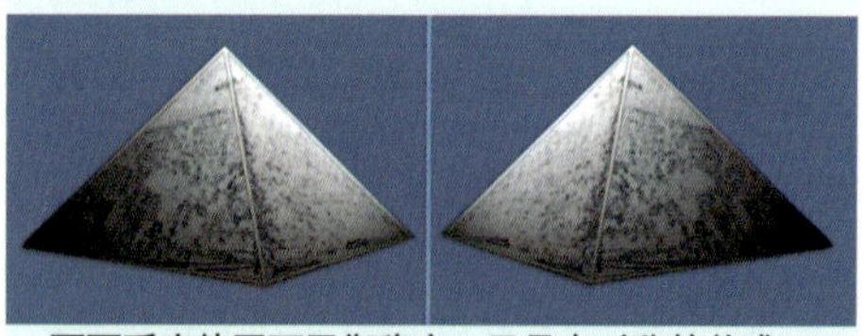

两两呼应使画面平衡稳定，又具有对称的美感

6. 非对称式构图法

与对称构图法对应的就是非对称构图法，此时画面中主体可以偏向画面的一侧。

拍摄非对称式构图画面时，主体偏于一端。但如果拍摄主体具有动感，则在构图时应使主体的动势方向面向画面的中心。

摄影构图元素不可缺

1. 线条

线条既可以勾勒出景物的轮廓，也可以描绘景物的细部特征。在一幅照片中合理运用线条，无疑更容易表达出照片的主

稍微倾斜的角度，风和日丽，感觉花枝都在随风摆动

题及含义。线条可粗可细，可纵深，可垂直，可连续，可间断。在一幅照片中可以搭配多种线条，但要注意不能太多，否则会显得繁杂。

不同的线条，可以表现出不同的效果。垂直的线条，象征着坚强、庄严、有力，例如高耸入云的建筑，参天的古木。横线象征着宁静、宽广、博大。斜线象征着不安定和动感，也可以表现出纵深的效果。曲线则象征着柔和、浪漫、优雅。一些抽象的线条也会引起人们的遐想。

斜线与直线共同描绘出雪山之巅的雄伟

身在此山中，云深不知处，前后景的搭配营造出朦胧、亦真亦幻的氛围

整幅照片以冷色调为主，雪山人迹罕至，神秘而不失庄严

2. 前景、背景

一幅摄影作品中，除了主体，还必须有一定的元素组成环境，来突出主体部分，起到营造气氛，烘托气氛的作用。在主体前面的环境元素即为前景，在主体后面的环境元素即为背景部分。

前景的作用多是将观众的视线引导到主体身上，为主体服务；而后景的作用则是作为陪衬，不仅不会抢去主体的"风头"，还加强了主体的景深效果，让主体显得不那么单调。

前景和背景相互依托，合理搭配，对达到我们的构图目的很有帮助。

3. 色彩

众所周知，太阳光是由红、橙、黄、绿、青、蓝、紫等7种色光组成的，这7种色光是我们人类的眼睛所能感受的色光。按照人类的主观感受，可以分为冷色系和暖色系。红、橙、黄给人以温暖的感觉，归为暖色系；青、蓝、紫给人以冰冷的感觉，归为冷色系；而黑、白、灰色被称为中间色系。

色系色彩的搭配（如冷暖搭配、明暗搭配），景物色彩间的搭配，前景、背景、主体色彩基调的选择搭配等，都可以给观众带来更多不同的感受。

天色渐晚，落霞满天，繁华喧嚣的都市也有静谧的一刻

新丁学拍风景照

作为一名摄影新丁，在掌握了构图、握持相机等基本方法后，就需要进行拍摄实践了。拍摄静态景物，可以说是新丁实践的首选“模特”。

静态景物可以是身边的小道具，也可以是公园一角的风景，还可以是旅途中遇到的秀丽山川。

为什么首先要选择静态景物作为拍摄对象呢？对于新丁而言，静止的景物更容易把握，对同一景物我们可以反复从多个角度拍摄、揣摩，从中摸索出拍摄的技巧。

近景、远景拍摄技巧

小知识
Knowledge

什么是景别？

一般说来，景别就是指由于相机与拍摄对象之间距离（指物距）不同或者在同一距离上因为使用不同的焦距而使拍摄对象在画面中呈现的不同范围。其种类一般分为远景、全景、中景、近景和特写。

不同的景别有着不同的作用，比如远景和全景更适合交代环境、渲染气氛，而近景和特写则更适合揭示事物的本质特征。

以人为拍摄对象的景别划分，分别是全景、中景、近景和特写

均采用快门1/125s　光圈F/2.8
焦距70mm　使用三角架

古宅后面，冰冷的钢筋水泥耸立着。古宅门前，一株大树倔强地生长向上。这两张照片都运用了对比的手法，突显了传统文化与现代文明的冲突。前者是古建筑与新建筑的对比，不和谐的画面发人深省。后者是大树同楼房的冲突，让人意识到人与自然的关系。把一些矛盾的东西放在一起，从而引发人们的思考。两幅图片均使用光学变焦的方式，将远处的建筑物拉近。体现了拍摄远景图片的特点。

同样景别的画面，由于分别采用一定的物距和焦距，其结构和透视效果是不一样的。拍摄角度不变、物距不变，当景别发生变化时，相应地焦距也会发生变化。合理地选择景别，有利于突出拍摄对象，也有利于交代其与环境的关系。

快门1/125s　光圈F/2.8　焦距200mm

快门1/125s　光圈F/2.8　焦距200mm　后期处理时加上了蓝色

拍摄鸟儿等动物，长镜头是必不可少的。幸好现在的数码相机很多都带有大变焦的镜头。除了镜头，还需要有耐心，要在取景器后耐心等待精彩的一幕出现。

快门1/250s　光圈F/2.8　焦距200mm

为了用小景深来虚化背景，更好地衬托主体，所以用长焦距，大光圈拍摄

如果有倒影，记住应把倒影收入画面，倒影和主体相得益彰，别有一番情趣。

利用景深突出主题

1. 从一个小实验谈起

在对近景、远景的拍摄方法进行介绍前，让我们先做一个视觉上的小实验。

我们可以随便找 3 个物体，例如笔盒、小陶瓷工艺品、手机等大家平时使用较多的物品，将他们依次放在写字台上。3 个物体之间有一定的间距，距离写字台边沿呈“梯”状排列。需要注意的是，物体与写字台的垂直距离不要过远，也不要过近，最好根据自己的视力情况来定。排列完成之后，先将我们的视线与写字台平行，然后从边沿依次观察 3 个物体（视线角度可以参照图中进

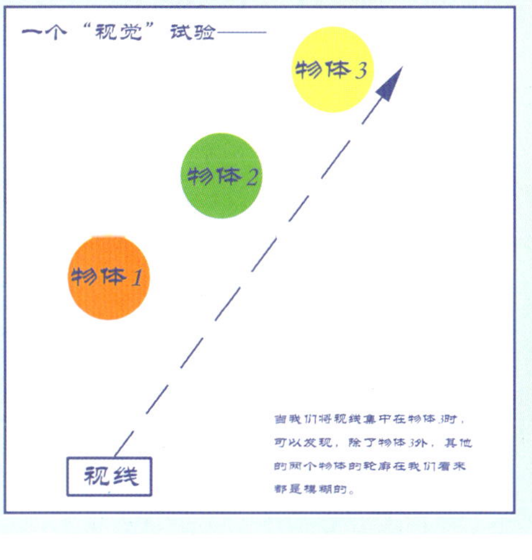

行，观察时最好与写字台边沿以及物体排列均错开一个角度）。

当我们将整个注意力、视线集中在物体 1 时，物体 1 的轮廓包括其中的细节就会非常清晰，而此时其他两个物体留给我们的"印象"仅仅是大概的轮廓。在观察物体 2 时，也会出现同样的现象，但相对的，物体 1 留给我们的印象比物体 3 要清晰一些。

其实，如果大家留意的话，这样的现象在平时也很容易发现。为什么会出现这样的现象呢？使用在前面介绍的景深这个概念就能很好地进行解释。

2. 景深在拍摄中的应用

我们知道，被摄体能产生较为清晰影像的最近点至最远点的距离就是景深，即被摄体能清晰成像的空间深度。光电传感器件上影像的清晰范围称为焦深，它是景深范围在光电传感器件上的体现。在景深范围内景物影像的清晰度并不完全一致，其中以焦点上的影像清晰度最高，其余影像的清晰度按它离开焦点的距离而成正比例下降，这种现象也可从上图中看到，越是远离焦点，光线越发散，模糊圆的直径就越大。

小技巧 Tip

在光照充足的情况下距离 30cm 观察照片，人眼对于直径为 0.3mm 的模糊圆所组成的影像感觉较为清晰，而直径大于 0.3mm 的就有模糊的感觉了。

实际上，当将景深的概念合理地应用在拍摄景物当中时，就能从杂乱的环境中很容易地突出主题，这也是我们平时在拍摄中提到的景深效果。

影响景深的因素主要有 3 个：光圈、焦距和摄距。这 3 个因素决定画面的景深大小，具体表现如下：

光圈大，景深小；光圈小，景深大；
焦距短，景深大；焦距长，景深小；
物距近，景深小；物距远，景深大。

不同光圈，相同焦距，相同物距

焦距 62mm　光圈 F/4.5　物距 45mm

焦距 62mm　光圈 F/22　物距 45mm

不同焦距，相同光圈，相同物距

焦距 62mm　光圈 F/5.6　物距 45mm

焦距35mm　　光圈F/5.6　　物距45mm

不同物距，相同焦距，相同光圈

焦距62mm　　光圈F/4.5　　物距45mm

焦距62mm　　光圈F/4.5　　物距105mm

▲ 红耳鹎
尼康CoolPix 995　　光圈F/3.9
快门1/22s　　感光度ISO 200

一般情况下，焦点大约位于整个景深范围中距离前景深最近点的1/3处，当然，对于不同的拍摄条件会有不同的结果，在整个景深范围比较深的情况下，后景深往往是前景深的数倍甚至更多；在整个景深范围比较浅的情况下，前、后景深的差别会稍小。但总的来说前景深比后景深的范围更狭窄，因此在使用中必须注意此种特性以合理运用景深。在使用中发现，景深范围非常狭窄时，通常情况下保证前部物体的清晰度比后部显得更重要，也更符合人们的观看习惯。

被摄体不同，对画面的景深范围的要求也不一样。用大光圈、长焦镜头从较近的距离拍摄可获得较浅的景深范围。浅景深效果能使前景和背景虚化，主体清晰、突出，产生呼之欲出的效果。

注意 Notice

使用数码相机的最大光圈可取得最小景深，但有时会遇到这类问题：光照太强时，即使运用数码相机最快的快门时间配合使用最大光圈仍然会出现曝光过度的现象，即使将感光度(ISO)设置到最低仍然不能使曝光时间降低到相机能够实现的最快速度。此时可以在镜头上接一块“中密度滤镜”来降低镜头的通光量，以此在保证相同的曝光量的前提下，使快门开启时间降低到数码相机能够实现的范围之内。

光圈恒定的情况下使用镜头的广角端拍摄时，较短的摄距能取得较浅的景深，但需要注意的是，摄距太近会使前后景物的透视过于强烈。

另外，用小光圈、短焦镜头从较远的距离上拍摄可获得较大范围的景深效果，可表现出被摄体的每一处细节，使画面上的所有拍摄内容保持清晰，这在风光、建筑摄影等方面运用较多。获取最大景深的最简易的方法就是使用最小光圈，但当使用最小光圈时会出现通光量大量减少，而使数码相机相应的曝光时间增长的现象，这时可将相机架设在三脚架或将身体靠在稳定的支撑物上，以此提高拍摄的稳定性和成功率。提高感光度（ISO）也可减少快门开启时间，但最好控制在ISO 400以下，因为过高的ISO设置会使拍摄的画面中充斥许多噪点，影响成像清晰度。

快门1/60s 光圈F/8.0 焦距28mm 后期有裁减

快门1/60s 光圈F/8.0 焦距28mm 后期有裁减

▲ 远处白色的点点是密密麻麻的红嘴鸥，对面也挤满了拍摄红嘴鸥的人们。摄影师另辟蹊径，在远处取全景，视角更加独特。两张照片拍的是同一个地方，用的是不同的构图方式。一张横构图，给人宽广大气的感觉；一张竖构图，伸展的树枝与扭曲的倒影相映成趣。遇到有感觉的景物，尝试着横竖构图各拍一张，会让你有不同的感受。

快门1/30s
光圈F/8.0
焦距500mm

▲ 摄影师巧妙地把前面的两排栅栏拍入照片中，它的作用是牵引读者的视线集中到远处的红嘴鸥身上。利用一些线条，把观众的视线牵引到主体上去，是一种使照片意味深长的技巧。

鹊鸲(尼康CoolPix 995 光圈F/4.6 快门1/53s 感光度ISO 100)

注意 Notice

选择使用合适的光圈、焦距、物距来控制景深，从而使主体从杂乱的背景中突出出来时，还要注意选择颜色或形式比较单纯的景物作为主体进行拍摄，这样主体就比较容易和背景从颜色、形式上有效地区分开，例如在绿色枝头拍摄黑色的鹊鸲。

花卉植物拍摄技巧

快门1/30s　光圈F/2.8
焦距200mm　使用三角架

纯色的背景，加上适度的虚化，让那旁逸斜出的花儿更加一枝独秀。突出主体最有效的方法就是选择干净的背景，以及主体颜色与背景颜色的对比。

快门1/60s　光圈F/5.6
焦距500mm　使用三角架

岸边，柳条飘飞……思绪，风起云涌……很简单的柳条，也可以创造出凄美的意境。摄影有时是减法的艺术，越是简单，越是让人思绪万千。柳条虚实对比的处理，让二维平面的照片有了纵深感。

快门1/350s　光圈F/2.8
焦距200mm　使用三角架

快乐的旅途一定有美丽的花儿相伴。这张美丽的郁金香采用大光圈以取得小景深，使得这张照片虚实结合，在给人以纵深感的同时，突出了前面几朵花儿，显得主次分明。强烈的阳光有着极强的穿透力，让叶子有一种透明的感觉。

花卉是我们在拍摄过程中最常摄入镜头的题材，虽然如此，要把握花卉的颜色、形状、气质，拍摄出令自己满意的作品却并非易事。拍摄花卉其实可以采取下列的技巧。

1.尽量多用特写

焦距13.9mm　快门1/60s　光圈F/8.0

挑选最美、最有代表性，你最喜欢的一朵，让所拍的花卉充满画面成为主体。你会发现，花卉的每一细节，如花蕊、花瓣等清晰而具有美感。通常，我们可以采用数码相机的微距拍摄模式，近一点，是不是更美了呢？

2.景深也是关键

焦距：9.7mm　快门：1/80s　光圈/F2.0

在最长焦距和微距的情况下，数码相机也可以达到很浅的景深。很多人都想当然以为既然是拍摄特写，景深自然越浅越好，于是在近距离拍摄的情况下再将相机开到最大光圈。这样就很可能造成许多不想模糊的地方也超出了景深范围之外而模糊了，结果令人的视觉感觉非常不舒服。因此在这种情况下须要缩小光圈增加景深。

3. 层次感靠色彩来体现

◀ 焦距9.7mm 快门1/125s 光圈F/2.8

拍摄纯色(尤其是纯红色)花卉时，层次的表现可能相对较差。在拍摄这类花朵的时候如果按照正常的自动测光，往往会令画面失去层次，因此在拍摄纯色的花卉时应多留意，红色、黄色曝光要略欠1/3~1/2级，拍摄纯白色的花卉时则要欠曝1/2~1级，这样才能避免层次和细节的损失。

4. 光线至关重要

▼ 焦距12mm 快门1/125s 光圈F/3.0

拍摄花卉最好不要采用单一的顺光，这会使物体缺乏层次和质感，从而给人一种呆板、陈旧的感觉。比较好的方法是使用侧光、侧逆光或逆光。在这种情况下花卉多数是透光的，在透射光线照射下，花卉的颜色将格外鲜艳，透亮，充满生机。运用这些光线，可勾勒出花瓣、茎、叶的经络以及边缘绒毛和叶片的轮廓，使花朵显得更有活力。

▼ 焦距8mm 光圈F/2.1
花瓣上的水珠早已喧宾夺主了

5. 红花绿叶陪衬

虽然有的花卉本身已经很美，但如果再有蜜蜂、蜻蜓等小动物立于枝头，或者给花瓣增加水滴，这样就更加完美了。不过切记陪衬不能破坏花卉本身的自然美，更不要弄巧成拙。此外，拍摄时也应该留意将被摄物体稍作清洁，除去灰尘污物和周围的残花败叶等等，否则拍摄出来的作品上发现类似美女脸上的暗疮斑点之类东西，就大煞风景了。

水景的拍摄技巧

出游时，碰到好山好水总是忍不住按下快门。相对来说，由于自然界的水源常常受到天空的映衬，水面有强烈的反光，因此拍摄很难掌握。如果我们仅依靠相机的测光指示来处理曝光量，又常常会出现曝光不足的情况。这是因为天空与一般景物的亮度相差非常大。

▲ 快门1/30s　光圈F/8.0　使用三角架

为了追求大景深，所以用三角架，慢速度拍摄。照片虽然存在透视失真的现象，但有一种“血脉相连，互相扶持”的感觉。

▲ 快门1/350s　光圈F/5.6　焦距200mm

不是每张照片都要有复杂的技巧，有时候单单是为了记录一些让自己感动的片段，记录一段被触动的心情。这样就已经足够了。

▲ 拍摄具有天空反光的水景时，至少需按照相机测光指示再加2挡左右的曝光量。如果还要表现波光舟影的画面，更要讲究用光，要根据画面中的明暗关系来突出被摄主体。

▼ 要反映出流水的运动感，需要根据流水的速度缓急来选择快门速度，水流的速度快，所选快门速度宜高，水流速度慢，选择的快门速度就应低一些。在选择低速快门时，最好使用三脚架来稳住相机，以免晃动相机影响画面的清晰度。

▼ 为使拍摄的水景有特殊效果。可以采用高速快门，比如1/1000s以上来凝结运动的水，如海浪等。取景合适、曝光得当的话，可能获得喷珠溅玉般的效果。

或者借助慢速快门获得画面中流水虚幻迷茫的效果，可以使流水常呈现出缥缈的感觉。

▼ 如果有长焦镜头，还可利用其压缩空间的特性来拍摄水的波纹，当波浪经长焦镜头压缩后，会呈现出非常有韵律的线条。

建筑物拍摄技巧

▶ 第一幅图片是满幅式的构图，让铺瓦的屋顶充满画面，给人很充实的感觉，让人觉得屋顶是一个一个连绵不断的往前延伸的。而第二幅图片则截取了一个屋顶，以及上面的枯叶，留给我们想象的空间。

快门1/60s　光圈F/8.0
焦距28mm　后期有裁减

快门1/125s　光圈F/2.8
焦距200mm　使用三角架

1．选择一个合适的主题

可以拍摄单一的建筑，也可以拍摄建筑群落；可以将建筑的整体囊括在一张照片中，也可以着力刻画它的某个局部；可以将镜头伸进建筑的内部，也可以停留在建筑表面。采用的拍摄方式，也可以是多样的，或全景鸟瞰，或仰望，或俯拍，或平视。

▲ 守望(快门1/250，光圈F/5.6，焦距180mm)
屋顶上的三只神兽，好似在昂首企盼。图片的标题，让看似平凡的照片顿时有了生气，有了灵性。一个好的标题能让一张照片活起来，所以拍完之后，还要多费心给照片取一个好名字。

一般古建筑的琉璃屋顶上都有一些精致的小塑像，可以用长镜头把他们拍下来。这张照片摄影师在镜头前加装了偏光镜(PL镜)，它的作用是压暗了天空的颜色，使天空颜色比现实更加浓郁，蓝得可爱。此外，偏光镜还有消除玻璃表面反光的作用。钟情于风光摄影的摄影师，偏光镜是必不可少的装备。

上面这张图片还采用了景框式的构图法，照片左右两边的树和下部的阴影组成了一个天然的景框，把多余的部分盖住，把主体突现出来，让视线集中在图中的三只神兽身上。

2．透视与失真同样有效

拍摄建筑物，当用普通相机取景时，相机只有处于水平状态，建筑物的垂线才会在照片中保持竖直。但如果我们采用仰拍或俯拍时就会发现，原本垂

▲ 要避免透视失真现象，保证建筑物形状的“横平竖直”，最常用的方法就是选择合适的拍摄地点，拍摄角度，使相机能够保持水平。这个方法对于一些不太高的建筑物还好办，但要拍摄城市的高楼大厦时，楼宇之间狭窄的间距可就让我们很难协调了。这个时候，就应当尽量采用视角更广的镜头来实现拍摄的意图。

▼ 不过有些时候，适当利用透视失真，也可以为拍摄的照片增加视觉上的冲击效果

直地面的线条会向上或向下汇聚，在照片内或照片外的某处形成一个点，通常把这种现象称为透视失真或“船头效应”。

选用特殊的器材也可以调整透视效果，比如使用有透视调整功能的相机或移轴镜头，应用在可接驳镜头的单镜头反光数码相机或者具有数码后背的大型相机上面，比如尼康（Nikon）、佳能（Canon）公司都有相应的移轴镜头和它们的数码相机配套。但是普通消费类数码相机受到成本和应用范围的局限，到目前还没有开发这类镜头。普通用户可以通过Photoshop 7.0等工具软件再进行手工矫正。

3. 光影对建筑物的烘托

快门1/250s 光圈F/5.6 焦距28mm
摄影师都有给自己留影的习惯，很多大师都留下了很有意思的自拍照。他们或者背光而立，拍下自己投在地上、墙上的影子；或者对着镜子这一类能看见自己的光滑平面，拍下自己端着相机取景的姿势。充分发挥想象力，给自己留下一张令人捉摸不定、浮想联翩的自拍照片，而不是简单的到此一游照。

快门1/125s 光圈F/8.0 焦距200mm
摄影是光影的艺术。黑白，是表现光影的很好的手法。树枝的线条，投影在浅色的墙上，形成反差。斑驳的树干、没落的砖墙，营造了一种沧桑的意境。

快门1/30s 光圈F/5.6 焦距28mm
室内的陈设，一草一木，平凡也能透出神奇。周围的一切，都有美好的一面。当你拥有了一双发现美的眼睛，候车厅的破椅子也可以拍得让人感慨良深。

4. 清晰的诉求

（1）精确调焦、控制景深：可以多采用小光圈、大景深、慢速快门的办法来提高影像的清晰度。

（2）使用高分辨率的镜头：对单反数码相机、数码后背，可以通过外界镜头来实现。

（3）使用三脚架拍摄：由于建筑摄影通常需要运用小光圈、慢速快门来提高影像清晰度，可以将相机固定在稳定的三脚架上拍摄。

夜景的拍摄技巧

夜景拍摄要求放慢快门速度，以达到长时间曝光的目的，拍摄时任何轻微的震动摇晃都会使得画面模糊，因此除了数码相机之外，一副结实稳定的三脚架也必不可少，有条件的用户还可以配备快门遥控器或者快门线。

城市夜景拍摄通常分为城市灯光摄影和车河摄影两大类。城市灯光摄影着重表现城市夜间的灯火辉煌，一幅好的作品能从另一个角度表现出城市夜间的生机与活力。所以拍摄地点应选择较大的商业、生活中心，高楼林立的街道、多种多样的霓虹灯、丰富另类的街景雕塑都是摄影者不可多得的拍摄素材。选景、拍摄地点应为地势较高的场地，且应与被摄景物之间有适当的距离，以达到最佳的效果。

快门1s 光圈F/8.0 焦距70mm
加十字星光滤镜 使用三角架

▲ 快门2s　光圈F/8.0　焦距200mm　加十字星光滤镜　使用三角架

新手容易犯求全的错误，取景的时候，什么都想纳入照片，结果适得其反。上一页的图片取景范围比较宽，对于新手来说比较难掌握。而像这图片那样局部取景，就比较容易把照片拍好了。拍摄时，在镜头上加装了星光镜，让原本呈点状的光在照片上呈现出放射的光芒。星光镜分十字、六芒和米字的，上面的照片中使用的就是十字星光镜。并非星光的线条越多越好看，太多的线条会使照片有杂乱的感觉。

▲ 车河摄影地点则应选择交通繁忙的交通枢纽，其中尤以多层立交桥和气势雄伟的跨江(海)大桥最为合适。立交桥作为现代交通的代表，实为爱好夜间车河摄影的朋友的好题材，除了车流量大，车河效果明显外，立交桥多层的设计会让照片的成像效果层次分明，充分展示出夜间车河之美。而跨江(海)大桥通常连接的是两个不同的商务或是生活中心，遥岸拍摄，除了桥上笔直的车河外，还有对岸城市辉煌的灯火，有锦上添花之感。

快门1/2s　光圈F/8.0　焦距105mm　使用三角架

▲ 快门1/8s　光圈F/5.6　焦距28mm　使用三角架

在彩色的世界里，黑白同样有着无穷的魅力。两幅图片拍摄的主体都是云南陆军讲武学校。黑白的照片是为了表现两条门柱优美的轮廓，于是拍摄时对着后面明亮的墙测光，这样前面的柱子就由于曝光不足而形成了剪影，反差强烈，突出了柱子的轮廓。而彩色的照片则强调了灯光照射在建筑墙上的明亮的黄色，使建筑看起来高贵、威武。

拍摄夜景的几点建议：

(1)建议拍摄时关闭内置闪光灯，以免因打开闪光灯后自动提高快门速度，从而使画面曝光不足。

(2)建议将ISO值固定在最低挡上(全自动数码相机除外)。ISO值越高则感光速度越快，快门速度也会相应加快，但是画面颗粒会变粗，甚至出现大片的杂色噪点。反之，ISO值较低则感光速度也慢，画质会变得非常细腻而无颗粒感。

(3)建议使用区域评价测光方式比较妥当，避免画面局部曝光正确而大部分曝光过度的问题。

(4)如果经常需要拍摄夜景，建议选择一款带有NR降噪功能的相机。

哲人说：生活不缺少美，缺少的是发现美的眼睛。庭前花开花落、天外云卷云舒。在了解了如何拍摄景物，身边美丽的事物是不是更能引发你拍照的兴趣了呢？

文／图　卡尔·蔡司

新手学拍人像照

拥有了自己的数码相机，大家都喜欢时不时地为家人朋友拍照留影。但是，很多时候拍出来的照片，人物的动作和表情显得很生硬，或者人物与背景很不协调。那么，如何将人像照片拍好呢？下面将结合大量的图片为大家介绍一些需要注意的要点，让大家能使用手中的数码相机拍出满意的人像作品来。

人物照入门

1. 人物照的拍摄原则

（1）扬长避短，也就是说要利用摄影技巧，突出被摄者外貌上的优点，而掩盖其缺陷。

（2）抓取生动的自然姿态和表情。

（3）构图形式力求新颖。

（4）要突出主题，不要被背景淹没。

（5）不要在很近的距离上拍摄头部特写。

相机型号：富士 FinePix S602 ZOOM
ISO 速度等级：100
快门速度值 1/150 s
光圈值：F4

拍摄人物照时，可以适当尝试一些新颖的构图方式

2. 协调人物与背景

背景，在人像摄影中是最重要的元素之一，处理得好，可以衬托主题，营造气氛；处理不好，就会破坏画面的美感。

拍摄人像要注意背景对人物的影响，尽量不要让人像头部与垂直物体重叠，如电线杆、树枝等。以至像头上长东西，让人感觉很突兀。

相机型号：富士 FinePix S602 ZOOM
ISO 速度等级：100
快门速度值：1/240 s
光圈值：F2.8

地平线在画面1/3处，人物与背景比较协调

人像摄影主要是表现被摄者的相貌和神态，所以对背景要求简练。

简单的背景会使人像更加突出，而杂乱的背景会喧宾夺主，淹没主体。

如果是背光拍摄的，应尽量采用暗色的背景，这样更能突出人像。还可以利用浅景深使背景虚化。

实际拍摄时，简化背景最有效的办法就是把背景虚化，可以用大光圈和长焦距把背景虚化，也可以后期通过Photoshop等软件把背景虚化，以突出主体。

相机型号：富士FinePix 2800 ZOOM
快门速度值：1/500 s
光圈值：F4

背景杂乱的人像照片

相机型号：富士FinePix S602 ZOOM
快门速度值：1/340 s
光圈值：F2.8

背景虚化的人像照片

3.构图

一张人像作品的好坏，构图是十分重要的。很多朋友在拍摄人像照片时，就是让人物站在画面的中心，这样拍出来的照片千篇一律，没有动感。而尝试一下让人物偏离画面的中心位置，把人物放置在画面的1/3处，你会发现画面顿时变得活泼起来。

相机型号：富士FinePix 2800 ZOOM
快门速度值：1/150 s
光圈值：F4

人物居于画面三分之一处，画面活泼

相机型号：富士FinePix 2800 ZOOM
快门速度值：1/250 s
光圈值：F4

视线方向的空间太少，给人压迫感

相机型号：富士FinePix S602 ZOOM
快门速度值：1/200 s
光圈值：F4

适当地留出视线的空间

相机型号：富士FinePix S602 ZOOM
快门速度值：1/500 s
光圈值：F8

抓拍人物表情最自然的瞬间

构图的整体原则是用黄金分割率，就是把整幅画面用四条直线把长、宽各分三等分，成为一个“井”字形，其交叉点（及附近）则是构图的重点所在，也就是把你要表现的人物的重点放在这一位置上。如特写的眼，全身的头等。

另外的一个原则是：在人物的空间分配时，在人物动作或眼视线的方向要留多点空间，这样不会阻断视线的延伸。如不是这样则拍摄到的人物会显得比较局促、有压迫感。

抓取生动的瞬间，捕捉传神的表情。对于人像摄影好坏有着重大的影响，通常一般的人对着镜头难免会紧张，这就要求敏捷地拍下美丽的瞬间。通常对那些比较紧张的人可以采取偷拍的作法，就是将焦距拉长，在她不注意的情况下拍下生动的一刻。

4. 光线的运用

摄影是光与影的艺术，正确地使用自然光，会使你的照片更加出色。

我们可以简单地把光线分为顺光、侧光、逆光等 3 种。

顺光

顺光就是光线直射到人物的正面，可以让人物面对阳光的方向，或者使用闪光灯进行正面补光。顺光拍摄可以使得人物面部明亮，给人以阳光的感觉。

相机型号：富士FinePix S602 ZOOM
快门速度值：1/250 s
光圈值：F2.8

室外顺光，人物脸部明亮

侧光

侧光就是光线从被摄者的左前方或者右前方射向人物脸部，这样会在人物脸上造成阴影，使得人物脸部有立体感。

相机型号：富士FinePix S602 ZOOM
快门速度值：1/500 s
光圈值：F8

侧光，人物脸部有立体感

逆光

逆光就是被摄者处于背对光源的环境下，逆光拍摄容易造成人物脸部曝光不足，面部表情无法看清楚。

相机型号：富士FinePix S602 ZOOM
快门速度值：1/280 s
光圈值：F8

逆光拍摄，人物脸部曝光不足

逆光拍摄人像的时候，要对着人物的脸部测光，或者用反光板对人的脸部补光，这样才不会使得人物的脸过黑。

相机型号：富士 FinePix S602 ZOOM
快门速度值：1/350 s
光圈值：F2.8

逆光拍摄，对人物脸部补光

常规人物照——全身与半身照

1. 全身照

全身照能很好地表现人物的全身形态和肢体语言。拍摄全身照片，使用竖式构图比较合适。但如果有多个人物或者有特殊的拍摄想法，也可以使用横式构图。

顾名思义，拍摄全身像就是要把人物拍全，注意不要把人物的手或者脚排除在构图的画面之外，这样容易给人一种切割感。

相机型号：富士 FinePix S602 ZOOM
快门速度值：1/500 s
光圈值：F8

腿部被排除在构图之外，让人觉得有切割感

拍摄全身照的时候，如果蹲下来拍摄，降低机位，可以使得人物显得高挑，对拍摄身材矮胖的人物，这招比较管用。

相机型号：富士 FinePix S602 ZOOM
快门速度值：1/480 s
光圈值：F2.8

正确的全身照，要把人物拍全

2. 半身照

半身照是指由腰部到面部的照片，大概在离被摄者 1.5 米左右拍摄半身照比较好。取景时一般取到胸部以下，腹部以上的位置，尽量避免把裤子拍进画面，以免画面中的颜色过多过杂。

相机型号：富士 FinePix S602 ZOOM
快门速度值：1/640 s
光圈值：F8

姿势比较协调的半身照片

相机型号：富士 FinePix S602 ZOOM
快门速度值：1/140 s
光圈值：F2.8

把裤子拍进画面，颜色过于杂乱

集体照要注意每个被摄者的表情、动作

3.集体照

朋友结伴出游，或者好友聚会，当然要来张集体照，把每个人都记录下来。把集体照拍好，要注意以下几点。

首先尽量选择室外拍摄，因为室外柔和的光线能使每个人受光均匀，不会出现难看的阴影。其次，我们尽量使用三角架和快门线（有遥控器就更好了）。因为集体照上的头像极小，即使相机轻微抖动，清晰度也会大打折扣。如果光圈可以调节，使用F8或者F11的光圈以获得较大的景深，保证照片上前排和后排的人都清晰。最后，应记住多拍几张，因为被摄者人数众多，难免有人会眨眼睛、摸鼻子或左顾右盼，被摄者越多，就越容易出现这样的问题。所以使用数码相机的连拍方式配合统一的口令可以提高拍摄的成功率。

迷人的轮廓——剪影

轮廓的魅力是无穷的，剪影甚至比那些影调丰富、曝光准确的照片更具有感染力。

我们常说的剪影效果，从摄影用光角度称为逆光摄影，实际上也可以算作一种高反差影像的摄影。剪影效果取得的前提是被摄物体背着光源。其成像原理在于：我们使用的影像记录媒介质即图像传感器件感受影像明暗的宽容度是有限的，而人的眼睛对于影像明暗的感知范围却要广泛得多，因此较暗的物体就能在较亮背景的衬托下以剪影的方式跃然而出，这种反差比我们用肉眼看到的更为强烈。

成功拍摄出剪影效果的3个技术要素是：用光、对焦和曝光。

1.光线

拍摄剪影效果可以利用自然光也可以利用其它各种光源。一般来说，光线不很强烈的黄昏与清晨，是我们最容易拍摄出剪影效果的时刻。日落之后或日出之前的天空是拍摄剪影效果最理想不

魅力无穷的剪影效果

过的自然光源。

剪影的魅力：对人物背景进行点测光，对焦位置在人物下巴边缘，此处反差较大，便于数码相机对焦。

2. 对焦

一般来说由于被摄主体与背景光的亮度相差很大，被摄主体往往会成为一团阴影，此时以被摄主体的中心为对焦点，会造成相机的自动对焦系统工作失常，因此我们应该使用对焦锁定功能，让数码相机以被摄主体的边缘为对焦点，这样由于反差较大，相机的对焦感应器就很容易对焦，此时再半按相机的快门，就可以将焦点锁定，重新构图即可拍摄。

3. 曝光

曝光的合理控制是能否拍摄出剪影效果的关键。在拍摄时以明亮的背景作为侧重测光区域，并对此部分进行正确的曝光，这样被摄主体由于曝光不足，在成像时就会成为剪影。

使用数码相机上的中央重点平均测光模式比较适合拍摄剪影，在拍摄时须将相机的中央测光区域先指向背景，半按快门释放钮锁定曝光值，然后再重新构图拍摄。

使用数码相机上的点测光功能，对准高亮背景进行测光也是一种可控制的拍摄方法，但考虑到数码相机成像感应器的宽容度，往往会造成剪影不明显的问题，因此使用数码相机的点测光模式拍摄剪影时，建议对被摄主体进行点测光，然后再减少1.5EV的曝光值，就可以获得剪影效果了。

轮廓分明的头像、雄健有力的运动、劳动姿态以及优美的舞蹈身段等，都可作为拍摄剪影的对象。

相机型号：富士FinePix S602 ZOOM
快门速度值：1/500 s
光圈值：F6

没有"磨皮"的大头照

光彩照人大头像

曾经有一段时间，许多CD的封面都喜欢用"美眉"的大头像。大头像也就是人物面部特写，让人物的整个脸部充满画面，让人必须直视，没有退后的余地。大头照的表现重点在于人物的脸部表情与情感，所以眼睛是重点。一定要对准眼睛对焦，尽可能地使用反光板，使得眼睛里形成眼神光，让眼睛更具风情。

对于拍摄方向，一般是以被摄者为中心，照相机进行左右的位置变化，或照相机不动，被摄者左右转动脸或身体。如果被摄者五官端正、脸型匀称，可以用正面拍，但通常很少这样拍。原因是拍摄出来的照片容易让人觉得呆板、没生气。而如果被摄者脸型太宽、太瘦、两侧不均，两眼大小不一等，就不宜拍摄

相机型号：富士 FinePix S602 ZOOM
快门速度值：1/500 s
光圈值：F6

经过“磨皮”的大头照

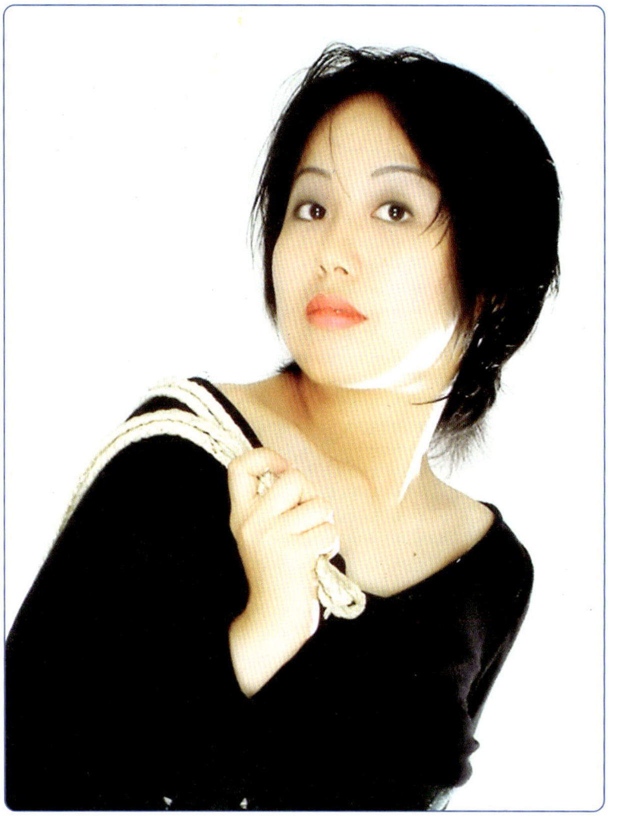

其正面，一般拍摄其七分侧面。实际拍摄时要在各个角度看看，到底在哪个方向最好。原则上就是你认为最美、最有神韵的方向。或者换个高度拍摄，有仰拍、俯拍和平拍三种。对脸型瘦长的人可以用仰拍，会显得胖点；对腮部胖的人则用俯拍，以显得瘦点。不过要注意，这种修正是有限的，如果用太仰或太俯的角度则有反作用。所以在拍摄时多注意，以掌握分寸。

拍摄大头照的时候，除非是皮肤很好或者妆化得很好，否则脸部的瑕疵会被充分地显露出来，所以一定要对人物脸部做“磨皮”处理。“磨皮”可以使用 Photoshop 的仿制图章工具，也可以使用一些“磨皮”专用的小软件，让脸部皮肤更加光洁细腻。

天真活泼儿童像

爸爸妈妈都喜欢给自己可爱的孩子拍照片，以记录下孩子的成长历程。掌握一些技巧，可以让你把孩子的照片拍得更加生动活泼，把孩子的神韵拍出来。

首先，要蹲下来拍。大人比孩子高，站立拍摄出来的照片都是俯视的角度，感觉是从孩子的头顶往下

相机型号：富士 FinePix S602 ZOOM
快门速度值：1/200 s
光圈值：F2.8

站立拍摄的儿童像

相机型号：富士 FinePix S602 ZOOM
快门速度值：1/340 s
光圈值：F2.8

蹲下来拍摄的儿童像

看。所以必须蹲下来拍摄，使得照相机跟孩子的眼睛一样高，这样的视角才正常。

不要教孩子摆姿势，让孩子自己玩，然后进行抓拍，力求拍出孩子纯真的一面。孩子的表情转瞬即逝，可以利用数码相机的连拍功能，进行抓拍。

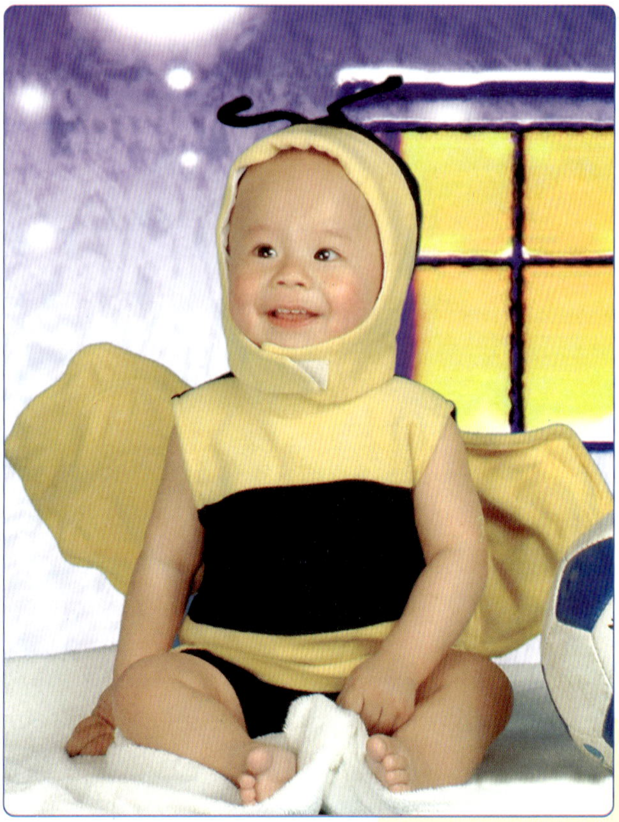

相机型号：富士 FinePix S602 ZOOM
快门速度值：1/500 s
光圈值：F6
孩子的笑脸

相机型号：富士 FinePix S602 ZOOM
快门速度值：1/500 s
光圈值：F6
孩子的哭相

很多人拍摄孩子，都喜欢拍正面，你可以尝试一下给孩子拍一些侧面和背影的照片，会有意想不到的效果。

相机型号：富士 FinePix S602 ZOOM
快门速度值：1/125 s
光圈值：F3
孩子的侧面

人们喜欢端着相机，对着孩子说："来，笑一下。"孩子的表情是丰富的，记录孩子的成长，就应该记录孩子的喜怒哀乐，不仅要拍摄孩子笑的时候，也要拍摄孩子的哭泣、发怒、沉默、发呆……

孩子的背影

相机型号：FinePix S602 ZOOM
快门速度值：1/125 s
光圈值：F3

孩子在观察

相机型号：富士FinePix S602 ZOOM
快门速度值：1/500 s
光圈值：F3

孩子在玩耍

相机型号：富士FinePix S602 ZOOM
快门速度值：1/250 s
光圈值：F3

青春靓丽少女像

曾经有人在摄影论坛上发过一个帖子，提问“如何把丑MM拍靓？”版主回答得很好：“你不能心里想：我在拍一个丑MM，怎么办啊？而应该是想：这个MM眼睛不错啊！OK！就重点拍她眼睛啊……每个人都会有发光点的。说实话，我宁愿拍摄一个所谓的丑女，也不愿意拍摄一个花瓶，毕竟是人，不止看外表。”所以，拍摄少女的时候，你必须用自己独到的眼光去发掘闪光点，把她最美的一面拍出来。

俗话说“一白遮百丑”，可以通过一些小技巧把女孩子的皮肤拍得白皙一些。拍摄的时候可以对脸部测光，然后在正确曝光的基础上过曝半挡到一挡，这样可以让皮肤变得白皙一些。

一般的女孩子是不会摆姿势的，所以你必须教她摆姿势。你要与她进行沟通，用鼓励和赞美的语气来调动她的肢体，“头再往左边转一些……好，很好……眼睛看那边……对，太漂亮了……手放在背后……很好”等到你所期待的姿势出现的时候，不要犹豫，按快门！可千万别老掉牙地叫“1、2、3”了。

用光、构图和姿势都比较到位的少女像
相机型号：富士 FinePix S602 ZOOM
快门速度值：1/125 s
光圈值：F3

稍微过曝的照片
相机型号：富士 FinePix S602 ZOOM
快门速度值：1/85 s
光圈值：F4.5

静态的姿势先建立在与模特儿的沟通交流上，让模特儿了解基本的平面演出仪态基础，然后搭配场景、色彩要素，来进行画面的构思，模特儿只要注意到姿势的基本要求，表情的自然变化，即可胜任。

对于没有经验的模特儿，我们通常需要一个姿势一个姿势逐一分析、讲解要诀与注意事项。

在试镜时，除了尝试找出模特儿的特点、给出摆姿势的建议、拍摄可发表的试镜照之外，也要思考需要拍摄的姿势的解说要素。

解说的重点是依照实际场景来说明身体的重心位置、肢体与场景搭配的考虑，姿势变化的方式，各种姿势肢体用力的方式及位置，摄影者构图的考虑等。

静态的姿势会较单调，若可以在单一姿势的基础上，考虑姿势的变化性，那么一个本来非常单一的姿势可以再衍生出具有不同感觉和差异的姿势。

例如，模特儿一个简单的拨动头发的姿势，便可以再衍生出十几种不同的差异及改变，让画面有更多的选择与变化。

平时可以欣赏一些优秀的人像作品，记住其中一些优美的姿势，拍摄的时候就可以派上用场了。

动感十足运动照

运动照是比较难拍好的，因为很多运动就是在追求速度的极限，摄影师必须以更快的速度捕捉精彩的瞬间。

首先必须要使用高速快门（配合正确的光圈以及ISO值）使运动的被摄者动作凝固。1/1000 s的快门可以把大部分运动记录清晰，有些数码相机具有1/2000 s或者1/4000 s以上的快门速度，对运动的凝固效果就更为理想。

高速快门使背景虚化，被摄的主体更加突出

低速快门使背景虚化，使作为拍摄主体的运动物体动感十足

拍摄还必需要有个提前量，在被摄者动作到位之前按下快门，加上快门时滞，数码相机最终记录的就是被摄者动作到位的影像。

建议利用数码相机的高速连拍功能，在运动员开始动作之前开启高速连拍，连续捕捉运动员的动作，直到动作完成，然后从中挑选出满意的照片，这样拍摄成功率会更高。

如果想拍摄具有动感的照片，可以使用追随拍摄的手法，这种方法对匀速水平运动的物体最为合适。具体操作方法是：在移动相机追随运动物体的同时按下快门，由于相机的移动，相机和运动物体相对静止。同样的，背景就相对变成运动的了。这样拍出来的照片主体清晰，背景被虚化成一条条的线，在线条的衬托下，主体显得动感十足。这种拍摄方法有一定的难度，操作的关键有3点：持稳相机、选择合适的快门速度、移动相机的幅度要恰当。快门速度的选择要考虑动体的运动速度和拍摄距离，有一点必须注意，就是不能使用高速快门。一般以1/60 s以下为佳，速度越慢，拍摄难度越高，但动感越强烈。

魅力四射舞台照

舞台上，演员们动人的表演，美妙的舞姿，让观众深深地陶醉其中。何不用数码相机把那丰富的肢体语言凝固下来呢？

拍摄舞台照需要注意的比较多，首先你要有一个好的位置，最好是前排的中间。当然，如果是非正式场合的演出，允许你在场地里随意走动，那就再好不过了。

其次数码相机镜头要拥有较长焦距和大光圈，两者的配合可以较好地进行人物特写拍摄，使主体外的前景和背景虚化，免受环境的干扰。

一般演出灯光都比较暗，这个时候尽量别使用闪光灯，而是把数码相机的ISO感光度调高，最好能调到ISO 400以上，这样不仅能有效地提高快门速度，定格人物，还能让光线昏暗的舞台充分曝光。因为演出场合一般不允许使用闪光灯，而且一旦使用了闪光灯，拍出来的照片就不能重现现场的灯光，也就没有了舞台特有的感觉了。

舞台表演的拍摄时机稍纵即逝，要把握好数码相机拍摄的提前量。

距离舞台较远的距离拍摄的话，就必须选用长焦距的镜头。而使用长焦距镜头拍摄，很轻微的抖动都会造成照片模糊。所以条件允许的话，尽量使用三角架拍摄。如果只能坐在座位上，那就使用独角架以稳定相机。

美妙的动作是转瞬即逝的，要善于捕捉。最好是先看一遍演出的排练，预先了解演员的动作，在正式演出的时候，拍起来就更得心应手了。

1. 正确测光

对于舞台特写镜头，建议影友们最好采用重点中央测光，拍摄时采用手动挡，并最好在演出前对舞台进行一个总体测光，看看大致的光线差别，设定一个比较中间的值。然后用长焦对人物的面部进行测光，在拍摄过程中根据舞台灯光的变化情况进行适当的曝光补偿。从剧场内舞台的各个区域来说，台中心前面一点最亮，一般比台边的亮度相差1～1.5级光圈。速度最好不要低于1/250 s，这样能够保证凝固精彩的瞬间，当然如果想拍出另类的效果也可以稍微降低快门速度。

合理取景，抓拍人物表情最生动的瞬间

2. 准确对焦和合理取景

在拍摄过程中，如果是重要的节目眼睛最好不要离开取景框，并最好开启连拍功能或是最佳拍摄模式，抓住每个稍纵即逝的瞬间。如果拍人物特写最好能找到表现人物个性的一个动作或表情。在拍摄过程中对舞台上不同位置用不同焦距段有一定的了解，才能得心应手地选取好的角度和构图。

通过上述介绍的一些技巧，想必你已经掌握了一些人像摄影的基本知识，接下来要做的事情就是拿起你的数码相机，尽情享受拍摄的乐趣吧。

文／图　蝴蝶树摄影·陈亮
周彦杉　李嘉　符倩　卜小春　曾和睦

微距摄影就是将一件细微的物品以超过1：1的大小拍摄出来，而这也正是数码相机的特长之一。微距拍摄控制得好，可以使常见的花鸟鱼虫等细小的东西别具一格，更具风味，同时也能随心所欲地表现摄影者在选题、构图、用光方面的创意。也正因为微距摄影能将日常不起眼的景物拍摄得异常生动和特别，因此一直是数码摄影发烧友所热衷的拍摄题目。

换个角度看世界

——微距摄影

使用器材：
CANON EOS 10D 数码相机
CANON EF100MM F/2.8 MACRO USM 定焦微距头

摄影原理——由于在进行微距摄影时，物距相对很短，故在设定相同光圈值的情况下，成像的景深就更浅，这也就造就了微距照片特有的蓬松、柔美的特性，而这种特性特别适合拍摄动植物特写。当然，根据实际情况，也可通过缩小光圈以获得更大的景深，使能清晰成像的范围扩大，例如在拍摄一些微型产品的商业产品照时。

摄影环境——在进行微距拍摄时，适当的光线非常重要，通常平行于被摄物体的光线可以更好地表现出物体的质感与色彩。如果光线不够，则可使用反光板或几张白纸进行补光，而尽量不要使用相机自带的闪光灯。这是因为在微距拍摄中，闪光灯通常会引起曝光过度，而且由于闪光灯的光线几乎是直射的，会使拍摄对象的质感显得生硬，缺少一份自然感。

摄影器材——一台带有微距拍摄功能的数码相机自然是必不可少的．现在的数码相机一般都有一个代表微距拍摄状态的“小花”状图标，在这种模式下进行摄影，数码相机会自动减小光圈、延长快门的时间。此外，因为快门时间延长，拍摄对象或者我们的手稍微抖动一下，都会造成对焦失准。所以为了达到最佳的微距拍摄效果，建议使用一部稳重结实的三角架，如果有条件的话还可以在数码相机上安装快门线，防止按下快门时的瞬间抖动。此外还可以准备一块纸板作为挡风之用。

在拍摄本文的这组照片时，没有带三角架，加上相机本身的重量，为了避免人为的抖动造成成像模糊，因此特意将ISO设定在400～800的范围，这样便可以使用较高的快门速度。不过最好的办法还是使用三角架，特别是对一般的数码相机来说，高ISO对图片质量的影响是相当大的。

小技巧 Tip

对于一些无法安装快门线的数码相机，可以使用相机内置的延时自拍功能，也可以达到同样的效果。

首先，选择了路边绿化带中很不起眼的一种植物（又名“观赏白菜”）来进行拍摄，主要想通过对它某些部位进行特写，以发现它平时未被人留意的一面和一种在微观下特有的美。

在拍摄前为保证图像的质量，先将相机的图片格式设置为RAW格式，这样有利于在后期通过专门软件对图像进行处理，且不会丢失过多的细节，从而获得想要的意境。这种处理通常通过调整图片的对比，曝光及色温等。

在这里建议大家，如果手中的相机支持RAW格式，为追求图片质量，就一定不要偷懒使用其他格式。因为RAW是CCD或者CMOS记录的原始数据，可以通过相应的专业软件（如Capture One Dslr PRO 1.3）进行调整，而这种专业软件的调整效果和灵活度都远远高于相机自带的一些场景模式设置，以及通过Photoshop进行的后期处理。

相机设置完后，便可以开始拍摄了。构图也非常重要，特别是在微距拍摄中，由于景深较浅，拍摄的主体在画面中就显得非常突出。如果构图不美，哪怕拍摄的主体再好看，再迷人，在出现了使用裁减都无法弥补的构图缺陷时，就非常遗憾了。微距的构图，除了摄影中常要求的精简外，更多地是需要与平面设计中的平面构成相通，这点对于有一定美术基础的人来说要容易些。说简单点就是组织好点、线、面在画面上的相对位置和相互的对比关系，通过线的走向，点的扩张，在画面中表达出一种力的延续，让本是静止的影像流动起来。

小技巧 Tip

尽量将微距拍摄的主体放在画面的黄金分割点上。

完成构图后，接下来就是调焦了，就目前的主流数码相机来说，其微距自动聚焦还是比较快，但在加装了DSLR微距镜头后，调焦就相对没有这么快了。

此外，由于没有带脚架的原因，加上机身与镜头重量的负担，难免在取景时有轻微的晃动，这时如果使用自动对焦，就会发现镜头在不停地拉风箱。这时可以直接使用手动调焦，先转动调焦环至主体大体清晰的位置，然后屏住呼吸，将头和相机一起前后轻轻移动，一看到主体在取景器中非常清晰时，马上释放快门即可。

文／图　李春晖

通过花瓣边缘自然的的形态，营造出生命向上萌发的力场
快门：1/400 s
光圈：5.6
ISO 速度：400
光源：自然光

通过花瓣边缘的形态，营造出螺旋扩张的力场。
快门：1/1200 s
光圈：2.8
ISO 速度：800
光源：自然光

通过花瓣尖端深色的部分，营造出由中心向外围放射的动态。
快门：1/1200 s
光圈：2.8
ISO 速度：400
光源：自然光

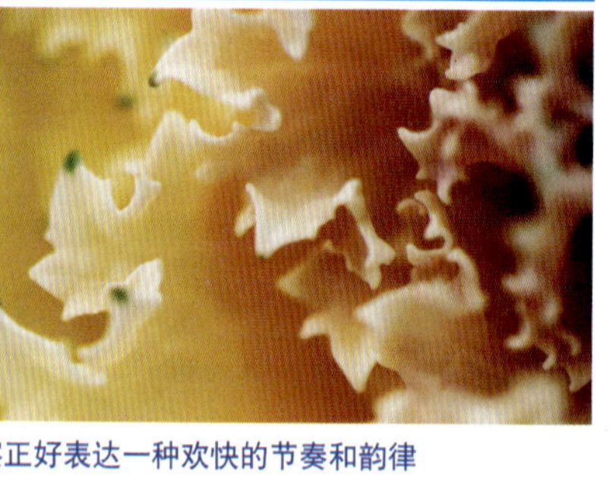

花瓣的边缘看似凌乱的线条，其实正好表达一种欢快的节奏和韵律

快门：1/1600 s　光圈：2.8
ISO 速度：400　光源：自然光

快门：1/4000 s　光圈：2.8
ISO 速度：400　光源：自然光

注意 Notice

不同的数码相机，其最短聚焦范围是不同的，有些可短至2cm，而有些则需要在10cm以外才能准确对焦，其具体数值可参见相机的规格表。

6 第六章 SIXTH CHAPTER

如果说DC的出现颠覆了我们的摄影方式，那么真正的革命也许更体现在后期的数字化处理方式上。

众所周知，在传统的摄影模式下，普通用户根本不需要、也不可能对后期制作环节作任何“干预”，需要做的只是将拍摄后的胶卷交冲印店了事，随后的冲洗和扩印流程绝对不在个人控制范围内，至于最后相片的效果和质量只有听天由命的份了。

数码摄影的威力和乐趣，与其说是体现了拍摄的便利性和经济性，还不如说是提供了主动参与的可能性，特别是强大的后期处理能力。它让我们可以随心所欲地控制好成像的每一个环节，更可以发挥每个人的聪明才智，把所有的想象和创意体现得淋漓尽致！

数码相片改头换面

customize Dc pictures

要对数码相片进行后期处理，首先要做的自然是把拍摄的相片传输到电脑里去。

输入数码相片

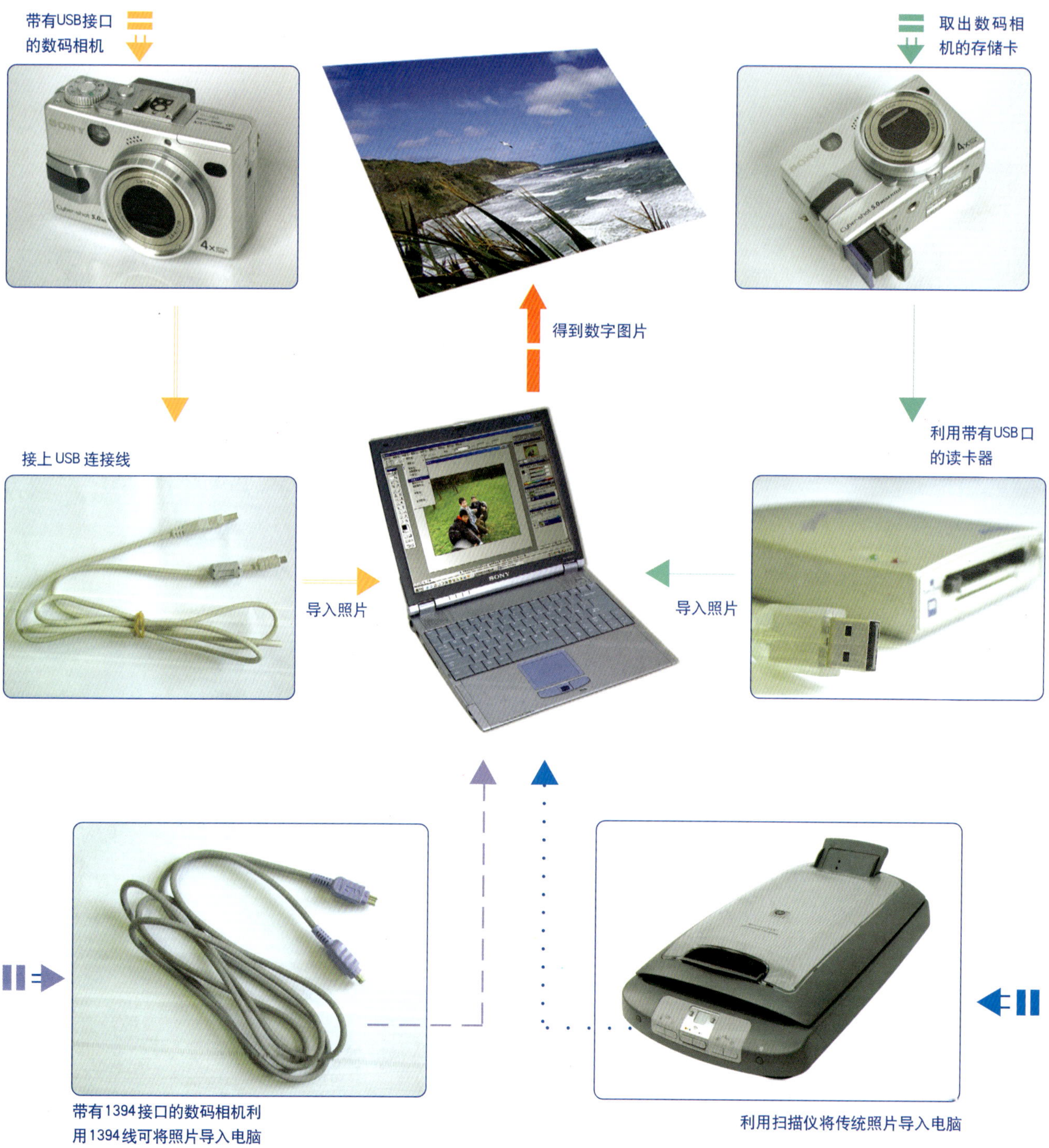

常见的相片导入方法有哪些？

现在的DC一般都提供了多种多样的输出接口，如USB接口、1394接口、视频输出接口等，更老式的机型还有串行接口，这里，将简单介绍如何通过这些接口传输相片供Photoshop使用。

我们先来看看常见输出接口的理论比较及相适应的用户群，比较结果如下表：

常见图片导入形式比较

连接方法	传输速率	适用环境
USB 1.1	12 Mb/s	中低档机型的标准配置，传输速率较慢，适合家庭和业余用户
USB 2.0	480 Mb/s	高档机型配置，传输速率较快，能满足专业用户的大容量数据输出
IEEE 1394a	400 Mb/s	高档机型配置，传输速率较快，能满足大容量数据及动态视频输出
IEEE 1394b	800 Mb/s	目前尚未普及应用，但发展前景较好
读卡器(USB1.1/2.0)	12 Mb/s、480 Mb/s	良好的兼容性是吸引用户的主要卖点，适合企业用户和发烧友

数码相机中的视频输出口一般用于连接电视机等视频设备，而串行接口在近年生产的机型中已不多见，这里就不再专门介绍了。

需要补充的是扫描仪的输入，其实哪怕是一张传统的相纸照片，只要经过扫描仪器导入电脑，就会彻底数字化了，再经“数码暗房”的打磨，将其纳入数码相片的范畴，也是一件合乎情理的事。

下面就以最典型的几种输入方法为例，介绍将数码相片导入电脑的简单流程。

如何通过USB接口导入相片？

目前数码相机采用USB接口，这已经成了“雷打不动”的标准配置（目前多数产品使用的是USB1.1标准，但相信很快就会被速度更高的USB2.0标准取代）。

1.为什么要用USB口？

数码相机问世之初，USB接口还是个陌生的概念，一般都通过串行口与电脑联机，并必须使用专门的软件进行相片下载。串行口的通讯速率非常低，所以尽管当时数码相机的像素还不太高，文件尺寸也较小，但要下载一幅照片也往往需要等待一段较长的时间。随着USB接口的普及，这种传输速率高、即插即用、支持热拔插的接口技术迅速地为绝大多数的数码相机生产厂商所采纳。

需要注意的是，USB接口的连接方式虽然只有一种标准，系统端（与电脑的连接端）的连接方式也仅此一种，但外设端（与数码相机的连接端）的连接方式却五花八门。这是因为小型数码相机的机身较小，厂家在设计端口时往往不得不考虑“占地面积”，于是在标准统一之前，情况难免有些混乱，甚至同一品牌不同型号的产品，接口形状也不相同。所以，很多相机只能使用其专配的USB通讯电缆才能工作。所幸后来USB标准化组织制定了用于小型设备的标准，USB接口形状才有逐步统一的趋势。

2.怎样通过USB口导入相片？

我们都知道，数码相机所拍摄的照片，是以文件的形式存储在相机内的内置存储器或存储卡中的，因此要把这些照片传送到电脑中去，首先要做的就是让电脑“认识”你的数码相机。最简单的办法是通过TWAIN方式连接，安装驱动程序后联机，让你的数码相机成为标准的TWAIN设备之一。

小知识 Knowledge

什么是TWAIN？

TWAIN是“Technology Without An Interesting Name”的缩写，它是应用软件和外部设备（如扫描仪）接口的标准，能够生成应用程序的软件也被称作TWAIN。任何与TWAIN兼容的外部设备都可由TWAIN兼容应用软件来控制。

小知识 Knowledge

常见相片存储格式有哪些？

数码相片都以特定的文件格式存储在各类移动存储卡中，并随着相片导入，保存到电脑硬盘空间中。数码相片以具体的文件格式存储时，都要被适当压缩以保证存储的空间尽量小。当压缩比增加时，可将指定影像文件压缩更小，但相片的细节也就会丢失更多，因此图片的压缩比会对最终的成像效果产生影响。

用数码相机拍摄时，一般的原则是：如果景物的色彩非常丰富、明暗过渡阶调多，宜选择低压缩比；用高分辨率拍摄时，可选择较高的压缩比。

常见的存储格式主要有以下几种：

JPEG 格式：这是数码相机应用最多的图像存储格式，属于有损压缩，数码相机选用压缩比往往在4：1～16：1之间。

Flash Pix 格式：这是由柯达、Intel等公司联合开发的存储模式，广泛应用于柯达轻便数码相机中。这种格式的文件在支持Flash Pix的图像处理软件中，具有显示快、复制快、传输快、加工快的优点，该格式下还记录快门速度、曝光、白平衡调整等信息。在一些数码相机上，以Flash Pix格式存储影像时，还可以选择是否使用JPEG压缩。

TIFF 格式：这种文件格式实际上是英文Taggen-Image File Format的缩写。它是一种无损压缩的文件格式，不会破坏文件数据，更不会劣化文件质量，但压缩比非常小，只有2：1。这种压缩方式仅出现于较高档的数码相机中。

GIF 格式：GIF是英文Graphics Interchange Format的缩写。这是Web页上使用最普遍的图形文件格式，有极少数低像素的数码相机拍摄的影像文件可以该格式存储。

MPEG 格式：MPEG(Motion Picture Expert Group)是活动视频影像压缩标准，该标准被极少数兼具摄像功能的数码相机采用。如果将数码相机处于该格式下拍摄存储，那么所拍摄影像可动态播出。

EXIF 格式：EXIF是Exchangeable Image Format(可交换图像格式)的缩写，它是由日本电子信息技术工业协会制订的如数码相机和打印机等设备广泛使用的一个国际标准。

目前的大多数看图工具软件均支持以上文件格式。

采用USB接口，常用的传送方式是直接读入。

Step 1：将数码相机采用USB接口连线接入电脑后，系统会报告发现新硬件，并同时安装USB端口支持程序（某些产品在Windows 2000/XP下甚至不需要安装端口支持程序）。

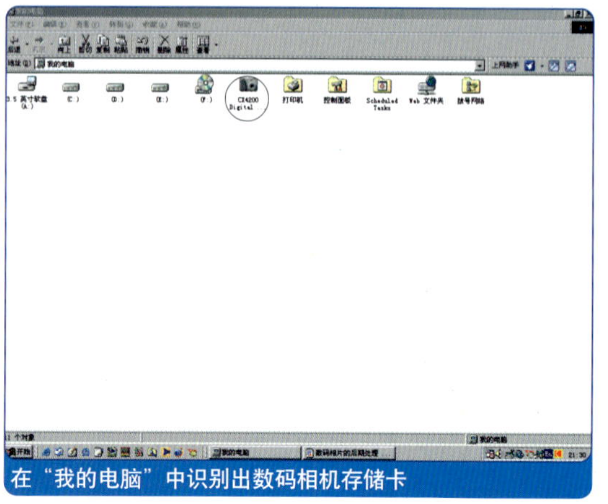

在“我的电脑”中识别出数码相机存储卡

Step 2：在“我的电脑”中就会多出一个移动磁盘，这就是系统识别的数码相机的存储卡，我们可以像操作一个普通硬盘分区那样直接对它进行读写。

小技巧 Tip

活用数码相机USB接口

随着USB接口的普及，我们可以把数码相机模拟成一个可移动硬盘，采用数码相机支持的存储卡来临时保存我们的各类文件。实际上，无论是数码相机还是下面将要提到的读卡器，在电脑中都可以表现为一个可移动磁盘。

注意 Notice

使用USB接口导入相片时，操作过程中一定要保持数码相机为开机状态，否则系统将无法进行自动识别。

如何通过读卡器导入相片？

在数码相机以及其他数码产品如MP3、数码摄像机、游戏机、PDA、电子乐器等大行其道的今天，作为必需配件之一的储存卡，也是百花齐放、争奇斗艳。

1. 认识读卡器

各厂商为了使自己的产品具有一定的特色，也为了得到更多的市场，选择的规格往往是五花八门，互不通用，根本不考虑所谓的兼容性，在一定程度上影响了各种数据的交换与储存设备共享。于是，能够将众多形式的储存卡兼容的读卡器就应运而生了。

现在，读卡器除了提高了相片输出的效率，还扩展了对各类存储卡的兼容性。目前流行的几大类存储卡都各有其优缺点，容量大小也有不同的限制，确实令人眼花缭乱。试想一下，如果家里同时拥有数台品牌、档次不一的采用存储卡的数码设备，大大小小的存储卡弄了一大堆，此时倘若由一台读卡器来“兼收并蓄”，是不是便利多了？

这就是一款采用USB接口的8合1读卡器，能够兼容现在市面上几乎所有的存储卡类型

由于技术的发展及用户对速度的要求越来越高，目前读卡器的发展趋势已相当明朗，一是多合一，兼具各种规格的插槽；二是传输接口应用USB2.0标准，使传输速度更快。

2.哪些用户适合用读卡器？

对绝大多数的家庭用户而言，读卡器并非必要配件。但对于专业用户、企业用户和发烧级玩家来说，读卡器的重要性却是不言而喻的（试想有多块存储卡在手，却要等待一台数码相机导入，时间都浪费在读卡上，好多美景都擦肩而过，遗憾啊）。而对于手中相机机型较老的用户，由于只配备了串行接口，倘若要输出几十MB的相片，实在是很不方便，此时借用USB接口的读卡器就会大大提高效率。

3.如何使用读卡器？

读卡器的使用很简单，只需装好驱动程序，重新启动机器，在系统的“我的电脑”中就会出现一个移动磁盘（某些多合一产品会出现至少两个移动磁盘，如SD、CF卡兼容的读卡器），操作方法跟一个普通硬盘无异。

如何通过1394接口导入相片？

与慢吞吞的串行口相比，USB接口的速度已经很快了。但随着更高档次的相机问世，特别是动态影像数据的传输，文件容量急剧扩大，USB传输接口也有力不从心之感。于是，以前仅在数码摄像机上采用的IEEE 1394接口也被移植到数码相机中。当然，配置有1394接口的机型一般都是各厂商的顶级机型，价格不菲。

4针1394接口

众所周知，IEEE 1394是一种外部总线标准，支持的数据传输速率峰值可达400Mb/s，比较适合对速度要求较高（如高分辨率图像、音频流及大容量视频文件）的外围设备。不过，现在IEEE 1394接口的价格已经相当便宜（不足百元），很多主板上已经“内置”，今后可望成为系统的“标配”。

需要强调的一点是，我们目前所指的IEEE 1394技术，实际上指的是“IEEE 1394a”标准，而目前尚未真正普及的“IEEE 1394b”标准，能将传输速率再增加一倍，达到惊人的800 Mb/s。

IEEE 1394技术同样符合业界的热插拔标准，只要将它在关机状态插入电脑，开机后系统就会立即识别并为它安装驱动程序，使用上相当便利。从用户角度而言，具体操作上和上述的USB接口产品是一样的，这里就不再重复。

如何通过扫描仪导入相片？

由于价格一再飞速下调，扫描仪早已脱去了华贵的外衣，大踏步地走入寻常百姓家，为人们的生活平添了不少的乐趣。

众所周知，扫描仪的光学分辨率决定了图片的扫描质量。另一个重要指标是色彩的位数，又叫色彩分辨率或色彩深度、色阶。分辨率越高，扫描的结果越精致，体现的细节内容也越多；色彩的位数越多，扫描结果越接近原件，色彩的亮度、饱和度、层次感也越好。

下页图均是由同一张图片采用不同的色彩分辨率进行扫描得到的，将扫描得到的图片右上一角均放大到原图的120%，即图的A区放大为图的A′区，图的B区放大为图的B′区，图的C区放大为图的C′区，可以发现，采用的扫描色彩分辨率越高，得到的图片颗粒越小，精细程度越高。

早期的扫描仪多使用并行接口和SCSI接口，而目前则以USB接口为主，同时也有向1394接口靠拢的倾向。

通常情况下，家庭用户的扫描仪的分辨率不会很高，如果想得到性能尽可

以150dpi的色彩分辨率扫描图片

小技巧 Tip

如何确定扫描的尺寸和分辨率？

具体的操作方法是，先考虑需要扫描的相片后期将进行怎样的处理，然后再据此进行推算。

例如，最终要输出的作品的尺寸为8(宽度)英寸×6(高度)英寸，分辨率为600 dpi，但原始照片的尺寸仅为4(宽度)英寸×3(高度)英寸，此时就必须将分辨率提高1倍，也就是以1200 dpi的分辨率来进行扫描；而相反的，如果最终要输出的作品的尺寸为4(宽度)英寸×(高度)3英寸，分辨率为600 dpi，但原始照片的尺寸却是8(宽度)英寸×6(高度)英寸，那么使用300 dpi的分辨率来扫描就可以了。

能优异的图像质量，那就得“榨干”扫描仪的“每一滴油水”，把光学分辨率尽量设高，竭尽全力得到最大的图片信息。但我们也要明白，无论如何校正系统和扫描仪，最终扫描出来的图片在色彩的还原度上总要打些折扣，和原作多少有些差别，这都属于正常现象。

作为用户，使用前同样需要先安装驱动程序，然后由图形处理软件通过调用TWAIN接

以600dpi的色彩分辨率扫描图片

以1200dpi的色彩分辨率扫描图片

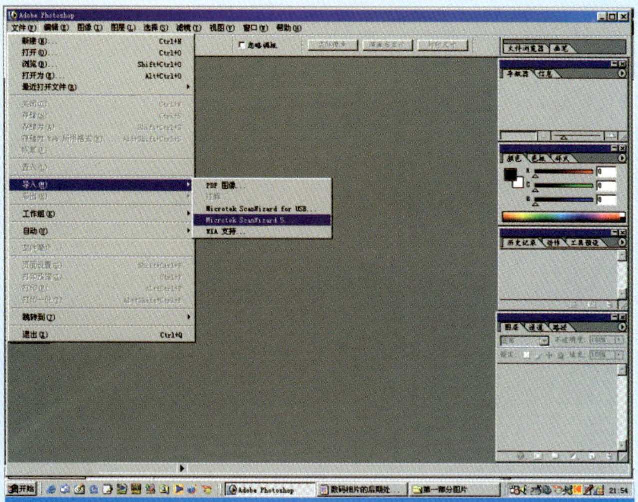
在Photoshop 7.0中选中利用扫描仪导入相片

打开扫描的程序界面作进一步的设置

口来导入图像文件。例如，在Photoshop 7.0中，依次点击下拉菜单"文件"→"导入"项，程序就会自动识别当前接入的扫描仪品牌、型号，并将该信息反映在菜单中，选中菜单项后将直接调用扫描程序。

在正式扫描前，我们可以先对扫描区域的尺寸、画质（亮度、对比度、饱和度等）进行调整，并通过预览效果检查设置的合理性，然后再单击"扫描"按钮进行正式的扫描。此后，待扫描的传统相片就会自动传进Photoshop中。

文／图 马 瞻

小知识 Knowledge

什么是光学分辨率？

光学分辨率是指扫描仪的光学系统采集到的实际信息，也即感光元件CCD的实际分辨率，它是衡量扫描仪档次的关键指标之一。分辨率的单位为dpi，也即每英寸的像素点数。目前常见产品的光学分辨率为600×1200 dpi和1200×2400 dpi。在家用级型号中，1200×2400 dpi为主流产品。

小知识 Knowledge

什么是色彩的位数？

色彩的位数是表示扫描仪分辨色彩或灰度的细腻程度的指标，其单位为bit（位），其含义是用多少个位来表示扫描得到的一个像素，位数越高，就可以得到更大的动态范围，对色彩的区分更细腻，颜色也更逼真。目前市场上的家用级产品多为42 bit，但48 bit的产品也正在逐步普及。

学会看图

要为数码相片"改头换面"，从数码相机中导入相片是第一步，而接下来要做的并不是马上进行图片处理，中间还有一个重要的环节——看图。对于新手来说，刚开始拍照，相片效果常常不能尽如人意，但究竟有哪些需要调整，又没法说得太清楚。看了本节的内容后，也许你会"茅塞顿开"哦！

从失败作品谈起——好相片的三个标准

首先让我们来看一张相片。这是一幅满是鲜花的图片，缤纷的色彩，让人感觉身处在一片花海中，其实这是一张相当"失败"的作品。

为什么说它失败呢？还是从这张相片的拍摄经历谈起。这幅相片是在公园花卉区一角拍摄的。在拍摄的初期，摄影者只是觉得各种花卉颜色交错比较漂亮，于是就迅速按下了快门，拍摄时还误选中了16张连拍的模式。

导入图片后，我们将相片的一角放大，可以发现这张相片对焦并不准确，图片有模糊的现象存在。同时，相片中所拍摄的各个花朵大小、形状都差不多，分布也显得没有层次感、立体感。这幅相片总体给人的感觉就像是在堆砌色块。另外，繁杂的画面，较大的色彩反差，大大降低了我们细细观察、品味这幅相片的兴趣。

学会看图，首先就要看这是否是一幅好相片。那么，好相片的标准又是什么呢？

通常提到的好照片的标准有三个：

第一，一幅好的相片要有一个主题。

第二，一幅好的相片要有一个吸引人眼球的主体。

第三，一幅好相片拍摄的画面要简洁。

符合上述三个标准的相片，就可以称之为好的相片。下面，再让我们来观察比较几幅成功的作品。

将相片的一角放大

翔：这是一幅黑白运动照片，所要表现的是人物玩滑板，在半空中跃起的瞬间。从人物的动作以及使用的物品，我们可以很容易地理解到画面的主题。同时，整幅相片中以跃起的人物为主体，通过他的动作姿态，以及肢体给人的“不平衡感”，很好地抓住了我们视线。图片下方摄入的房屋、树木的一角，更有效地表现了一种空间感，整个画面构图简洁，人物主体清晰。

启航：这幅照片所表现的是飞机即将起飞的瞬间。飞机的机头以及前轮已经离开地面，准备飞向云霄。整幅图片以画面正中的这架客机为主体，利用画面顶部的天空部分，画面底部的跑道部分有效地表现了空间感。画面顶部的天空部分又起到了适当“留白”的作用，使本来几乎要“充斥”整幅画面的主体——客机显得不那么突兀；画面底部的跑道部分又给客机以“衬托”。

跃龙门：这幅图片中的主体是一个双鱼的雕塑。雕塑中两条鱼以同时跃龙门的姿态出现，虽然是静止的雕像，却表现出跃动的感觉。画面刻意在双鱼雕塑的周围摄入的大量透明水珠，更增添了鲤鱼跳出水面，水花四溅的临场感。虽然画面中水珠较多，但拍摄时将焦点集中在双鱼的雕塑上，使主体更为清晰，而水珠的存在更衬托了整体的效果。

众星拱月：这幅照片以鲜花为主题，图中共有两朵花、两个花苞，但我们在观察这张照片时，自然而然会将注意力集中在图中央的这朵红蕊白花上。为什么呢？第一，这朵红蕊鲜花位于整幅照片的中央位置，其在整幅照片中所占的成像比例也最大，第二，拍摄时将焦距集中在这朵红蕊鲜花上，它的清晰度最高，花形显得较为饱满，色彩也相对较饱和。周围的花苞与花朵对主体起到了烘托的作用，使红蕊鲜花这个主体不致显得太孤立。

精益求精——观察照片的细部

满足以上好照片的 3 个基本标准，就意味着照片成功了一半。现在我们要做的，是仔细观察照片的细节，做到精益求精，也对我们后期的图片处理确定了一个大致的方向。

1. 从哪些细部进行观察

观察照片的细部可以从以下几个方面入手。

（1）清晰程度

在这张照片中，乍一看，手机的轮廓还是比较清晰的。但当我们将图片放大后可以发现，按键上标记的数字相当模糊，有重影的现象发生。可能是手持相机拍摄时，在对焦过程中发生了轻微的抖动。出现模糊现象的照片，一般情况下很难通过后期处理进行调整。

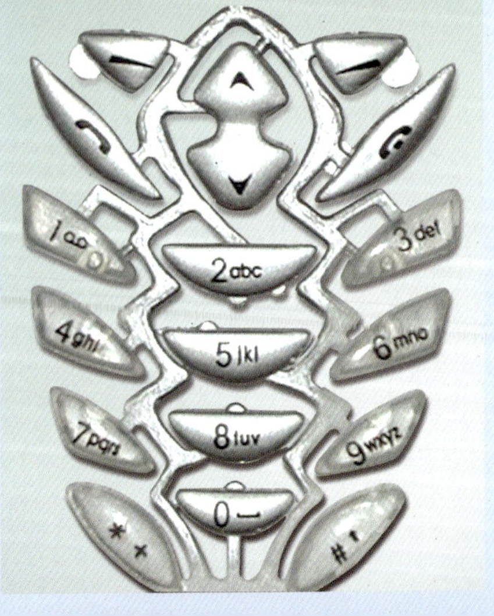

对比这一张拍摄手机可换彩壳按键的照片，整机轮廓和按键中的数字标记同样清晰。而且考虑到该款手机按键呈半透明状态，拍摄时选择将镜头与按键垂直的角度进行拍摄，使按键上的亮度适中，光线比较均匀。当然要使投射在照片主体的光线完全均匀，有条件的用户最好使用摄影灯具来照明。

应该说，照片是否清晰，对初学者而言是检查照片拍摄质量的首要标准。实际上，在拍摄过程中就有检查的机会：在每次拍摄完成后，我们就可立即通过相机自带的LCD液晶显示屏观察所拍摄的照片是否清晰。也就是说，一些画面明显模糊的照片将被直接删除，而不会导入电脑。但由于数码相机自带的液晶显示屏尺寸不大，回放检查图片时不够仔细等原因，一些画面细节出现模糊的照片仍然有被导入电脑的可能。这时就需要我们进行再一次的检查筛选了。

（2）检查照片的亮度

我们在前面的拍摄技巧中专门有内容介绍如何协调景物与光线的关系，在拍摄当中，我们可以通过使用恰当的曝光模式，调节合适的曝光补偿值，使用闪光灯等方法来加强或减弱拍摄时的光照。在查看所拍摄的照片时，也应该检查照片的亮度是否满足照片主题、主体的需求。

例如，在拍摄物品时，若整幅图片亮度不够，物品背光的部分就会呈现一片乌黑，根本分不清背景和物品；而当整幅图片亮度过高，则物品反光的部分就会趋于白色，细节丢失殆尽。这样的照片即使主题、主体都很突出，也不能称之为成功的作品。

（3）色彩情况

拍摄彩色照片后，观察照片的色彩是否还原真实，色彩饱满，对比适度，颜色的搭配协调等，也是非常重要的检查内容。

当然，在某些具有创意的商业摄影中，也会采取夸张、变形、偏色等方法来增强表现力。不过，对于初学者来说，要马上达到创意摄影的程度并不现实。所以这里，我们还是以拍摄、观察、处理还原真实的照片为主。

检查照片的色彩情况，最好的方法就是用照片与拍摄的主体，从颜色、形状等方面进行对比，这也需要我们在平时注意培养我们对色彩的鉴赏力。

以手机按键作为拍摄的主体，但是由于在拍摄时没有注意控制，使得图片下方一些背光的部分完全变黑，根本无法将物品与背景分离；而某些按键的反光部分又曝光过度，趋于白色，细节已经丢失。从图中我们可以看到，曝光不足、曝光过度的部分均占有较大比例，整幅照片不成功。在进行后期处理时，可着重对亮度／对比度进行调节。

这幅照片采用微距拍摄花卉，由于曝光不足，使得整幅图片偏暗，花卉原有的粉紫色也显得黯淡了不少。拍摄时，从正对花卉的偏右侧取景，花形变为椭圆形，产生畸变。原本粉紫色花瓣搭配黄色花蕊，在颜色搭配上比较协调，但拍摄时选择的花蕊中出现其他杂色，并有红色花瓣散落，影响了花卉成像的美观。如要进行后期处理，可着重对照片的亮度／对比度，色相／饱和度进行调整。

同样是一张拍摄物品的照片，这一张的效果就明显优于前一张。画面所要表现的主体是一部 Nikon 相机的液晶显示屏。照片有效避免了因为液晶屏本身反光而出现的“光斑”现象，使整个液晶屏看起来亮度均匀，显示屏中的参数和画面显示都较为清晰。显示屏周围的按键虽然处于辅助地位，但也没有出现过曝或亮度不够的问题。

这一幅花卉照片就显得鲜活了许多。从整体色彩来看，绿色、黄色、粉红色搭配协调，色彩的亮度适中，显得鲜艳饱和又不失清爽。主体花瓣上留下雨后的水珠，晶莹剔透，不含杂质，给人一种清风拂面、暗香轻送的感觉。拍摄时，从与主体花朵几乎平行位置的取景，照片中的花瓣呈现出多种角度，层次感比较强。

（4）寻找创意的空间

将数码照片导入电脑后，除了能使用图形工具软件对照片进行修补外，我们还可以对照片进一步加工，让平凡、普通的照片焕发出不平凡的光彩，这就是对图片的创意加工。因此，我们在检查图片整体效果、细节情况的同时，也可以留心，看看是否能够在后期处理中发挥创意，也就是所拍摄的照片中是否有可供大家发挥创意的空间。

例如，新闻纪实性的照片就不太适合作创意，而对于一些运动照片，相对的，我们更容易有所发挥。

当然，对数码照片进行创意处理，并不是每个初学者都能马上上手操作的，需要大家在平时注意培养美术功底和使用图形工具软件的熟练性。

常见照片浏览工具软件

如果不习惯使用数码相机配送的工具软件或LCD来查看照片怎么办？其实，我们还有一些常见的看图软件可以选择。

1．ACDSee

使用ACDSee来查看图片，目前很多用户都有这样的习惯。

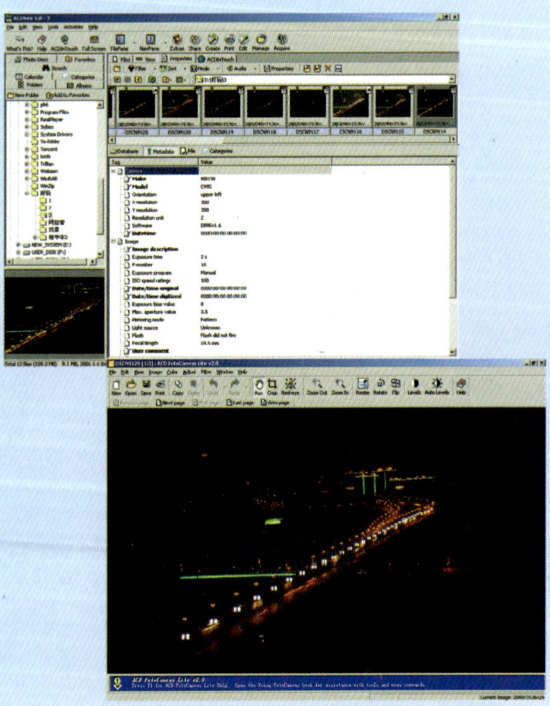

ACDSee还针对目前数码相机、扫描仪应用的逐步普及，增加了数码照片快速导入、便捷查找、更名组织、随机预览等功能，并利用照片的属性记录下拍摄时的重要参数。此外，利用ACDSee的ACD FotoCanvus Lite组件，还能在前期对数码照片进行简单的处理，如图片裁剪，白平衡、对比度调整，去除红眼，锐化效果，浮雕特效，图片旋转等。

2．Adobe Photoshop Album

Adobe Photoshop Album是由Adobe公司推出的数码图像查找和管理软件。这款软件主要针对数码相机而推出，使用它能够方便地对自己的照片进行分类管理、快速地浏览和查看，并能通过刻录光盘，发送电子邮件等方式和朋友分享照片，功能类似于数码相机配送的工具软件。同ACDSee一样，它也能对照片进行简单的矫正处理。

3．PFS Manager

PFS Manager的浏览功能类似于ACDSee，但它能比较直观地将数码照片的参数陈列在主窗口的右侧或下方，只要我们用鼠标选中某张照片，相应的参数如数码相机型号、拍摄日期、精度、尺寸、快门速度、曝光形式、焦距等内容就会立即显示。

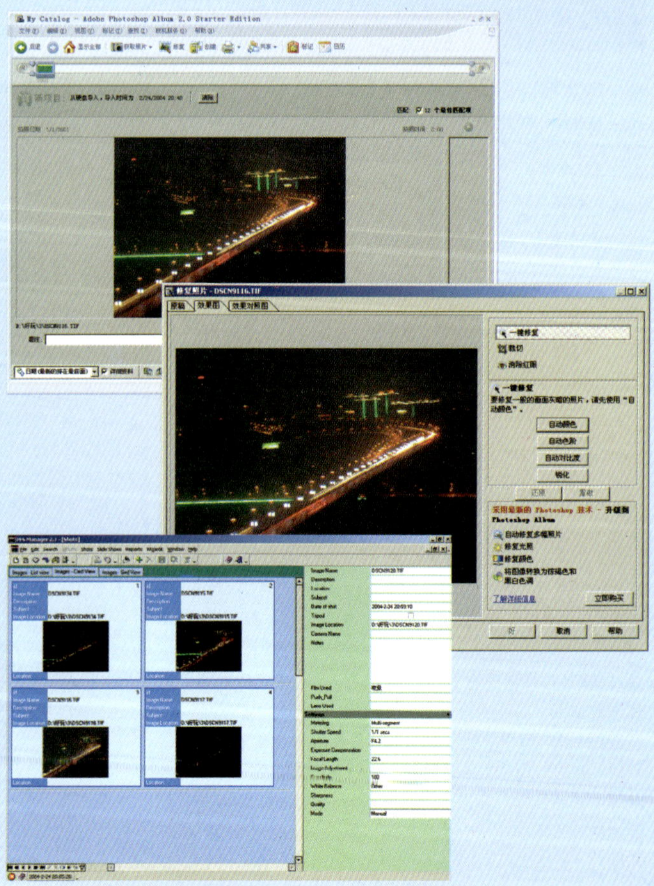

按需处理

看了自己的作品，是不是还有不满意的地方？弃之可惜，食之又无味？没有关系，现在我们就开始正式对图片"改头换面"，务求我们的相片能够充分满足我们的各种需要。

在前面的内容中，我们已经简单介绍了以ACDSee为例的专用看图软件对相片的调整方法。这里就选用功能更为强大的Adobe公司的Photoshop 7.0做更进一步的处理。

调整相片的尺寸与精度

1．换个方向更"好看"

对一张照片的处理，首先从调整它的尺寸和精度开始。几乎所有的数码相机的默认拍摄模式都是4：3横版拍摄，这一符合黄金分割比例的尺寸也正好对应了几乎所有的电脑显示器及电视机屏幕尺寸。

不过，在拍摄过程中，我们也经常会将相机竖起来取景，拍摄一些"顶天立地"的竖版照片。但导入电脑后，这些竖拍的相片仍然以横版显示，这给我们的观看带来了不便。此时，我们可以利用Photoshop 7.0把照片旋转90°调整过来。

操作方法：点击下拉式菜单"图像"→"旋转画布"，选用90°顺时针旋转命令即可。同时这里还提供了90°逆时针，180°顺时针／逆时针旋转方式，怎么转就看自己高兴了！

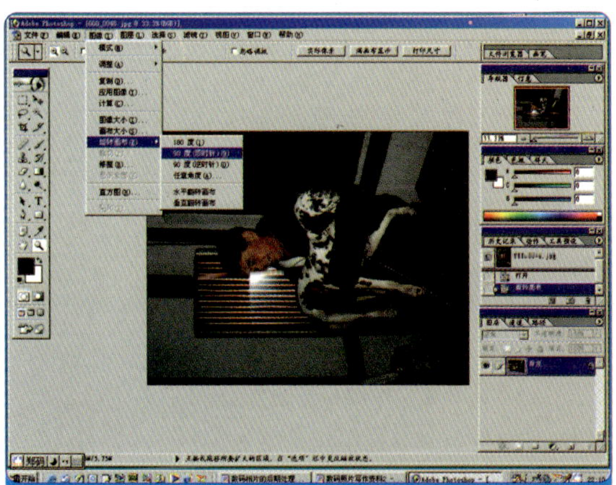

采用旋转命令将照片竖起来

2．"清晰"一瞬间

对数码相片而言，常用的输出结果有打印输出、网页输出、形成壁纸、制作电子相册等几类，他们对于图片尺寸和精度的要求不同，但操作类似。

Step1：点击下拉式菜单"文件"→"打开"，选择一张待处理的照片。

Step2：点击下拉式菜单"图像"→"图像大小"，将弹出详细设定的对话框。

打开一幅待调整的数码相片，准备调整图片大小

弹出图像大小的设置窗口

Step 3：在“图像大小”窗口的下半部分对“文档大小”提供了三个调整项：宽度、高度和分辨率。

小知识 Knowledge

什么是分辨率？

分辨率是表示平面图像精细程度的概念，通常是以数字图片中横向和纵向点的数量来衡量的，表示成水平点数×垂直点数的形式。在一个固定的平面内，分辨率越高，意味着可使用的点数越多，图像越细致。分辨率有多种，在显示器上有表示显示精度的显示分辨率，在打印机上有表示打印精度的打印分辨率，在扫描仪上有表示扫描精度的扫描分辨率。

●显示分辨率：是显示器在显示图像时的分辨率，分辨率是用点来衡量的，显示器上这个“点”就是指像素(pixel)。

●打印分辨率：直接关系到打印机输出图像或文字的质量好坏，用dpi(dot per inch)来表示，即指每英寸打印多少个点。

●扫描分辨率：决定扫描仪性能的主要因素有三个——扫描分辨率、最大扫描页面、颜色位数，通常扫描仪的光学分辨率从300×600 dpi到1000×2000 dpi。

注意 Notice

数码相片的总像素在拍摄时已经由相机本身设定好了，导入电脑后虽然我们也可以通过工具软件对图片进行手动修改，但修改后的图片其总像素不会增大。

在不损坏图片的情况下(即保持当前图片大小不变)，可以发现分辨率与图片宽度、高度成反比关系，当分辨率提高后，图片尺寸(宽度×高度)将会相应缩小(图片文件大小=图片宽度×图片高度×分辨率)。

如果强制同时增大图片的分辨率和尺寸，则在增大图片文件大小(分辨率提高1倍，文件大小增大约3倍)的同时将降低图片本身的质量。

图片尺寸和分辨率在图片大小不变情况下成反比关系

强制改变图片尺寸和分辨率，在同样的精度下图片的质量明显下降，右图出现“马赛克”现象

(1)调整打印尺寸

精度的调整是由分辨率来担当的，提高精度的同时，也加大了文件的容量。例如，原相片的分辨率为230 dpi，文件容量仅为2.55 MB，但当相片的分辨率提高至600 dpi后，文件容量扩大到了17.4 MB。当然，高分辨率对打印输出还是很有好处的。对打印输出而言，最重要的是确定需要的是什么尺寸，也就是“图像大小”窗口中，“文档大小”下的“宽度”和“高度”。

倘若我们要打印一张6英寸的照片，可将对话框中“文档大小”下的“宽度”设为6，将单位设为英寸，并选中左下角的“约定比例”，这样Photoshop将自动完成图片尺寸的转化。

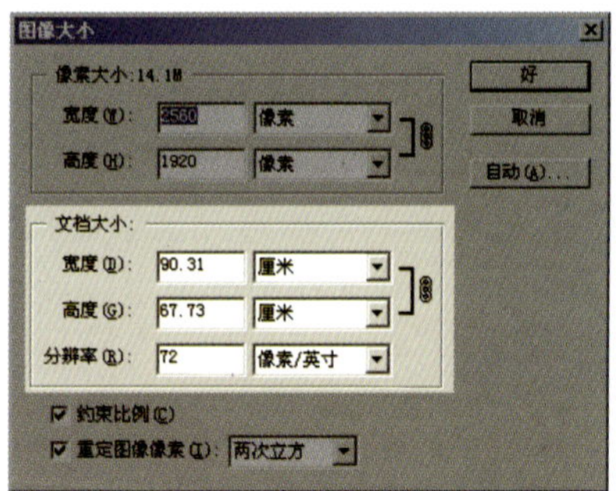

图片原始尺寸以及分辨率

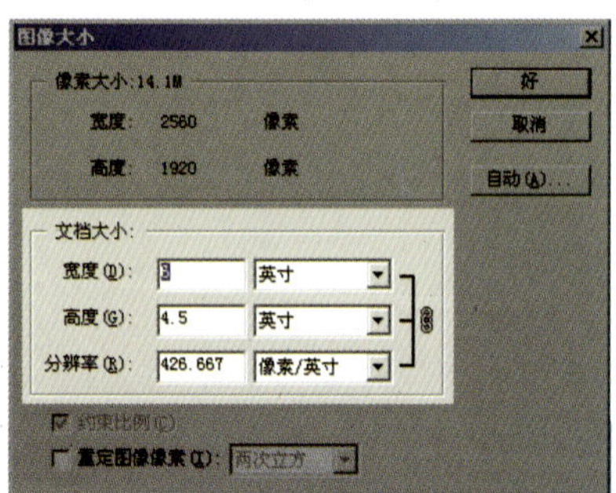

在保证图片大小不变情况下，设置图片打印尺寸

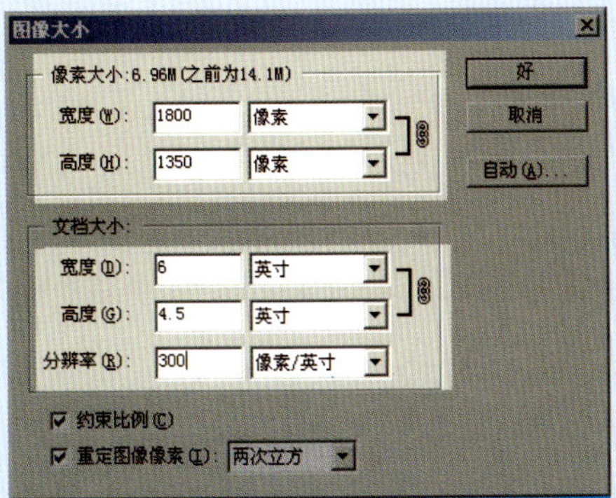

同时规定图片打印尺寸和分辨率，文件大小发生变化

(2)保存网页图片

Step 1：确定网页图片分辨率。

要用于网页中的图片也需要先调整分辨率和尺寸。这和前面的操作相同。由于网络应用对文件的容量大小一般都要求做到“体态轻盈”，在不牺牲宽高尺寸的前提下，只有以减少像素、分辨率的手段来达到目的了。举例来说，常见的两百万像素级数码相机可拍摄1600 × 1200 dpi大小的照片，文件尺寸为700 KB左右，倘若将分辨率降低为100 dpi，像素大小则降低为约700 × 500 dpi。

一般情况下，分辨率每降低一倍，像素大小也相应地减少一半，考虑到网页文件的大小和访问速度，网上使用的图片分辨率多为96 dpi。

Step 2：点击“文件”→“存储为WEB所用格式”菜单项，轻松地为网页优化图片，甚至直接设计网页。使用这种保存方式，图像显示区可实现“原稿”、“优化的”、“双联”和“四联”四种显示模式。

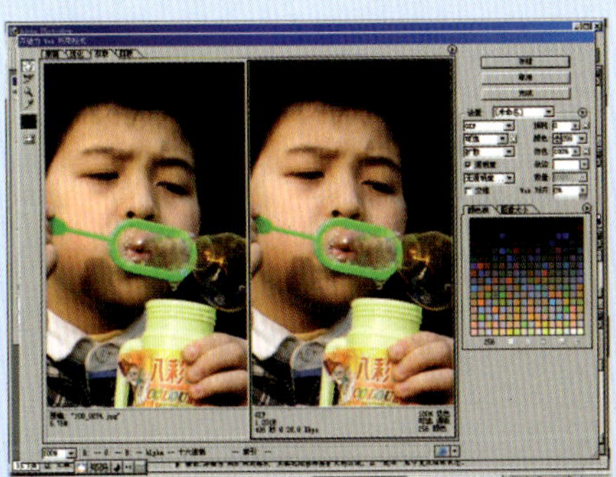

以四联方式显示图片，为处理网页用图片做准备

其中，“双联”模式可以同时显示原稿和优化后的图片效果，“四联”可以显示除了原稿和优化以外的图片品质(优化品质分别为1／2和1／4)外，同时还可以显示出优化后的图片容量，并以某一上网速度(可由用户设定)为基准计算出传输时间，使得网络图片的应用变得异常方便轻松。

(3)设置壁纸

如果要将数码相片存为壁纸，那么就需要提高照片的精度，以适应电脑屏幕纤毫毕现的高解析能力，当然，这也会占用较大的硬盘空间。

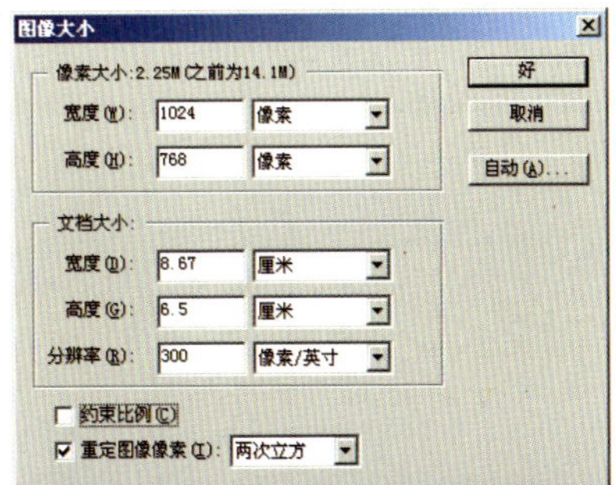

按照显示尺寸进行调整

Step 1：确定壁纸分辨率。

由于我们常用的显示分辨率是：640 × 480 dpi、800 × 600 dpi、1024 × 768 dpi，所以在调整壁纸尺寸时根据显示器设置即可。对不符合屏幕尺寸的图片进行构图裁剪，以保证照片在全屏幕显示模式下不变形。例如，当前的显示分辨率为1024 × 768 dpi，那么就应该通过“图像大小”命令的“像素大小”将照片调整为：“宽度”为1024，“高度”为768，单位为“像素”，并去除左下角的“约定比例”选项，单击“确定”按钮即可。

Step 2：保存为图片文件后(多为JPG格式)，设置为壁纸。

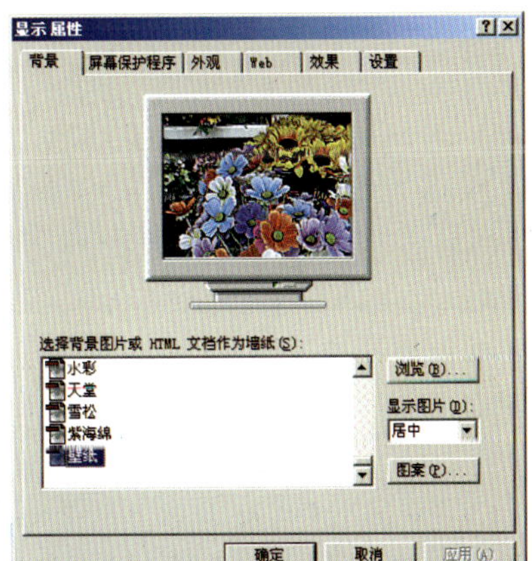

打开处理后的图片作为壁纸

(4)制作电子相册素材

作为电子相册的素材，一般主要是在构图方面进行调整(当然必须在保持“约定比例”的情况下)，不需要过高的分辨率，一般两百万像素以上档次的相机所拍摄的照片，可以直接使用并得到令人满意的效果。

目前常见的电子相册一般均压缩生成为MPEG格式，而且能在电视机上回放。

一般，VCD格式的大小仅为352 × 288，原图的分辨率再高，经MPEG压缩算法的损耗，优势也会消失殆尽。而DVD的分辨率可达720 × 576，目前已有流行的趋势，可以适当地提高一些原图的精度。但目前的大部分视频制作软件是不支持分辨率超高的照片的，而且文件容量越大，压缩生成的时间也越长，所以在调整时还应该考虑到使用的处理工具和电脑性能。

调整亮度与对比度

无论是传统照片还是数码照片，包括扫描照片，都会不同程度地存在由于曝光不足或者曝光过度而造成画面过暗、过亮的情况。尤其是数码相机，由于使用液晶屏取景器，在白天或明亮场合拍摄时，初学者更无法准确地判断光照效果。所以，后期处理时对照片的亮度和对比度进行调整就显得非常重要了。可以这么说，如果亮度和对比度的调整得法，可以将一张拍摄失败的照片从濒临报废的绝境中挽救回来，大有起死回生的神效。

图例中左上方的照片原件明显曝光不足，整张图片较暗，人物和景物几乎无法区分，而右下方的图片经过对亮度和对比度的简单调整后，画面层次丰满了许多，已能基本满足观赏的要求了。

调整亮度和对比度的办法有很多种，但常用的有以下三种：

Mode 1：打开“图像”→“调整”→“亮度/对比度”命令，通过调节“亮度”和“对比度”两个滑杆来对照片进行修改，只要选中“预览”

可以滑动调整亮度以及对比度，原始状态下滑块居中，向右滑动可以使图片更明亮、色彩对比更强烈

采用曲线方式调整，更为细致，但操作时需要有一定的图形处理基础，否则不容易把握

选项，还可以实时地看到调整的结果，非常直观。

适合用户：初级用户，可以根据个人感觉调整。

Mode 2：通过“曲线”命令，同样也可以完成对亮度和对比度的调整。从某种程度上来说，“曲线”功能可能还更好用一些，可以调得更加精细准确。

办法是：打开“图像”→“调整”→“曲线”命令，在弹出的窗口中，可以通过轻点鼠标在对角线上增加控制点，拖动控制点上下左右移动，可以很直观地调节RGB通道的曲线值并实时得到处理结果。同时，我们还可以按“自动”按钮进入“自动颜色校正选项”进行色彩校正，可以提高工作效率。

适合用户：对Photoshop使用较为熟练用户，有一定的图形处理基础，能够协调通道等多种参数。

Mode 3：打开“图像”→“调整”→“色阶”命令，可以对图片的亮度范围以及红绿蓝通道分别进行调节。这是一个动态的曲线峰值图，滑动下方的那些小三角定位点，可以改变“输入色阶”和“输出色阶”的值，并在画面中实时得到调整后的结果，并直观地体现了亮度、对比度的相互关联。

适合用户：较为专业的用户，调整最专业、最精细，可以随心所欲地得到画面最丰富的影调（顾名思义，也就是颜色的“阶梯”）。

如果将黑色小三角移到左方尽头，使其数值为0，则画面便有了最暗的部分；将中间的灰色小三角左右移动，可以使画面的中间色随之发生改变；如果将最右边的白色小三角移到右方尽头，画面便有了最亮的部分，数值为255。

无论是数码相机拍摄的照片还是扫描出来的照片，最常见的通病往往是暗的部分不够黑，或者黑得没有

小技巧 Tip

如何让局部“精神”起来？

有时，所拍摄的照片大体上没有问题，仅仅是某些局部区域有些不理想，比如说逆光下的人像照，脸部往往会显得比较暗，这时候就需要对照片的局部做亮度和对比度的修正了。

具体做法如下：使用工具栏中的“魔棒工具”或者“虚线框工具”，同时用鼠标选取需要修改的部分（为了选择得更加精确，我们可使用工具栏中的“缩放工具”预先把图片适当地放大一些），选好后，同样打开“图像”→“调整”→“亮度／对比度”命令，通过调节“亮度”和“对比度”两个滑块来进行微调。

选中局部进行调整

注意 Notice

由于此时的操作仅仅针对被选中的局部，并不影响画面的其他部分，在调整时应该适度，否则会造成整个画面明暗、色彩不协调等问题。

层次；亮的部分不够亮，同样是灰蒙蒙的没有层次；中间过渡层次不够细腻，缺乏从最暗到最亮间自然、生动的所有影调。利用“色阶”工具，就可以对最暗、最亮、中间层次这3个部分独立定位并作出调整，从而使作品显得更有“精神”。

调整图片的色调与色相

在“干预”相片的色彩之前，我们最好了解一点关于色彩的原理。

色彩绚丽的照片固然令人赏心悦目，但一张经过调色处理的照片则更加充满个性、想象力和艺术感染力，所以，要使作品更多地具有艺术气息和特定氛围，最直接有效的办法就是对画面的色彩有意识地进行取舍。此外，扫描仪输出的相片大都会带有偏色的特性（一般扫描仪在工作过程中进行了一些校色处理，打印机也容易出现偏色的现象），如果想得到的是尽可能接近原件的色调，那就必须重新调整回来。对色调和色相的调整同样可由多种途径达成，这里介绍的是最简单有效的典型手法。

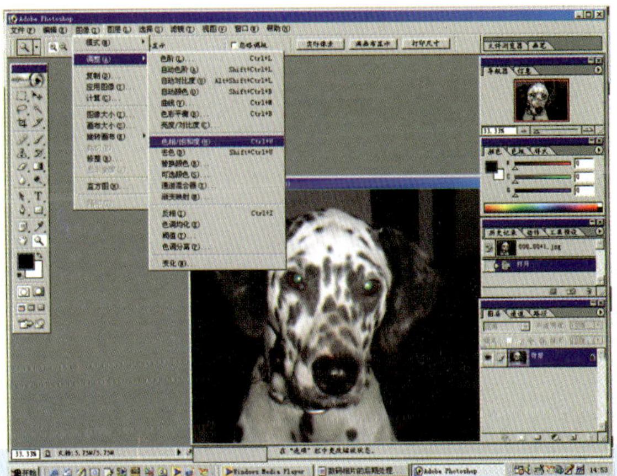

调用“色相／饱和度”命令进行调整

通过峰值调整亮度、对比度

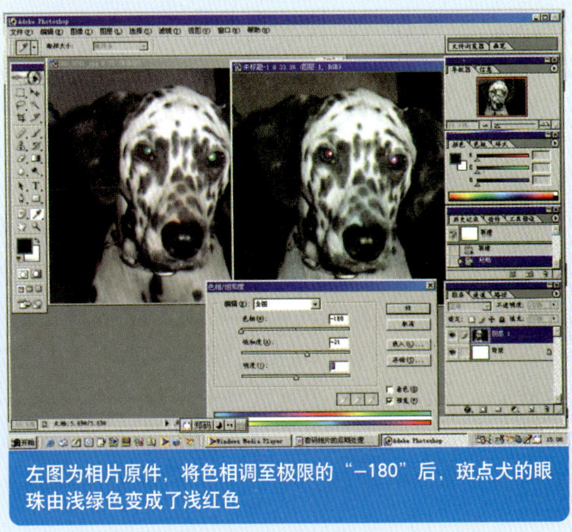

左图为相片原件，将色相调至极限的“-180”后，斑点犬的眼珠由浅绿色变成了浅红色

小知识 Knowledge

什么是三原色？

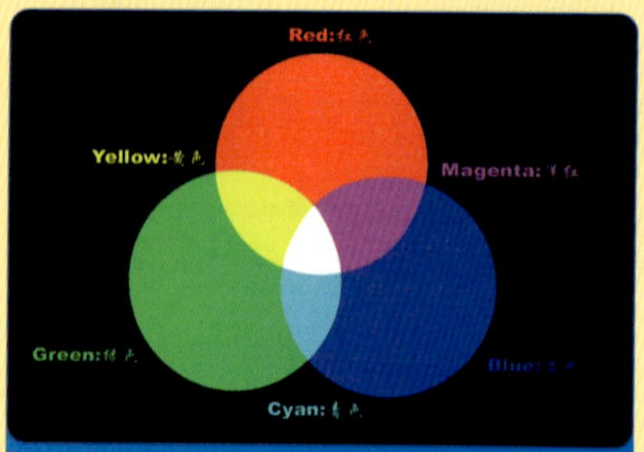

肉眼观察到的三原色

人眼所见的各种色彩是因为光线有不同的波长所造成的，肉眼对其中3种波长感受特别强烈，只要适当调整这3种光线的强度，就可以形成几乎所有的颜色。这3个颜色称为光的三原色(RGB)，就是红(red)、绿(green)、蓝(blue)。因此，电脑里就用RGB3个数值的大小来表示颜色，每个颜色用8bit来记录，可以有0～255共256种亮度的变化。R、G、B三值相乘就有1600多万种变化，这也是我们常听到的24 bit全彩。

两两颜色混合可以得到更亮的中间色：黄(yellow)、青(cyan)、洋红(magenta)；3种颜色等量相加可得到白色。而常说的补色是指完全不含另一种颜色的色彩，例如黄色一定是由红绿两色合成，完全不含蓝色，因此黄色称为蓝色的补色，而将两个补色相加会得到白色。

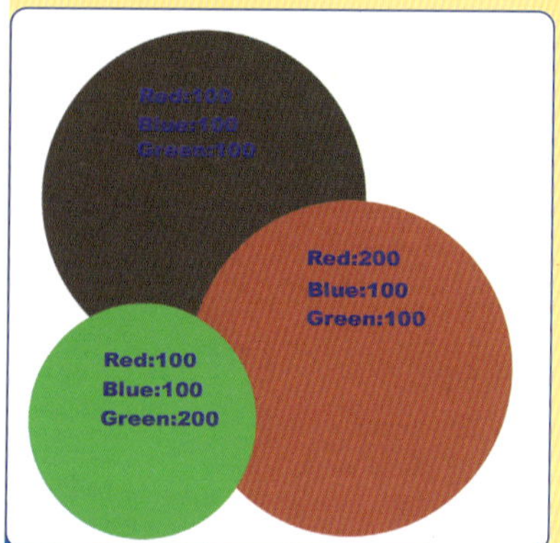

分别调整RGB值的大小可以得出不同的色彩

在RGB模式下，画面中所有的点均由RGB三原色组成，3种颜色之间的比例决定了色调，3种颜色的数值高低则决定了亮度。如果尝试改变色调的时候，实际上也就是改变了RGB之间的比例。

例如，RGB三原色的基值都是100，要想画面偏红的话，可以单纯加大红色(R)的比例。反之，要画面变绿变蓝的话，则分别加大绿(G)和蓝(B)的数值即可。

但在实际应用中，这种简化的调整无法令画面达到理想状态，还需要同时改变图片的亮度。对普通家庭用户来说，要搞清复杂的色彩学原理，实非一日之功，所以要调节适度确实不是一件容易事。不过，在Photoshop等工具软件中提供了较为准确的实时响应结果，我们完全可以凭感觉直接调节，边调边看，多试几次就能找到其中的规律。

Mode 1：最常用的方法是打开"图像"→"调整"→"色相／饱和度"命令。

简单来说，所谓色相就是指具体的颜色；饱和度则是某一种颜色的鲜艳程度。饱和度越大，颜色就越浓，画面的整体感觉就越艳丽。"明度"也就是图片的亮度。实际上，"色相／饱和度"命令的作用就是分别调整上述三个参数，并在调节中实时观察调整结果。

Mode 2：采用前面使用的"色阶"命令，同样可以通过修改图片的暗部、中间色调、亮部来调整色调范围和色彩平衡。拖动3个调节滑块，我们既可以对RGB通道进行调节，也可以根据需要对红、绿、蓝通道分别调节，实际结果将实时动态地得到反映。

小知识 Knowledge

为什么会偏色？

前面我们了解了肉眼观察到的三原色的关系。而在印刷过程中，颜料的特性刚好和光线相反。颜料是吸收光线，而不是增强光线，因此颜料的三原色必须是可以个别吸收红、绿、蓝的颜色，即青、洋红与黄色(CMY)，分别以浓度0～100%来表示。

把黄色与青色颜料混合起来，因为黄色颜料会吸收蓝色光，青色颜料会吸收红色光，因此最后只剩下绿色光可以反射出来，这就是黄色加青色颜料会变成绿色的道理。理论上将印刷三原色混合之后，应该可以将红绿蓝光通通吸收而得到黑色，只是现实生活中找不到这种光线吸收、反射特性都十分完美的颜料。因此，将3种颜色混合后还是会有些许光线反射出来，从而呈现暗灰色或深褐色。除了黑色外，用颜料三原色也无法混和出许多暗色系的颜色，为了弥补这个缺点，因此实际印刷的时候会额外加入黑色的颜料，以解决无法产生黑色的问题。因此就有所谓CMYK的色彩模式，K表示黑色。

黑色的加入虽然增加可印刷的颜色范围，却也使颜色的调整更为复杂，例如用50%的CMY可以混合成灰色，但也可以直接用50%的黑色来产生，变成同一种颜色有不同的混合方法，再加上颜料的透明度、干燥速度、纸张吸墨程度及作业流程种种条件的不同，颜色的控制成为了印刷的一大问题，如果调整不当，就会出现偏色的情况。

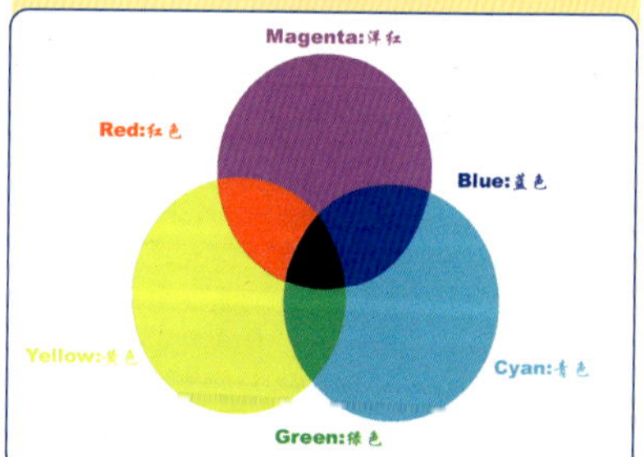

印刷中采用的三原色

Mode 3：色彩平衡还可以利用对应补色来对画面进行微调。打开“图像”→“调整”→“色彩平衡”命令，可以发现三个滑块可以分别调整补色的参数，并能指定“暗调”、“中间调”、“高光”来选择究竟要调整哪些部分色彩。尝试着调整几次，并仔细观察画面发生的变化，很快就能找到其中的规律。对话框左下方的“保持亮度”建议选中，否则会对画面亮度产生较大的影响。

左图为相片原件，仅仅将红色通道进行调节，便得到了右图画面整体偏蓝绿的冷色调效果

对图片锐化以及模糊调整

锐化可以使构成图片的各像素之间反差增大，从而使图片更清晰；而模糊则是减少各像素之间的反差，从而使图片整体的清晰度下降。

对于拍摄时对焦不够的相片，可以通过锐化适当增加清晰度。而如果数码相片本身显得生硬、刻板、毛糙，此时适度使用一点“模糊”处理，掩盖其中一些细节，可以有效地起到柔化、中和的作用。同样的情况还出现在扫描照片上，经过“模糊”的打磨，讨厌的“数字化痕迹”和网纹、色斑、褶皱等可以得到最大程度的消除。

实现锐化和模糊的功能，可以选取工具栏中的“锐化和模糊”工具，或者选取“模糊”和“锐化”两类滤镜。

左图为相片原件，仅将高光部分的补色进行调节，便得到了右图画面整体趋金黄色的暖色调效果

1. 让图片“清晰”一些

Photoshop 7.0中的“锐化”滤镜支持4种锐化方式：USM锐化、进一步锐化、锐化、锐化边缘。

“USM锐化”可在每一个色块边缘处生成一条更亮或者更暗的边线，以强调边缘的分界，实际上是一种“勾边”的功能。

“锐化”和“进一步锐化”同样是对颜色的边缘进行操作，但它们的参数不可调节。“锐化边缘”的功能和“USM锐化”颇有相似之处，但选择的区域更大。

锐化后图片整体颜色加深，图中每两个颜色之间出现一条明显的边线

2. 该“模糊”时且“模糊”

点击下拉式菜单“滤镜”→“模糊”选项，可以发现其中一共包含6条有关模糊的命令：动感模糊、高斯模糊、进一步模糊、径向模糊、模糊、特殊模糊。

其中，“动感模糊”可通过调整“角度”和“距离”的参数来控制最终的模糊效果，能够产生酷似高速摄影机所拍摄的运动物体动感效果。这里的“角度”，指的是希望产生的物体运动方向，可以直接输入需要的角度，也可以通过移动旁边的圆形调节轮来调整；“距离”则是通过像素值来表示模糊的强度，像素值越大，

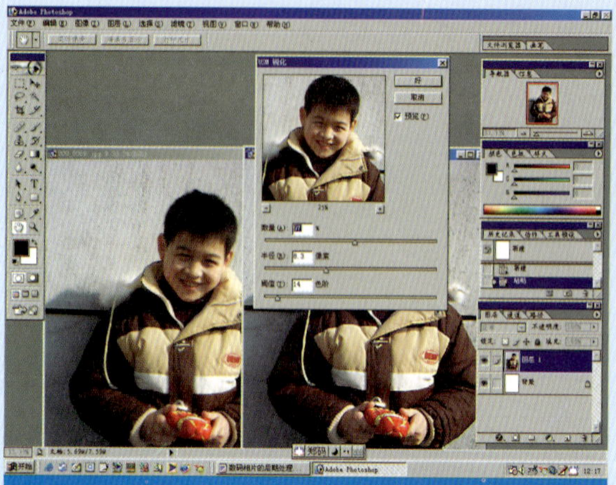

经过调节的图像明显提高了清晰度，但同时也变得生硬了不少，一般可在局部进行处理，如脸部

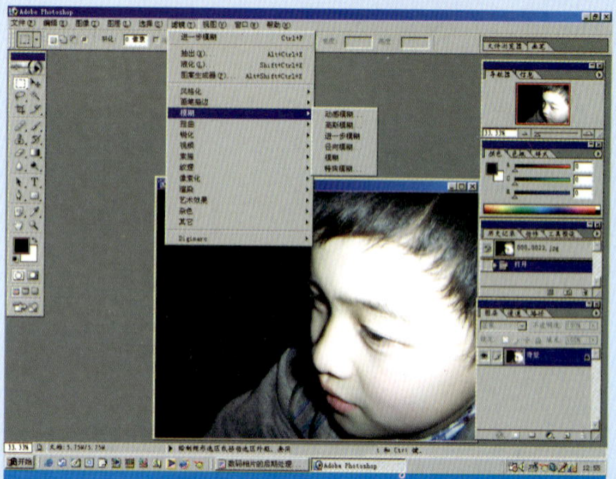

使用“模糊”滤镜进行调整

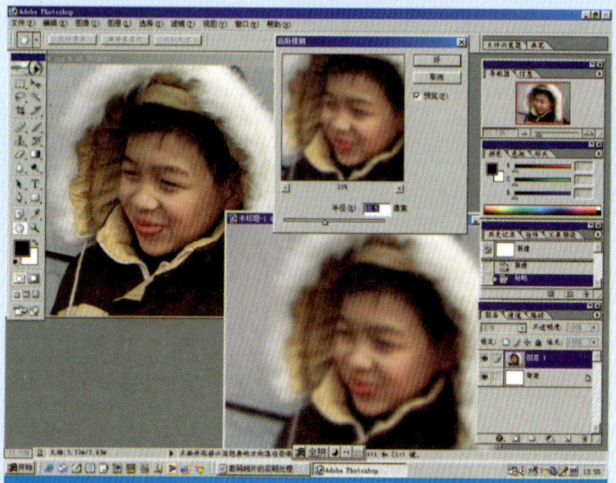

虚化图片，朦胧的感觉也不错

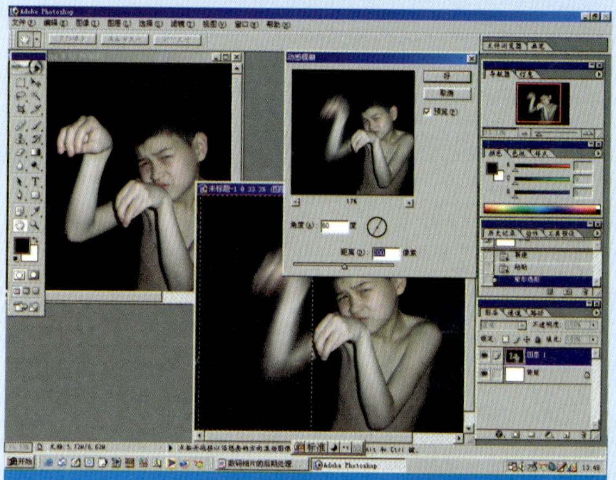

原图中“螳螂拳大师”的胳臂并没有运动，但通过选择右臂区域进行了动感模糊处理（角度60，距离200），便产生了强烈的动感

模糊效果越明显，图像也就越模糊。

“高斯模糊”的原理是通过改变模糊半径的数值，快速对所选择的区域进行处理，可产生镜头虚化的效果，利用该功能可以手动为图片增加景深效果（具体操作在后面介绍）。

“模糊”和“进一步模糊”的使用与“锐化”和“进一步锐化”的使用方式是一样的，都能自动进行效果处理。

“径向模糊”可以模拟缩放或旋转相机而产生的模糊效果，类似快速变焦，用来处理一些运动型照片特别合适，其中的“缩放”选项能产生强烈的爆炸感，而“旋转”选项则能产生极其明显的旋转感。

“特殊模糊”可对图像进行精确的、可控制的模糊处理，主要用来虚化照片中次要的或不需要的部分，以便更好地突出主体。设置时，对话框中的“半径”参数越大，被选取的

爆炸的效果，用在花卉摄影中，是不是有怒放的感觉？

突出小朋友的可爱笑脸，旁边杂乱的草坪再抢不了"镜头"了

像素就越多；"阀值"越大，模糊效果越明显。

构图裁剪和瑕疵处理

一般情况下，出于构图方面的原因，我们通常需要对相片作一定的裁切。

构图因素自然应该在拍摄过程中就充分考虑进去，但实际上大部分相片都是不够完美的，比如主体的位置和比例、背景的取舍、画面的平衡等等，永远都存在着修整的理由。事实上，得当的修剪可以使一幅显得杂乱无章的照片重新焕发生命力，甚至会得到意外的收获。

裁剪的方法非常简单，点击工具栏中的"矩形选框工具"或者"裁切工具"，在照片上直接选择需要的部分，然后点击下拉菜单"图像"栏下的"裁切"命令。其中，"矩形选框工具"不仅可以固定大小尺寸，还可以约束宽高比例，但一旦选定以后就不能再改变选定区域的尺寸了；"裁切工具"则不但能固定大小选择，还能对所选区域进行旋转处理，使用起来更显灵活方便。

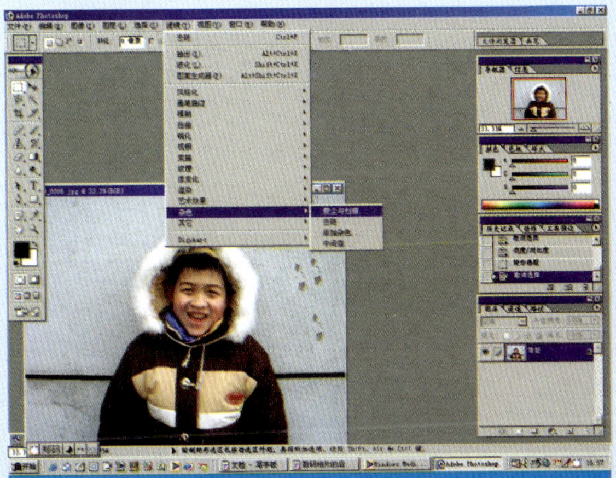
图中的墙壁背景右上方有几处破残，需要把它们去掉

值得一提的是，如果相片最后要用于制作电子相册，则在裁剪时要注意保持原来的宽高比例（见上文介绍），否则生成的画面会产生变形的现象。

做完最基本的调整后，最后还可以对照片进行一番简单的"美化"。例如，在光线条件较差的环境下拍摄的照片，常会出现杂斑（低档机型尤甚），人物脸部的瑕疵过于明显（如雀斑），背景出现其他的人或物，扫描后出现折痕、污点，闪光灯引起的"红眼"等问题，但利用Photoshop可以不露痕迹地"手到病除"。

实例

Step 1：用"矩形选框工具"将墙壁上的破残处选中。

Step 2：点开下拉式菜单"滤镜"→"杂色"→"蒙尘与划痕"命令，调节对话框中的半径和阈值，可以直观地看到处理过程和结果。

或者打开"滤镜"→"杂色"→"中间值"命令，调节其中的"半径"参数就能达到同样的目的了。

文/图 马 瞎

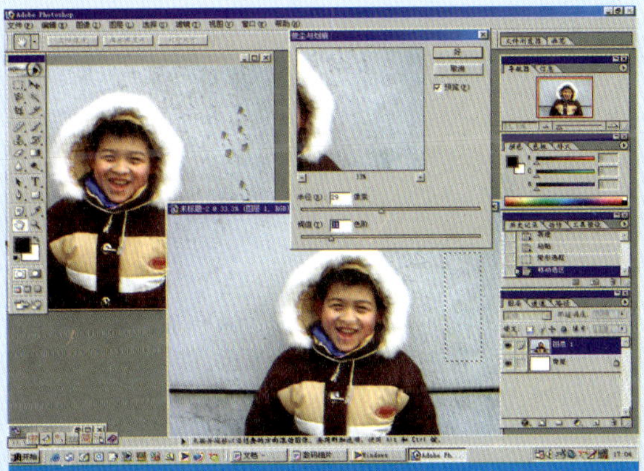
调节时要使调整结果与周边图像融为一体，不能有突兀之感

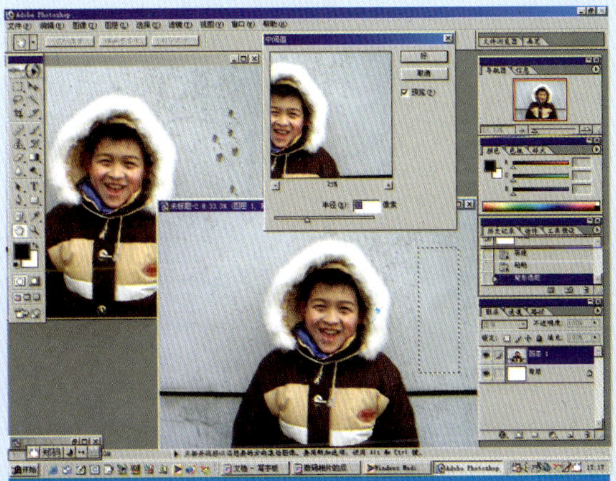
使用"中间值"也可调整，但处理有纹理的图像效果不理想，处理后仍能看出"修补"的痕迹

生活中总会有一些照片需要作相应处理，才能满足我们的观赏、使用和保存的需求。解决这类问题看似复杂，其实很多朋友多少都会一点像Photoshop这样的图像处理软件的简单操作，并不需要多少专业知识或精通软件，只要掌握几个基本的操作和命令，任何人都可以自己进行照片的特殊处理。

特殊处理

旧貌换新颜——如何修复老照片？

很多人都会遇到这样的情况，家里一些长辈的老照片由于年头太久，再加上以往保管不好，照片常常是花白斑驳。特别是那些黑白老照片，相片纸表面的涂层保存不当会氧化脱粉，到处露出大块的白底，有些感光介质稍差的黑白相纸还会随着漫长岁月变黄或泛灰。现在想把老照片扫描到电脑里重新保存起来，有没有办法使这些照片重现往日的光彩呢？答案当然是肯定的。下面让我们先来看一个修复老照片的实例。

这张老照片原来是很典型的那种斑驳脱粉的，由于长期夹放在老式玻璃像框里，受潮和氧化后粘在了玻璃上，揭下来时小白点密布整张照片，画面发灰，失去层次感，如果不修复，就没有什么保留价值了。经过电脑修复后，小白点一个个神奇地不见了，而且消失得几乎看不出痕迹，画面也比原来更层次突出，对比强烈，光鲜如初。这看似神奇的变化，就是通过Photoshop来实现的。

画面受损的老照片

修复如新的老照片

Step 1：在Photoshop里打开一幅扫描好的老照片，对这种由于脱粉而损失了小面积局部画面的老照片，要恢复照片的原貌就必须在照片上的白色斑纹部分补上原来的色调，我们可以采取用白点周围的近似色调或图案来涂抹描绘的方法，逐步修复整张照片。

打开照片文件后的Photoshop界面

Step 2：点击界面左边工具栏中的“橡皮图章工具”，这时移至画面中的鼠标指示变成了一个圆圈。再点选右上方工具面板中的画笔，在弹出的面板中点击笔头不同的画笔调整至合适大小。如界面中没有画笔面板，可通过点选上方的菜单命令“窗口”/“显示画笔”调出画笔面板。

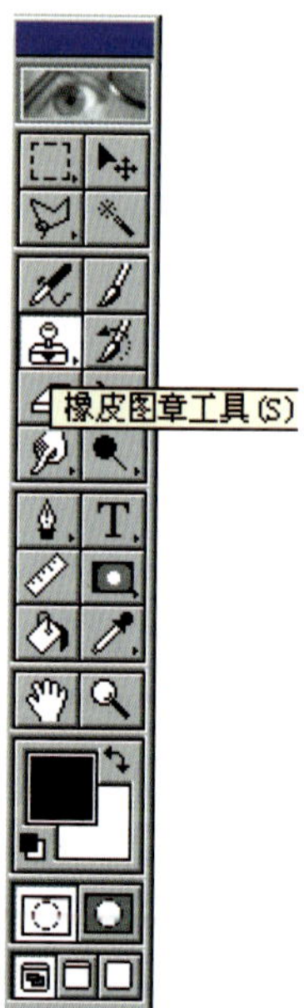

点击橡皮图章工具

Step 3：点击左边工具栏最下面一排3个按钮中间的一个，或直接按快捷

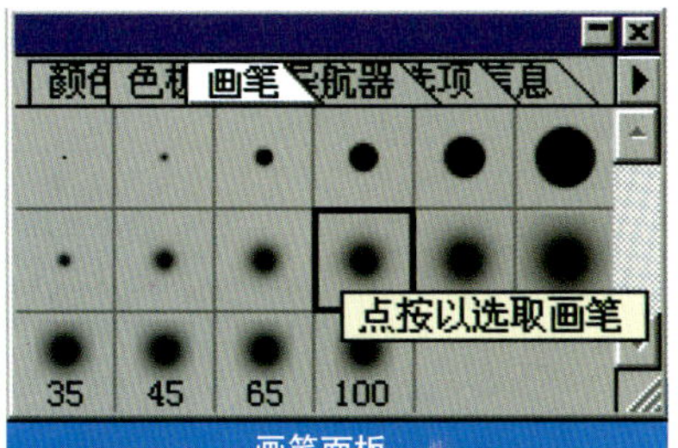

画笔面板

键——键盘上的"F"键亦可，将界面转换到带有菜单的全屏模式。再按键盘上"Ctrl"+"-"和"Ctrl"+"+"来缩放图片显示，以便于后面的细部放大修复。

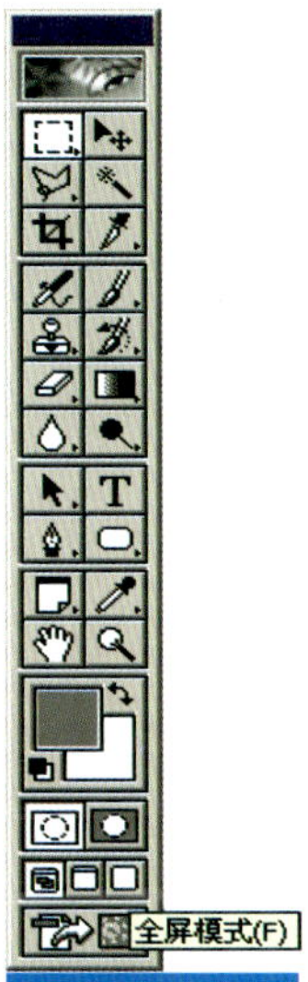

选择全屏模式

Step 4：为谨慎起见，建议先从面部以外的简单画面开始着手，并且可以为后来处理复杂的面部积累经验。这里先从照片左肩衣服纹理上的大块白斑开始修复。

小知识 Knowledge

Photoshop的操作有很多快捷键，一般都标注在各项菜单命令后面。将鼠标指示停留在左边工具栏的任一工具按钮上，也会弹出相应的说明和快捷键名称。以便于初学者逐渐熟练掌握应用。如前面的"橡皮图章工具"的快捷键就是"S"，反复按"F"键就是在"标准屏面模式/带有菜单的全屏模式/全屏模式"之间转换。

观察白斑处在一条纵向的深灰色衣皱中间，因此只要将下面相同的深灰色衣皱照原样涂抹上去就行了。具体操作如下：

首先，将鼠标指示的圆圈移到白斑下面要取样的位置。

然后，按下"Alt"键不放，圆圈变成橡皮图章工具的图样，再点击鼠标左键，这时就已经选取了该处的图样作为"图章"。

松开"Alt"键，将鼠标指示的圆圈移到白斑上按下，图章取样的位置出现一个"十"字的提示符号，会随着按下的圆圈等距离移动，"十"字符号位置的图样就不断地被复制涂抹到圆圈按下的位置了。

接下来，将图章移动复制到一定的面积后要松开鼠标按键一次，重新再按下图章选取图样来涂抹，以避免将原来的白斑也选取为图章。也可以采用多次移动点击的方法来逐步涂抹，直至白斑被完全消除。这一步自己可以多加摸索，待比较熟练掌握之后再在面部等部位作更仔细的修复。

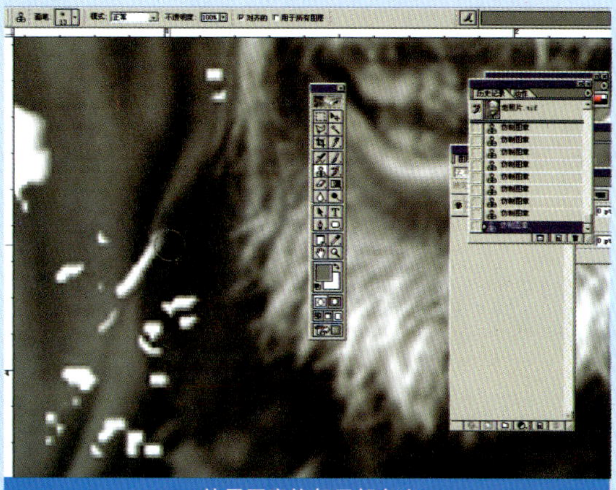
使用图章修复局部白斑

注意 Notice

不同位置和角度方向的图章取样都会影响到涂抹后的真实效果，尽量多次分别选取最接近的图样作为要修改位置的"图章"。要特别注意的是，涂抹圆圈与选样"十"字的位置和角度，要按照图样原有的角度按下圆圈涂抹，才能确保修改后图样的连贯和完整。

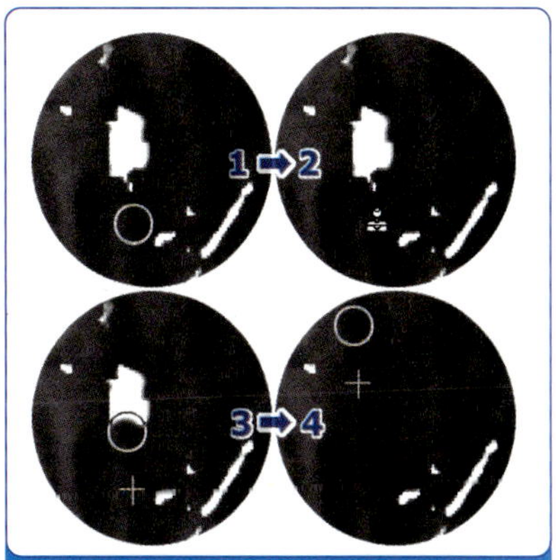

橡皮图章使用步骤示意图

Step 5：眼睛等关键的细部要尽量用更细小一些的图章画笔来精确修改，方法同前面的一样，可以将局部放得更大些便于仔细修改。并要多加注意细部色调和纹理的走向。

Step 6：全部修复以后再进行整体观察及调整，如果觉得照片很灰，层次不够，就要用菜单命令"图像"→"调整"→"自动色阶"来调整明暗色调。当然，要是自己有把握，可以尝试按"Ctrl+L"组合键调出调整色阶面板手动调整。

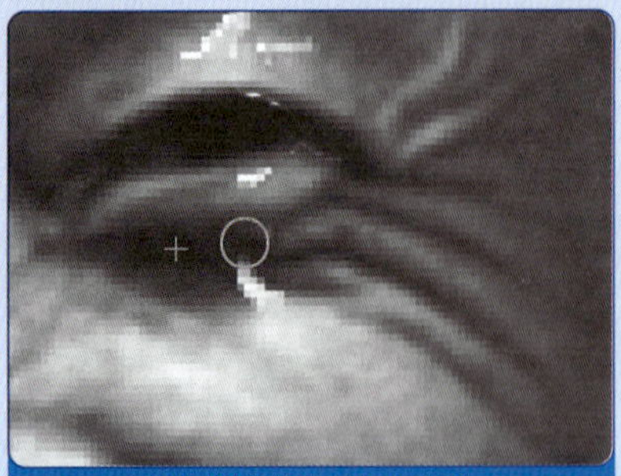

放大关键的局部仔细修改

全部修复并调整明暗以后的老照片

还我本来面目——如何翻新变色泛黄照片?

处理变色泛黄的老照片比较容易，如黑白照片就只需用前面讲到的色阶调整就可以解决，彩色照片一般只需将偏向的色调（如：黄色）减弱，再把照片整体的色彩饱和度适当提高就行了，而这对于Photoshop是很简单的事情。

这里列举的是一张因长久保存不当而褪色泛黄的彩色照片，原本色彩暗淡，整体颜色泛黄，但其他原有色彩还基本隐约可见。经过Photoshop的两下简单处理后，就去除了令人生厌的泛黄现象，整体色彩也得到了明显增强，基本找回了照片最初应有的风采。

变色泛黄的“陈年”彩照

转换成“CMYK颜色”模式的泛黄照片

翻新处理后的“新”照片

Step 1：打开一幅泛黄的彩色老照片，在菜单命令“图像”→“模式”中选取“CMYK颜色”模式，首先将照片转换成便于调整颜色的色彩模式。

Step 2：点选菜单命令“图像”→“调整”→“曲线”，或直接点击“Ctrl+M”快捷组合键调出曲线调整面板。在通道选项中选取“黄色”，直接点取并拖移下面曲线调整方格中的斜线，调整黄色的色值。这里一般用目测的方法即可，反复点选面板中的“预览”，同时观察照片色彩的变化。一般为不再偏黄，色调均衡稍淡为宜。

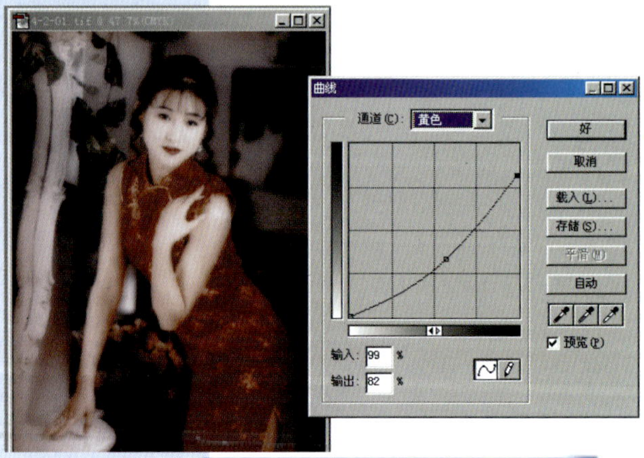

边观察照片变化边在曲线调整面板中调整黄色的曲线色值

Step 3：点选菜单命令“图像”→“调整”→“色相/饱和度”，或直接按“Ctrl+U”快捷组合键调出“色相/饱和度”调整面板。直接拖移中间的“饱和度”滑标，饱和度数值要根据照片具体情况和需要而定，数值过小则色彩饱和度不够，过大则容易引起照片上的亮块色斑。这里拖移滑标至数值框显示为60，同样用目测的方法，点选“预览”观察照片色彩的变化。照片还有些偏暗就再稍稍调整“明度”滑标，明度一般稍稍增加即可，拖移至数值为7左右后确定，大体上照片翻新就基本完成了。

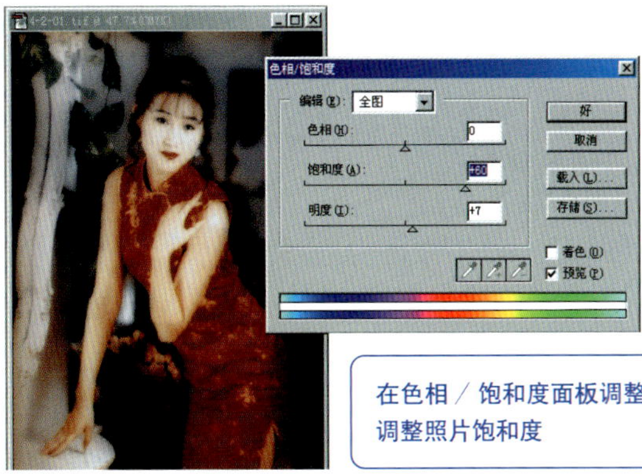

在色相/饱和度面板调整中调整照片饱和度

Step 4：如果还有一些细部不太满意，可以根据具体情况再作一些小的调整。比如老照片通常在四周会有颜色弄脏变深的现象，点击左边工具栏中的“减淡工具”，再用适当的笔头在需要减淡的地方点击涂抹就行了。

左边工具栏中的减淡工具

小知识 Knowledge

减淡的方式还可以分别设置“暗调/中间调/高光”和“曝光度”的百分比。一般情况下采用默认的“中间调”模式，这种模式下可以减淡图像中占很大面积的中间调，并可兼顾最多的色彩层次。同理，“暗调”和“高光”模式则分别只对图像中的暗部和亮部起作用。“曝光度”的百分比大小可以理解为工具减淡作用的程度，100为最大，效果明显；反之，数值越小则作用越轻微。

给我一个多彩世界——如何给黑白照片着色？

照片着色通常有两种情况：一种是变成单一色调，如黑白照片变成玫瑰红色调的单彩照片；另一种是变成全彩色照片。

对比一下黑白照片与处理后的两种效果，单彩效果看起来含蓄雅致，别有风韵；全彩效果则色彩饱满，自然逼真。

黑白照片

单彩效果

1.为黑白照片着单色

为黑白照片着单彩（使整个照片呈现出一种颜色）的方法很简单：

Step 1：把照片文件打开，先在“图像”→“模式”里将其转换成RGB或CMYK的彩色文件模式。

Step 2：点选菜单命令“图像”→“调整”→“色相/饱和度”，或直接按“Ctrl+U”快捷组合键调出色相/饱和度调整面板。

Step 3：点击“着色”和“预览”选项，观察照片色彩的变化，拖

全彩效果

在色相／饱和度调整面板中着单色

移“色相”滑标至照片变成自己想要的色调，再适当调整增加“饱和度”就行了。这里主要靠我们的眼睛观察来调整最直接明了，滑标一端的数值框只是用在当我们要重复作同类的操作时的一个量化值参考。

着单彩的办法也可以用在彩色照片上。比如应用逆向思维，把数码相机拍摄的古镇之类的照片变成略带黄棕色或黑白老照片的感觉。

2.给黑白照片着全彩

学会了着单色后，给黑白照片着全彩色也就不难了。只需先将准备变成不同颜色的区域分别选取，再逐个“着色”即可。举例如下：

Step 1：把照片文件转换成RGB或CMYK的彩色文件模式，点击工具栏中的“多边形套索工具”，先沿着照片中人像的脸和手的边缘细细勾选，选好后好将选区轮廓稍加模糊，以使各色边界过渡柔和。模糊的方法是点选菜单命令“选择”→“羽化”，在弹出的“羽化选区”面板中设置“羽化半径”的像素值。羽化半径的像素越小，模糊的范围越少，设置的像素越大则模糊的范围越大，甚至使边界发生光晕现象。这里我们既要使边界过渡柔和，也要保持色块间界限清晰，所以只需稍加模糊，将像素设置为3后确定。

小知识 Knowledge

Photoshop下的很多相关命令可以在画面中单击鼠标右键后弹出。如在使用“多边形套索”工具时单击右键，便会弹出含有“羽化”的命令菜单，逐步熟练掌握后操作非常方便。

Step 2：运用前面学到的在“色相／饱和度”调整面板中把选区内的脸和手部变为偏橙色调的肉色。

局部分步着色

但仅仅这样做还不够，色彩显得单一平淡。我们可在腮部、颈下和手的暗部淡淡的描上些想象中的环境色，增强人物的立体感和色彩的真实感。

画笔面板

方法是在保留选区的情况下，双击工具栏中的“画笔工具”，在右边画笔选项中选“颜色”模式，不透明度20％。这里“颜色”模式表示用新画上去的颜色与原有的颜色进行透明叠加而不是直接覆盖，就与自然想象中的一种有色光照射到另一色彩物体上的混合反射效果相似。

如果不用选模式而直接用默认的“正常”，新画上去的颜色将是直接覆盖在原有的颜色上，这样会很生硬，颜色不自然。不透明度的百分比大小是颜色进行透明叠加作用的程度，100为最大效果也最明显，但在这里还是会显得生硬。反之数值越小则作用越轻微。我们只是要淡淡的描上一点环境色的感觉，所以不透明度设置20％左右即可。

小知识 Knowledge

画笔选项中的这两个选项，与“图层面板”里同样位置的两个选项作用一样，都是产生混合透明叠加效果的。选项模式共计有17种，分别是产生“叠加”、“颜色减淡”、“变暗”等等混合透明叠加效果，其各项具体作用与效果在此毋庸赘述，可自行按照“颜色”模式的示例慢慢尝试研习，感受会更深。

再点击工具栏中的前景色，从弹出的“拾色器”面板中选择一个前景色作为要描绘的环境色。然后用适当的笔头在腮部、颈部和手部的暗部淡淡地点击涂抹即可。

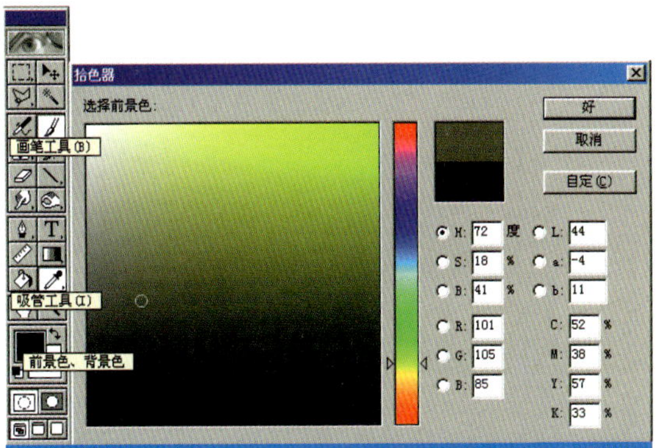

画笔工具和拾色器

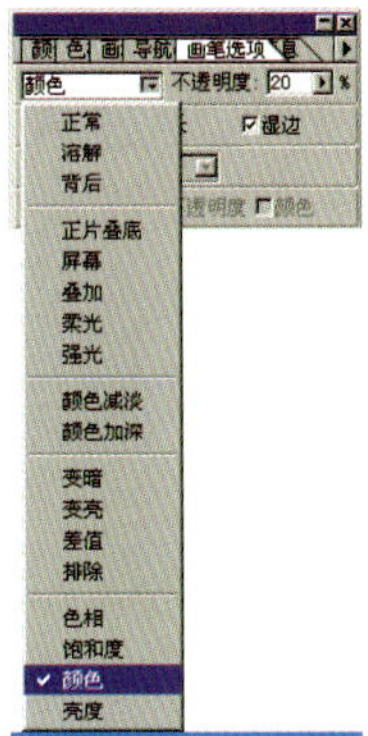

画笔选项设置

Step 3：仅仅这样还不够，就像给脸化妆一样，按照自己的理解，组合运用前面提到的方法分别给面部涂上颜色不同的眼影、腮红、口红和描眉，勾眼之后，一张色彩生动的脸就描出来了。

Step 4：用同样的方法再依次勾选出头发、帽子、衣服和背景并上色，也可以描上一些细部的变化色彩，丰富效果。原来的黑白照片转眼就变成一张色彩丰富自然的彩色照片了。

细描之后的面部色彩

黑白照片着色之后的彩色效果

鸟瞰照片 DIY ——全景照片拍摄及拼接技巧

拍摄需要几张拼接的全景照片时至少要注意三点：一是锁定测光参数；二是拍下一张的时候要重复拍部分留作两张的接头；三是连续拍点必须固定在同一位置且相机转动要平稳。在后期拼接全景照片后，对拍摄的要求和技巧会更有体会，因此下面主要介绍拼接的方法和技巧。

下页第一幅全景图是由 4 张连续拍摄的单张照片在 Photoshop 里仔细拼接而成的。像这种中远景照片，单张看起来并不起眼，一旦旋转连续拍摄几张后，再拼接成宽幅全景照，立即就给人一种不平凡的意境，或气势磅礴、或豁然开朗。

能产生这些感觉的原因就在于，全景照片比平常的单幅小画面照片更容易产生身临其境，一览无余的切身感受。掌握全景照片拍摄与拼接的技巧其实不是难事，这对我们在现实生活中发现和拍摄不寻常的风景也大有益处。

单张照片 1

单张照片 2

单张照片 3

单张照片 4

宽幅全景照片示例

宽幅全景照片佳作欣赏

Step 1：在Photoshop里依次打开四张连续拍摄的单张照片。由于拍摄的照片像素规格都是一样的，只需将其中一张从拼接的左右方向扩大像素规格，扩大的规格倍数是要拼接的照片的张数，然后将其他照片先拖移进来，再进行逐张对接。

Step 2：按照从左至右的习惯，先点选属于最左边的第一张照片来向右横向扩展。点选菜单命令"图像"→"画布大小"，在弹出的"画布大小"面板中的"新建大小"的"宽度"中将原来的8"厘米"改为32（8×4=32），"高度"保持不变；在下面的"定位"框中点选左边的方格，从面板中变化的图示中不难看出，这表示将目前的画面定位在左边，"画布"空间向右边扩展。

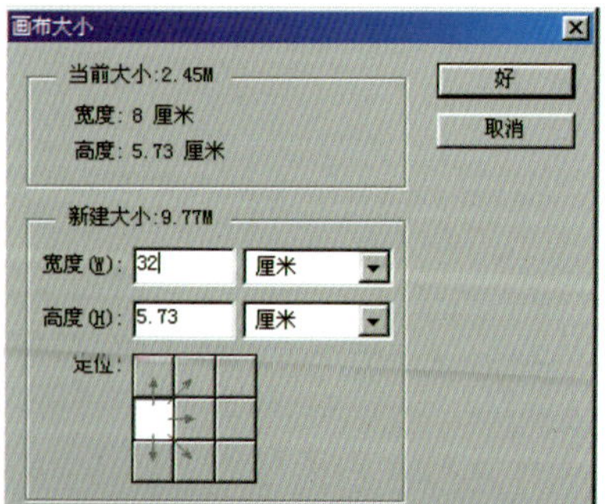

在"画布大小"面板中扩展画布空间

在Photoshop里打开的四张照片

Step 3：单击"好"按钮后，这第一张照片的画面右边出现了3倍宽的白底"画布"。这个3倍宽的白底就是用来后面放置和操作拼接其他3张照片的空间。

扩展"画布"空间后的第一张照片

Step 4：在Photoshop里，同样支持Windows系统里常用的鼠标拖移命令，不同的是拖移的不只是文件，还可以使画面在文件之间拖移。这里就可以用此方法将其他3张照片拖移进第一张照片的白底空间里来。

将要拖移的照片和预先处理好的第一张照片并列在Photoshop界面里，点选工具栏最右上角的“移动工具”，再点中要拖移的照片直接拖放到第一张照片的白底空间里，鼠标指示在这过程中会变成拖移复制的带加号的箭头符号，松开鼠标，照片画面就被复制到第一张的空间里，并自动新建了一个图层“图层 1”。依次将另两张也拖移复制进来，便是“图层面板”里新建的“图层 2”和“图层 3”。

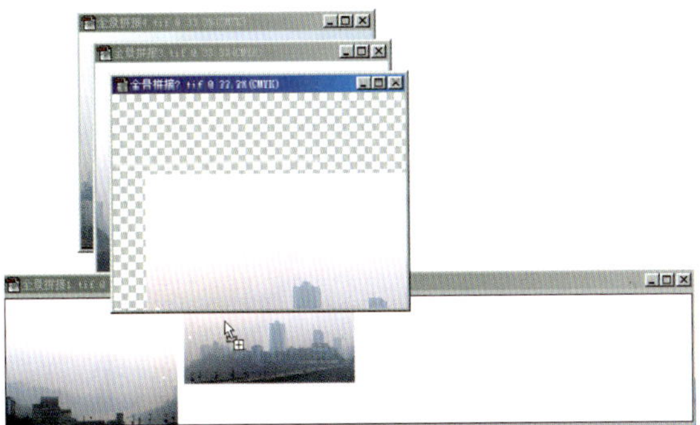

在Photoshop里拖移画面

拖移复制照片画面后的图层面板

Step 5：接下来开始依次拼接画面。点选激活需要首先拼接的“图层 1”，将图层右上角的“不透明度”设为80%左右，使之呈半透明状态，以便在图片对接时方便套准。回到画面中来，先按“F”键将显示界面切换到全屏，点选工具栏右下角的“缩放工具”放大画面的两张照片结合部。这里又要使用刚才用到的“移动工具”在同一文件里移动图层画面。为方便运用，推荐使用快捷键操作，左手直接按住键盘上的Ctrl键时，鼠标指示由“缩放工具”的放大镜变成带十字方向黑色箭头的“移动工具”。仔细移动“图层 1”画面与“背景”底图的第一张右边对接，找一个接头处画面中稍清晰些的图像作对准参照。比如这两张画面对接处的太阳，使半透明“图层 1”中的太阳与底图的太阳完全重合。在对接最后校对位置时，使用键盘上的Ctrl加点击方向键来微调更方便准确，还可点击图层面板中“图层 1”前面指示图层可视性的眼睛图标来暂时隐蔽和开启“图层 1”，观察对接的位置和效果。

Step 6：由于照片边缘的图像变形和曝光量差异等原因，两照片左右边缘对接部分总会有错影和生硬的边界。把它们消除的办法是用“橡皮擦工具”选用画笔面板中大些的100号模糊笔头，将“图层 1”最右边的生硬的边界和有错影部分擦抹掉，使两张照片画面边界柔和地过渡。然后把“图层 1”的“不透明度”值

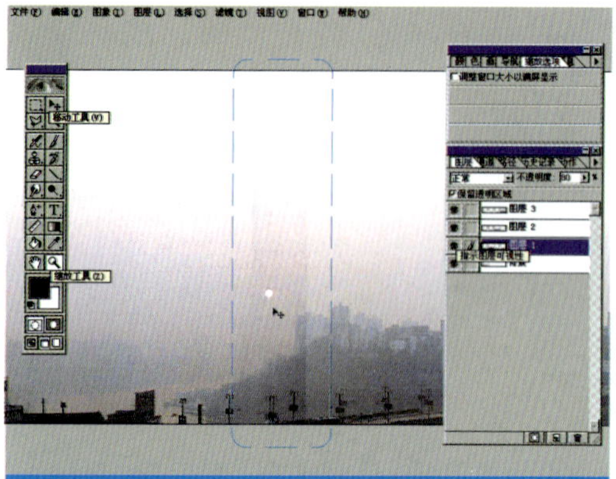

放大画面来拼接照片

设回100%，查看拼接效果，并用“橡皮擦工具”仔细擦抹完善，于是第一个拼接就基本完成了。

注意
Notice

“图层 1”右边错影和生硬边界的擦抹必须在两图重叠的范围内进行，在半透明状态下重叠的范围能清楚地看见。一旦擦错也不要紧，立即按“Ctrl+Z”撤消前一步操作，或按“Ctrl+Alt+Z”几次就可以撤消前几次操作，再重新小心操作即可。

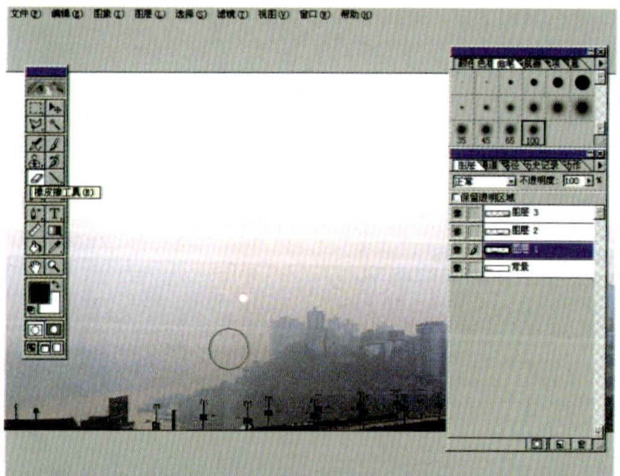

擦抹错影和生硬边界

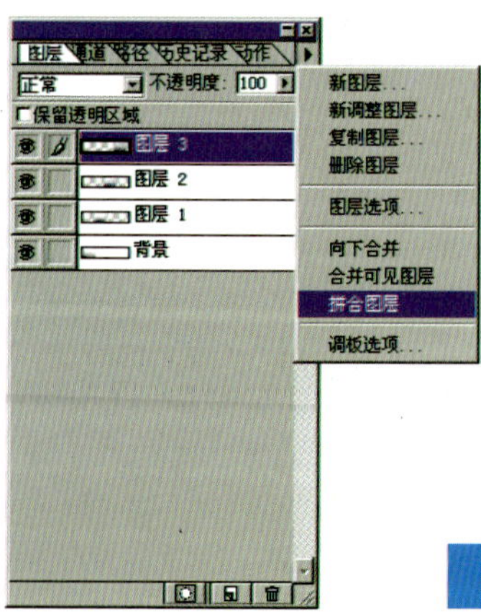

拼合图层

Step 7：同样地，将余下两张照片也这样对接起来。然后将图层合并成一个图层，便于后面的操作，在图层面板中点击右上角的黑三角箭头符号，在弹出的面板中点选“拼合图层”即可。

观察画面，整个画面最右边还会留下一点白底，后面拼接好的图片位置往往也是上下边缘还不齐，这就需要最后的画面裁剪。点击住工具栏最左上角的“矩形选框工具”片刻，会弹出四个新工具，按住鼠标移动到最后的那个“裁切工具”放开即选取了裁切工具，回到画面上用裁切工具框选要裁剪的范围后按“Enter”回车键确定并保存文件，一幅拼接完整的全景照片就基本完成了。

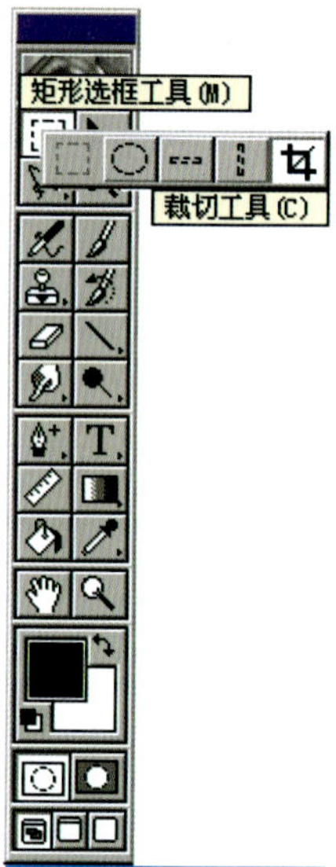

选取“裁切工具”

裁剪完整画面

小知识
Knowledge

有时由于拍摄时测光不准等原因，拼接的各张照片色调差异较大，接好的全景照片看起来颜色有些花，为追求更完美更丰富的效果，这时可以采取局部调色或整体改变色调的方式来处理，往往会收到不错的效果。

给我一双“明眸”——如何消除照片的红眼？

在夜晚、室内或光线不好的地方拍摄的人像，用闪光灯的时候如果没有防红眼模式，由于眼睛来不及在瞬间收缩瞳孔，视网膜里面的血管会反射出红光进入镜头，最后就会在照片里看到人的瞳孔有个红色的光斑，这就是人像照片中常见的红眼现象。为了不留下遗憾，同样可以在Photoshop里消除这种红眼。但处理眼睛这个关键的部位，如果再用修补画面受损的老照片那种描抹办法，很难保证不破坏照片中眼睛原有的神韵。其实对这种像素没问题而只是色彩要调整的画面，Photoshop另有一种更简便的方法，就是局部用色彩调整即可，既能完全消除照片中的红眼，又能保持人物生动的眼神。

Step 1：用Photoshop打开照片。按“F”键切换界面到全屏模式，然后按“Z”键用放大镜工具框选两只眼睛，放大

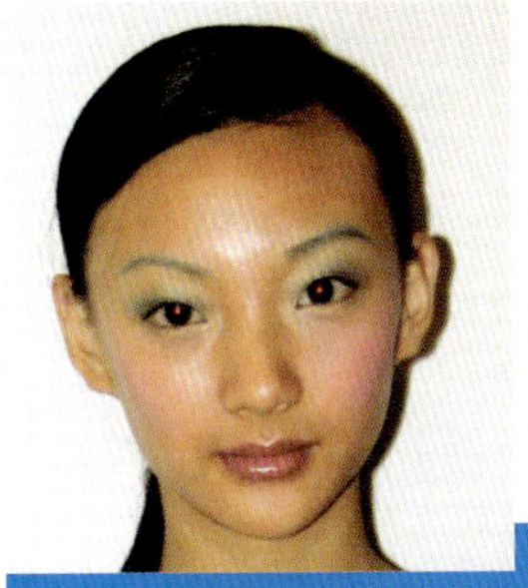

常见的闪光灯“红眼像”

消除红眼后的人像

眼睛局部画面，再按住空格键将工具切换为“抓手工具”移动局部画面在窗口的位置，直到刚好露出放大的眼睛。这样做是为了便于下面的操作。

Step 2：点击住“矩形选框工具”片刻，拖移鼠标至弹出的新工具中的第二个“椭圆选框工具”松开，或按住“Alt”键点击“矩形选框工具”，都可选取“椭圆选框工具”。用这个工具首先框选左眼中红色部分，再按住“Shift”，鼠标指示由原来的“十”字符号变为右下角带个小加号的“十”字符，此时可继续框选右眼中红色部分。

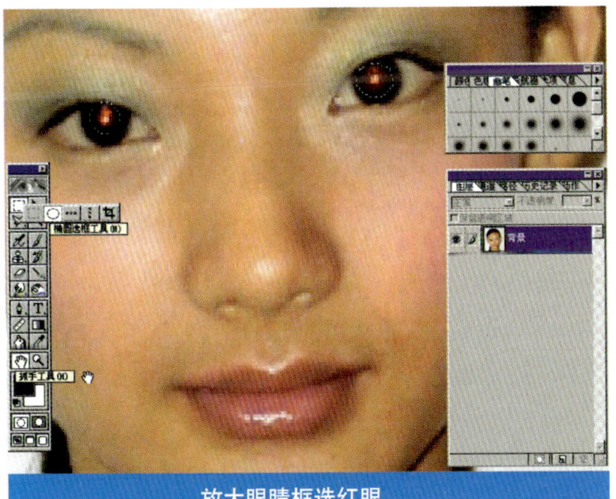

放大眼睛框选红眼

Step 3：为了使后面的修改过渡柔和，需要对选区边缘稍加模糊处理。在画面中单击鼠标右键，在弹出的面板中选“羽化”，在接下来的“羽化选区”面板中输入“羽化半径”为“1”后确定。

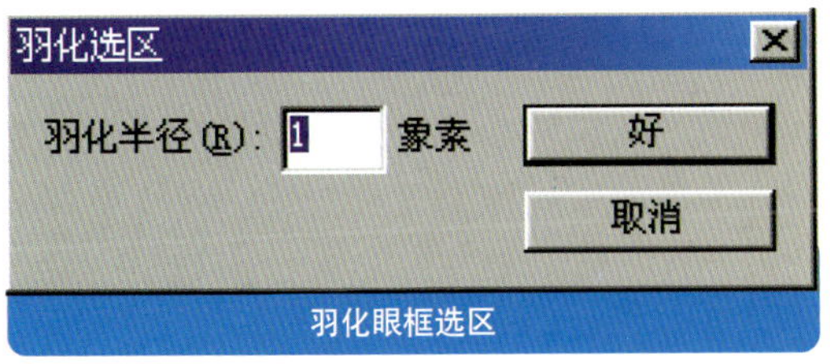

羽化眼框选区

Step 4：既然是这里颜色太红了，那把这块红色直接去掉不就行了吗？按“Ctrl+U”调出“色相/饱和度”调整面板，点击“编辑”选项右边的下拉箭头，在按出的下拉选项里选“红色”来进行编辑。在“编辑红色”的状态下将明度调至最左端的最暗值－100，再选“编辑洋红”也将明度调至最暗值－100，这时按“Ctrl+H”隐去选区显示。观察图像中的眼睛，是不是已经变成深邃的黑色瞳孔了？

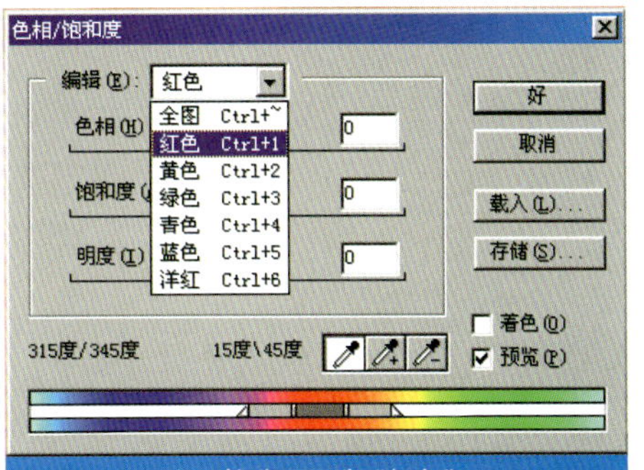

在下拉选项里选“红色”

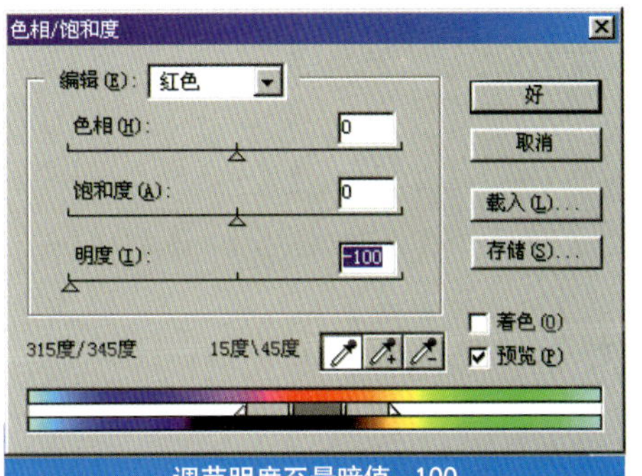

调节明度至最暗值－100

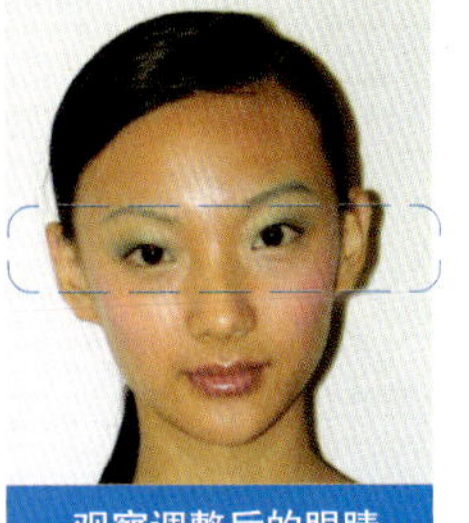

观察调整后的眼睛

去斑不留痕——如何抹除人像皮肤的瑕疵？

现在数码相机的像素级越来越高，镜头也越来越好，拍出来的照片更清晰逼真，但有的特写镜头把人脸上的小痘痘也清晰地拍下来，就不那么好看了。为了让照片上的人尽可能地完美无暇，可以用Photoshop来自己进行一个小小的“美容手术”。其实，灵活运用前面我们已经熟练掌握的图章工具，便可以快速除斑，立马见效。

这里以一张展会上的模特照片为例。好不容易照的一张比较满意的特写，后来却发现模特的脸上星星点点地长了些小痘痘，虽说人之常情，可毕竟有碍观瞻。幸好经过Photoshop简单两下“美容手术”之后，令人不快的痘痘立即消失得无影无踪，照片中模特依然是印象中的光彩照人。

Step 1：打开并放大照片里人物脸上痘痘的局部，按“S”键选取图章工具，按照脸上要抹除斑点的不同大小，在画笔面板里分别选取适当的图章笔头来进行涂抹。

皮肤有些痘痘的模特脸

“Photoshop 美容”后的模特脸

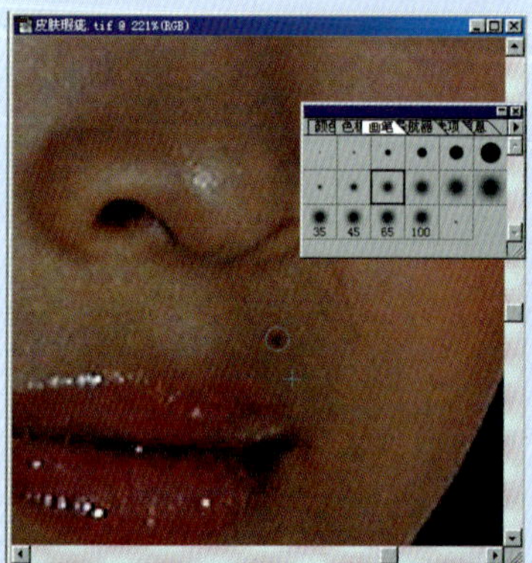

用图章工具来抹除斑点

Step 2：在画面中斑点的旁边找一处色彩和明暗都最接近的地方取图章纹样，按住“Alt”键后在取样处点击鼠标，松开“Alt”键，将鼠标移至斑点处点击涂抹。由于彩色照片里人物面部的色彩变化非常微妙，有时一次取色涂抹的痕迹太过明显，必须按“Ctrl+Z”立即撤消操作重新取色，反复尝试。如还是有些色彩和明暗的轻微差异，还可以用选取工具栏里的“加深工具”或“减淡工具”，再选取适当的笔头和透明度来点击微调。

如果觉得画笔面板里现有的笔头大小不太合适，Photoshop 还可以自定义笔头的大小和形式，以方便在特殊情况下使用。在现有的笔头上或画笔面板后面空白处双击鼠标，都可以进入“画笔选项”面板，作用分别是修改画笔和新建画笔。在“画笔选项”面板里可以调节画笔的“直径”即像素大小、画笔的“硬度”即边缘的模糊柔和度、连续使用的笔头“间距”等，在左下的白色框中拖动箭头或小黑点，还可直接调节笔头的角度和圆度。在实际运用中多加练习，还能体会自定笔头的其他诸多妙用。

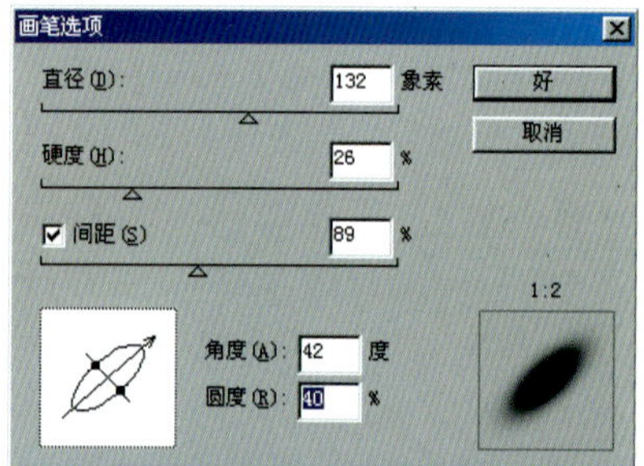

画笔选项面板

Step 3：抹除所有斑点之后，一般还要缩放全图整体观察面部有无修改不当的色斑，并重新进行修补微调。这时的人物已经比原来的看起来漂亮多了，没有了令人不快的痘痘，就可以进一步调整人物面部，加亮色彩和对比度，可以使面部更具立体感和轮廓，让她更加光彩照人。

按“Ctrl+L”键进入“色阶”调整面板，通常直接拖移色阶曲线框下的黑、灰、白三个滑标，可以调节画面的色彩明暗对比。熟练掌握后再尝试分别选取不同的色彩通道来调整各色调的色阶对比和明暗。这里直接向右拖移白色滑标，再通过观察画面色彩的明暗和对比变化进行微调，画面逐渐变亮，再稍稍向左拖移灰色滑标，画面对比度又得到增强，暗部也不再发灰。在达到自己认为的直观的理想状态后确定。对比原来的照片，“美容”之后的人物真的要靓丽许多。

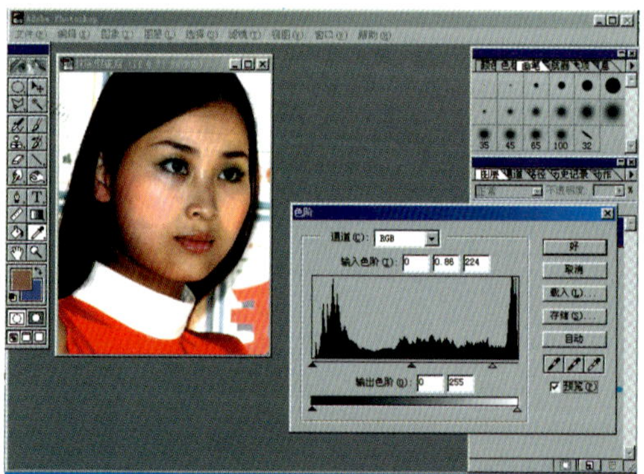

在“色阶”面板调整色阶对比和明暗

移形换“境”——背景抽换特技

我们平常能用到的 Photoshop 对图片的特殊处理，当然不仅限于人物肖像，比如现在常见的将自己拍的一些照片处理得更有意思些，再传给朋友们或放到网上。这些处理中最常见的特技是背景抽换特技，其实处理起来很简单，但是效果却让人称奇，真假莫辨。下面就来看一个背景抽换处理的实例。

处理这类特技先要一个较好的想法或创意，然后在后面的处理中指导具体的每一步操作，这样可以说就成功了一半。这里有一张在动物园拍的老虎照，拍得很精彩，可惜动物园虎笼子的背景大煞风景了。所以就给老虎换了个大自然的环境，来个“放虎归山”。看看“回到”自然中的老虎，是不是也神气了许多？

Step 1：首先打开老虎照片文件，要把老虎框选出来，再拷贝到新建的图层里，然后便可将新选的背景拷贝到这个新建图层下作新背景。

在动物园拍的笼中老虎

选取一张视角和色彩比较接近的背景照片

对于这种要求不高的一般应用，只需用“多边形套索工具”来框选即可。放大图片中老虎边缘局部，用多边形套索工具依照老虎的轮廓转折，一步步点击框选。对胡须等类似的复杂细部，可先粗略选取大致轮廓，待后面再另作处理。

依轮廓转折框选老虎

小知识 Knowledge

在Photoshop里框选图片有很多方法，一般像素精度要求不高的情况下，主体与背景色彩和明度反差很大的，可以用“魔棒工具”直接点选；图形简单或很小的，可用“多边形套索工具”或“套索工具”、“磁性套索工具”简单框选；如果要很精细地框选，还可以用“钢笔工具”的系列工具先勾描轮廓，再转换成选框。更多的方法就不在此一一讲述了，有兴趣的朋友在一试身手之后，还可继续深入多加摸索。

换背景后的效果

Step 2：框选完成后，可作适当边缘羽化，使后面“抠”出来的老虎轮廓不至于生硬，并有种毛绒绒的感觉。在框选画面上单击右键，选择“羽化”，设定羽化半径为3像素后确定。然后按“Ctrl+J”，直接从当前的背景图层拷贝框选内的对象到新建图层“图层1”，点击背景图层左边的眼睛图标，隐藏背景图层。

Step 3：接下来在图层1中调整胡须等复杂的细部轮廓，这时用“橡皮擦工具”，选细一些的笔头来仔细擦去刚才粗选的多余部分。在擦除直一些的地方时，可以用连线操作的办法处理。方法是按住“Shift”键不放，在直端的起点处点击鼠标，再移至直端终点处点击一下，这样，两端及之间的地方都被擦除了，按住“Shift”移至另一端点再点击一下，可连续操作，还能加快操作速度。

Step 4：选取一张视角和色彩比较接近的自然环境照片作新背景。打开这张自然环境照片，用直接拖移的办法，将新背景画面拖移到老虎的图片文件中，在图层面板中会自动生成新的“图层2”，向下拖拽图层2后放开，将图层2放在图层1下面。按“Ctrl+T”调整新背景图的大小到充满整个画面。至此背景抽换就大致完成。

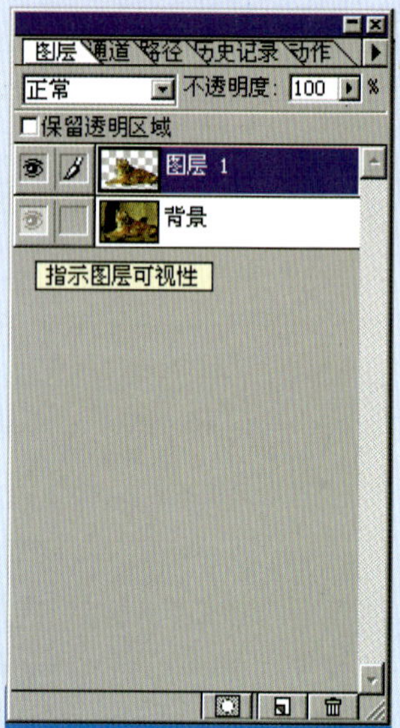

在图层面板中隐藏背景

完全去底之后的老虎图片

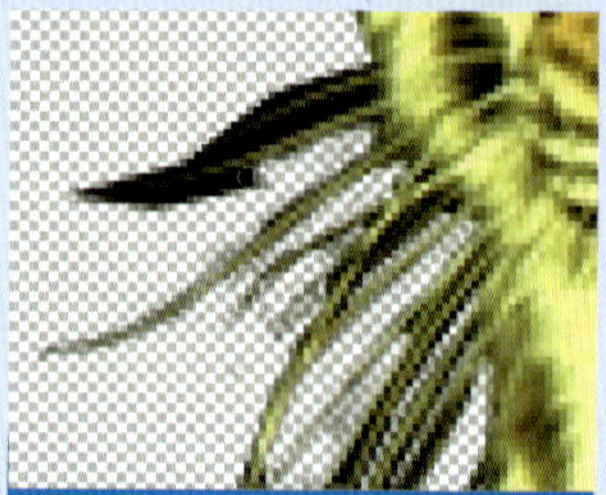
处理细部

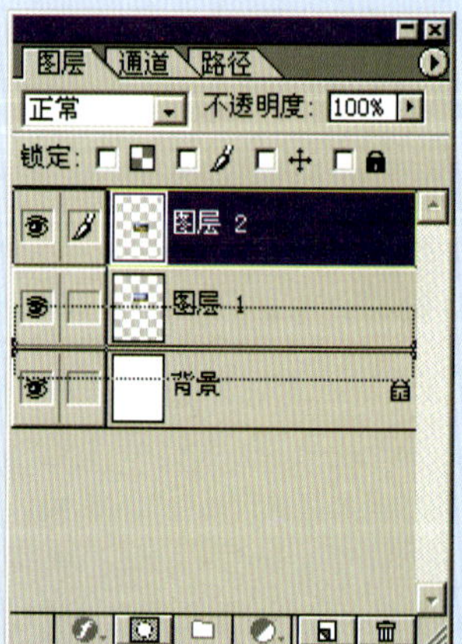

调整图层的相对位置

Step 5：为了追求逼真的效果，这里还可选择作一些细微的处理。图中老虎卧在草地上，前面应当有些草会遮住老虎的脚和尾巴等部分。点击新背景所在的图层2，用选框工具框选老虎下面的部分草地，按“Ctrl+J”拷贝框选内的草地到新建图层“图层3”，向上拖拽图层3在图层1上之后放开，将图层3放在最顶层。然后用“橡皮擦工具”沿草的自然形状擦除这块草地上方多余的部分，再按“R”键调用“涂抹工具”，用相应的笔头顺着草叶生长飘动的方向抹几下。这些细致的处理都操作完毕之后，老虎就逼真地卧在草地之上了。

选取拷贝虎脚下的草地

做焦点的感觉——如何为照片添加景深效果？

常常在画册或者杂志中看到，很多照片层次分明，主体突出。主要人物或

老虎的脚卧在草丛里，显得比较逼真

景致表现细致，色彩饱满；而次要的前景或背景则只是模糊地居于次要地位，起到交代场景等作用，并很好地烘托了主体。这种拍摄手法，就是我们常说的景深效果。

景深效果明显的样本照片

为了更加清楚照片景深的具体效果，先看一个以两只猫为表现对象的实例。在列举的照片中可以看到，拍摄的焦点定在前面的那只猫身上，而前后两只猫与环境的空间关系表现得非常分明。像这种照片，一般需功能较强的相机镜头加以熟练的摄影技巧，才能拍出很好的景深效果。但如掌握了Photoshop里后期处理的技巧之后，就可以随心所欲地将一般普通的照片表现得主次分明，层次丰富。

再来看另一张有三个人物的照片，前面人物虽然占据了画面的主要位置，但由于后面的人物也很清晰，在画面中的色彩甚至比前面的人物还要耀眼，这就非常破坏画面的层次感，有种前后"粘"在一起的感觉，使

主体人物在画面中跳不出来。有时候如果后面的人物与主体毫不相干，就大煞风景了。看看处理后的效果，主体人物身后按空间距离被处理成模糊的背景，但仍然起到了表明场景的作用。画面更清爽了，空间感和立体感都相应地得到增强，使得要表现的人物就更加突出。这就是为照片作景深处理后的神奇效果。

有了前面的几个Photoshop特效处理的基础之后，再来处理这个效果已经不是难事了。但是这里最关键的是要用到Photoshop的特效“利器”——滤镜。整个操作过程如下：

Step 1：在Photoshop中打开要处理的照片文件，用自己最熟练的选取方式框选出主体人物，注意尽量将轮廓框选得精细一些，这样后面的处理看起来才更真实，不然如有破绽，整体效果也会大打折扣。

Step 2：将选区羽化3个像素值，使主体人物轮廓在前面不至生硬，轮廓边缘还是要能融入环境。之后按“Ctrl+J”拷贝主体人物到新建图层“图层1”

Step 3：如果觉得主体人物需要增强色彩和对比，可按“Ctrl+L”或“Ctrl+U”分别选用“色阶”面板和“色相／饱和度”面板，按前面的经验作适当微调。

Step 4：在图层面板中重新选取“背景”图层，点选Photoshop界面上方的菜单命令中的“滤镜”→“模糊”→“高斯模糊”，这个命令是可以根据自己的需要手动调节模糊程度的滤镜。可以边拖拽“高斯模糊”面板下方的调节

滑标，边观察面板上小窗口中的滤镜处理的效果程度。为方便观察，点击窗口下的“+”或“-”按钮，还可以放大和缩小显示比例；拖拽窗口中的画面，还可以移动画面显示的部位；默认的勾选“预览”项，表示可以直接在原文件中整体预览滤镜效果，但在处理较大的图形文件时，为赢得更快的处理速度，可暂时关闭“预览”项。这里需要将背景里的人物完全模糊，但仍保持其大致形状作背景烘托，模糊的半径为3.3像素。像素值过小会没有效果，像素值过大则失去形象，不能起到交代环境的作用。

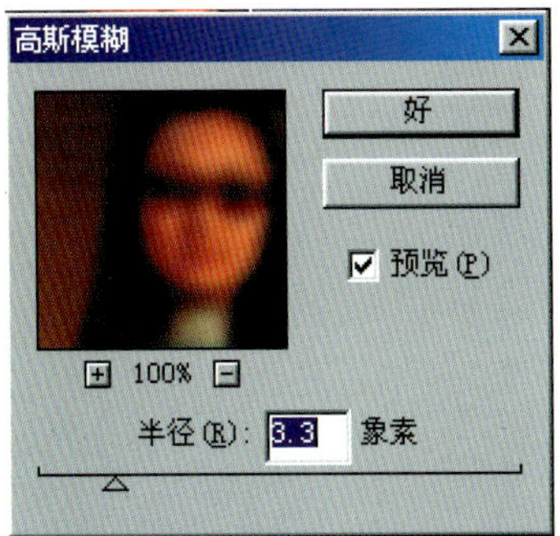

“高斯模糊”滤镜面板

背景经过模糊处理之后，再来看看两层前后人物和环境的叠层效果，主体人物立即浮现出来，比原来变得更加突出了。为进一步丰富空间层次，还可将最后的那个人物背景进行框选后再做一次模糊处理。在这里用不着精细勾选，只需大致的粗略框选即可，并将选区作10像素以上大幅度的羽化，让中景与最后一层的背景与模糊的效果大体一致地自然过渡，依据后面两个人物的空间距离，模糊半径减少为2像素，相对前景与背景的区别，最后一层比中景稍稍再模糊一点即可。这样就形成了以前景为主的前、中、后3个空间层次，画面显得更加丰富耐看，也更接近真实的景深拍摄效果。

小知识 Knowledge

Photoshop的特效滤镜有很多，按功能还细分了种类，在网上还可以下载到更多的外挂滤镜安装插件。在逐渐尝试并组合应用之后，便可方便地根据需要来选择使用，处理出更多更妙的特殊效果来。

当然，既然是后期可按想象来处理得到接近真实的效果，为什么不可以发挥更多的想象呢？比如，假设将拍摄的焦点设定在后面左边的模特上，又会是什么效果呢。处理的方式大致相仿，只是将所需表现的主体保持清晰，并注意其所在的前后空间位置，把前、后景分别作不同程度的模糊，或再稍加调整明暗和色彩对比即可。这种处理还很适合在画面模糊的前景空白处装点些文字。

定焦在中景的处理效果

精致，再精致一点——如何为数码相片后期降噪？

数码相机相比传统相机尽管有很多优点，但在慢快门或高ISO感光度设置拍摄光线较暗的景物时，往往会出现图像噪点。由于图像缩小后，数码相机的图像噪点就看不大出来，因此一般情况下用电脑将拍摄到的高画质图像缩小，是一种比较直接而且简单可行的降噪办法。但有些时候噪点很明显，特别是拍摄夜景时因为曝光时间太长，照片上噪点又多又大而且清晰，而图片又不能再缩小，这就必须加以特殊处理来保持画面的观赏效果。

例如下页列举的夜晚拍摄的游船，由于光线太暗，拍摄时用了三秒以上的手动B门，曝光时间过长，游船的光影效果是拍下来了，但原本应该暗下去的江面区域却出现了密密麻麻的噪点，破坏了整个画面的效果。经过Photoshop一番处理后，在尽量保持画面原有清晰度的前提下，噪点被降低到尽可能小的程度，已经几乎看不见了，而画面上的主体——游船依旧是轮廓清晰，光影璀璨。

小知识 Knowledge

数码相机电子感光成像的原理，无论其感光器件是CCD还是CMOS，都是把光的亮度转化为相应的电流，然后记录电流值来达到记录图像的目的。由于电子器件本身的噪声、放大电路的噪声以及干扰，在信号接收并输出的过程中所产生的图像中的粗糙部分，在最后的照片中光线稍暗的位置以及有阴影的地方容易形成无数的小亮点。在数码摄影领域，这种现象就被称之为“噪点”。

布满噪点的夜景照片

噪点照片局部

Step 1：打开照片文件，按“Ctrl+A”全选画面，再按“Ctrl+J”拷贝画面到新建图层“图层1”。在这新建的画面图层里，将对黑暗中的噪点进行减弱的降噪处理。

Step 2：点选Photoshop界面上方的菜单命令中的“滤镜”→“杂色”→“中间值”，在弹出的“中间值”调整面板中选择半径像素为2。它起的作用是将噪点当作杂色，用其周围的颜色将它浸润在一起，使杂色溶解在整个色彩中去。在预览窗口的画面中可以看到，白花花的噪点已经基本消失了。

Step 3：由于游船部分同样也会被滤镜处理影响原有的清晰度，而在画面中色彩明亮的这部分原来几乎没噪点，因此可以让图层面板中下一层画面的游船等没有噪点的主体部分透出来。按“E”键选用“橡皮擦工具”，再选取适当稍大的模糊型笔头，将图层1上被滤镜处理过的游船等部分抹去，露出下面背景层中原来的游船部分。最后再将图片文件另存为JPG或TIF等格式就OK了。

文／图 jililai 周 济

后期降噪处理后的照片

7 第七章 SEVENTH CHAPTER

随着数码相机的日益普及，涌现出了大批摄影爱好者，数码照片对我们来说也不再是什么新鲜玩意。虽然数码照片可以很方便地在电脑上进行浏览，还可以通过网络进行快速的传播，但仍然有不少人难以舍弃欣赏传统照片的习惯，尤其是那些不经常使用电脑的人们。而解决这一问题的最佳选择就是——数码冲印。不过，许多处于数码冲印起跑线上的朋友难免会有许多疑问。为什么冲印照片有那么多不同的比例？为什么冲印出来的照片有部分图像被剪掉？为什么有些照片四周会有白边？为什么照片的颜色与显示器上看到的不一样？为什么冲印的照片质量很差？多少像素的数码照片可以冲印多大尺寸的照片？……

对于以上这些问题，本章就将一一做出解释，并将介绍更多的数码冲印常识。

数码冲印，一步到位！

develop and print Dc pictures

数码冲印就是把数码相机所拍摄的图像文件通过数码冲印设备曝光在传统相纸上，然后采用与传统照片彩色扩印相同的银盐反应冲洗工艺进行显影、定影等过程，从而获得普通照片。与传统彩色扩印不同的是，图像文件取代了底片。

数码冲印的优势及其操作流程

数码冲印的优势

众所周知，数码相机所拍即所见、不必担心浪费胶卷是其最大的特点。随着数码冲印的逐渐普及，数码照片的冲印价格已经接近传统冲印或与之持平。由于没有胶卷费用的开支，其综合冲印成本甚至低于传统照片。

在冲印传统照片时，用户很难按照自己的意图进行亲手修饰，而数码冲印则可通过图像处理软件进行数码暗房的编辑加工。例如调整亮度、对比度、色调，进行各种滤镜的效果渲染，甚至可以替换背景或人物，只要你有世界各地的风光图像，就可以在天涯海角留下到此一游的身影。如果你的摄影技术并不高明，通过数码暗房可以把拍坏的照片变废为宝。如果你是图像处理高手，数码暗房可把天空变得更蓝、云朵变得更白、花儿变得更红、树叶和小草变得更绿，还可以把MM脸上的痘痘抚平、肌肤也能变得如同模特一般嫩白。总之，图像处理软件中的任何技巧都可以应用在数码照片中，对于普通用户来说，这一切是传统照片难以实现的。

前两年，数码冲印的发展比较缓慢，冲印网点和冲印价格成为其发展的重大障碍，普通用户输出数码照片只能依赖于彩色喷墨打印机。与数码冲印相比较，虽然自己打印照片具有方便、灵活、快捷的特点，但普通彩色喷墨打印机的输出品质与正规的数码冲印存在着很大的差异，且耗材的投入明显高于数码冲印。如果使用照片专用打印机，尽管打印品质较高，但专用纸张和墨水的成本远远高于数码冲印，尤其是小幅面照片。因此，如果普通用户不要求即拍即打时，数码冲印具有相当优势。

虽然12寸及以上大幅面照片的冲印价格高于品质相当的照片专用打印机，但对于个人用户来说，大幅面照片专用打印机的购置费用也是一笔不小的开支。因此，获得大幅面照片的折中方案是数码胶印。

另外，对于普通用户来说，如果不具有一定的图像处理技能，使用打印机也未必能够获得较为满意的照片，尤其是颜色的设置与调整。而数码冲印则不然，对于照片要求较高且有一定能力的用户，可以自己处理，否则由数码冲印店代劳也可获得较为满意的效果。

从获取照片所花费的时间来衡量，普通用户如果自己进行打印，即便不考虑成本因素，打印大量照片所花费的时间也可能成为你的精神负担。而数码冲印则不然，由于是机械化的工业生产方式，只要把存储介质交给冲印店，稍等片刻，几十数百张照片便到了你的手中。如果繁忙的你连冲印店也不能光顾，网上冲印更能节省时间。

近两年来，网络技术和数码冲印设备的发展给网上数码冲印带来了生机。如果说网上数码冲印店如雨后春笋般地出现和发展，丝毫也不过分。有些朋友感到网上冲印很神秘，其实，通过登录冲印店网站或安装专用冲印软件，我们也可以很方便地上传待冲印的图像文件。照片的冲印设置也不复杂，花费些许时间即可搞定。至于网上即时支付功能，由于各大银行的网上银行服务功能相当完善和安全，我们不必再去柜台汇款或转账，网上交易瞬间即可完成，款项可以即时到账。如果是本地用户，还可选择货到付款方式。

现在，不少规模较大、管理完善的网上冲印店有多种照片交付方式可供选择，例如快递公司、邮寄包裹、邮政快递以及EMS等多种途径。本地用户当天就能收到照片，外地最快两三天可将照片送达。当然，地处偏远地区或选择较慢的交付方式，也可能在十几天以后收到。虽然网上冲印要付出邮递费用，但冲印数量较多时，平均费用不会增加太多。本地冲印条件不佳或时间紧张的用户，选择网上冲印无疑是最好的方案。

数码冲印的流程

数码冲印主要有图像编辑处理、冲印设置、提交定单三大步骤。图像的编辑处理不是必须的，简单的调整与修饰可由冲印店来完成。冲印设置是必须的，

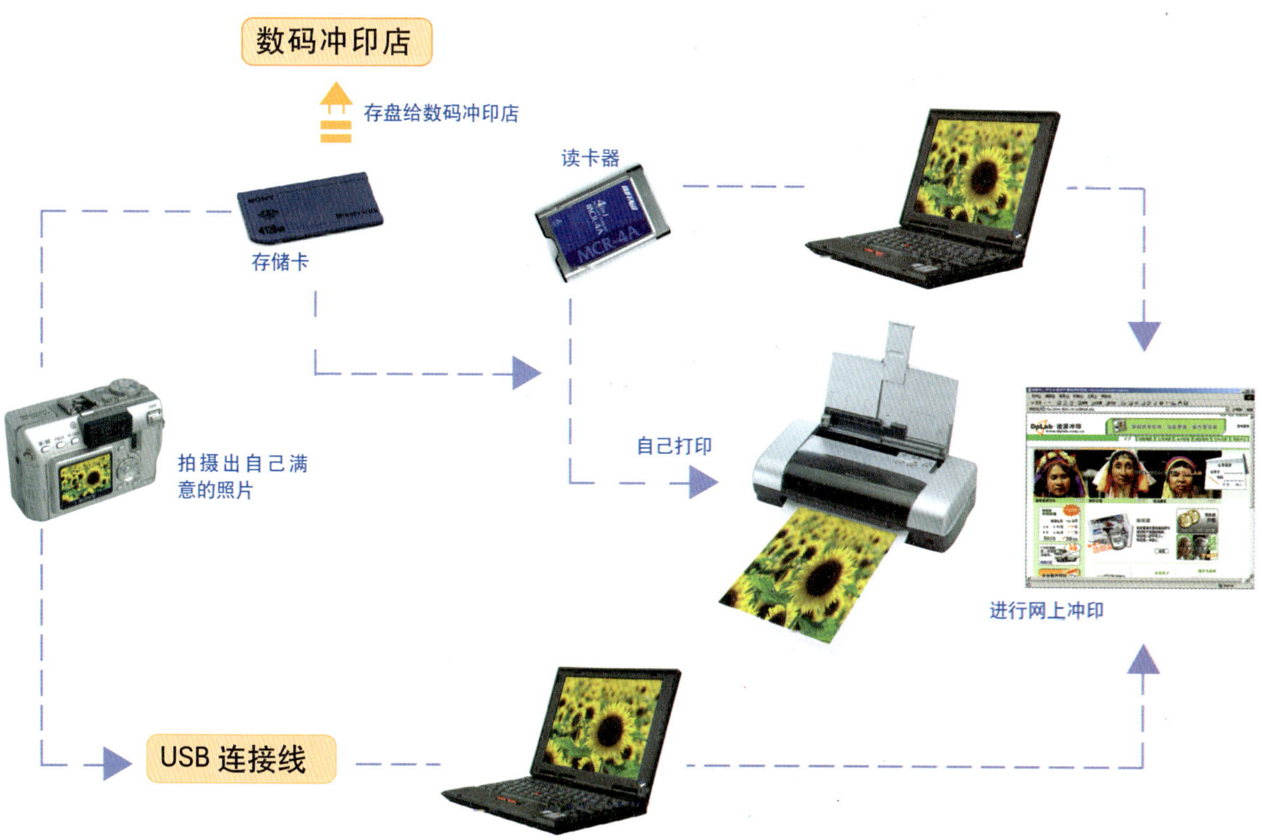

本地冲印可在柜台说明，网上冲印可在冲印界面中设置。提交定单针对的是网上冲印，本地冲印一般由柜台业务员填写并由本人签字。

1. 图像编辑处理、复制文件到存储介质

有电脑的用户可将相机里的文件下载到硬盘，视需要可进行图像编辑处理。本地冲印可把图像文件复制到存储卡、U盘、CD-R/RW光盘。

没有电脑的用户进行本地冲印时，可将相机或存储卡直接送到冲印店。

2. 冲印要求或冲印设置以及上传文件

接下来，本地冲印的用户可将存储介质送到冲印店，提出照片的冲印规格、是否需要裁剪或调色等要求。

注意 Notice

无论有否电脑，最好设法提前备份存储卡，以免在冲印店下载文件出现错误时使照片毁于一旦（虽然出现这种情况的可能性很小）。

网上冲印的用户可登录冲印网站或运行网上冲印店专用的冲印软件。不同网上冲印店的操作流程有所不同，有的是先上传照片，然后进行冲印规格、裁剪、调色等设置；有的是先设置后上传。

3. 提交定单与付款

本地冲印的定单是在柜台由业务员填写，用户直接付款。

网上冲印在线填写定单的主要内容包括冲印照片的数量、规格等信息，还需要填写收件人的姓名、邮编、地址、联系电话、交付方式（或配送方式）、付款方式。这些信息务必真实可靠，否则，照片不能顺利送达。如果准备把照片直接送给亲朋好友，也可以填写他们的真实信息。

不同交付方式的速度快慢不一、价格不同，可靠性略有出入。EMS和快递公司最快、最可靠，但EMS费用较高，快递公司的覆盖面较小；邮寄包裹速度较慢，可靠性相对较低；邮政快递比较可靠、速度较快。

然后选择付款方式，不同冲印店有所不同，但一般都有邮局汇款、网上支付、冲印卡支付等几种方式。网上支付必须要有相应的银行卡，并开通网上支付功能。有些银行的异地转账或快速汇款要收取一定的费用。

注意 Notice

很多网站在提交定单以后不能进行修改，虽然个别可以通过电话、E-mail方式修改，但会给人家的工作增添麻烦，而且容易出现错误。因此，填写定单务必认真、仔细，不能有丝毫差错，同时还要仔细审核冲印照片的数量、规格等信息。

冲印卡支付是某些网上冲印店特有的，可在该冲印店购买或该网站在线购买。关于交付方式及费用、付款方式，各网上冲印店都有详细说明，可参照选择。

确认提交定单后，如果选择网上支付，还要进行网上银行的转账操作。最后，整个冲印过程宣告结束。

异军突起——数码胶印

数码胶印与传统胶印的最大不同是由电脑处理图像文件取代印刷制版工艺，由于不存在制版时间与制版费用，具有随到随印的特点，而且单张印刷成本和批量印刷成本相同，可谓一张起印、立等可取。数码胶印与数码冲印的最大不同是输出工艺采用油墨和普通印刷纸张，而不是银盐反应的化学药液和相纸。因此，数码胶印同时兼有数码冲印快捷方便的特点和普通胶印成本低廉的优势。

数码胶印采用250dpi输出分辨率即可在铜版纸上得到较为细腻的图像，由于使用专用油墨，色彩丰富亮丽、颜色过渡自然。即便图像分辨率较低，如1900×1400dpi，使用120dpi输出分辨率也可在A3（近似17×12寸）幅面上得到较好的效果。与印刷质量较高的挂历相比，难分伯仲。

数码胶印价格低廉，200克A3幅面铜版纸每张5元，相当于两张12×8寸照片，适合大幅面照片的需要。由于数码胶印仍然采用印刷工艺，仔细观看可分辨印刷网纹是惟一不足。不过，大幅面照片的最佳观看距离约为半米左右，这种情况下很难辨别与数码冲印的差别。

冲好照片三要素
——图像的长宽比例、分辨率和色调

如何才能冲好数码照片？初次冲印前，几乎每个人都会有这样的想法。为了避免冲印出来的照片出现部分图像被剪掉、四周留有白边、图像质量不尽如人意以及颜色失调，我们就需要在冲印前调整好图像的长宽比例、根据图像分辨率选择适当的照片尺寸、做好显示器的颜色校正……

照片为什么会被裁剪部分图像、留白边或吃边？

照片之所以出现部分图像被剪掉或四周留有白边，其原因是图像文件与照片的长宽比例不一致。调整比例是冲好照片的三要素之一。当长宽比例相同时，四边仍然会被裁剪少许图像是由于冲印设备的裁剪定位方式所造成的。

1.照片尺寸的单位制及其标称尺寸

数码照片也是采用普通照片的标称尺寸系列。照片标称尺寸有两种表示方法，一种是沿用已久的“寸”制，一种是国际通用“R”制。寸制就是平时所说的1寸照片、2寸照片等等，这里说的“寸”即单位制英寸。“R”制就是普通胶卷彩扩所说的3R、4R等。

寸制规格以照片的长边表示，如6英寸×4英寸的称之为6寸照片。R制规格以照片的短边表示，如6英寸×4英寸的称之为4R照片。6英寸照片和4R照片是同一规格，照片的长宽尺寸也是相同的。

照片规格		尺寸（长×宽）		长宽比例
		英寸	(mm)	
135底片		—	36×24	3:2
120底片(6×4)		—	60×45	4:3
5寸	3R	5×3.5	127×88.9	10:7
6寸	4R	6×4	152.4×101.6	3:2
7寸	5R	7×5	177.8×127	7:5
8寸	6R	8×6	203.2×152.4	4:3
10寸	8R	10×8	254.0×203.2	5:4
12寸(1)	8R	12×8	304.8×203.2	3:2
12寸(2)	10R	12×10	304.8×254.0	6:5

表7–1 照片规格、尺寸及比例

2.照片被剪掉部分图像或留白边的原因是图像的长宽比例不当

由于大多数数码相机拍摄的图像文件长宽比例是4：3，对照表一可以看出，只有8英寸×6英寸照片的长宽比例与之相同，其他规格的比例均有差异。因此，在冲印其他规格前，如果不调整图片的比例则冲印的照片会出现两种情况：一种是原图片的上下或左右将被裁剪一部分；另一种是为了保证完整的图像不被裁剪而在左右或上下留有白边。

例如，一个1600×1200的图片的长宽比例是4：3，冲印6英寸照片的长宽比例是3：2，会在上下两边或其中一边裁剪掉不符合比例的部

图中实线方框内是冲印后的照片，上下阴影部分是原图片被裁剪掉的部分。

图中外侧实线方框是冲印的照片，明显可见两侧留有白边，但保留了完整的图像。

左右阴影部分是原图片被裁剪掉的部分

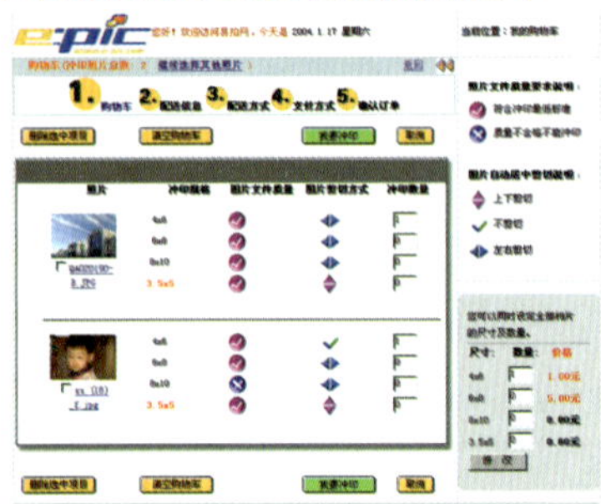

易拍冲印软件提示裁减的方向

迪派冲印软件可设置裁剪范围

分图像。

至于上下居中裁剪还是裁剪某一边，不同的冲印店可能会有不同的设置，有些冲印店可以由用户选择，有些只能居中裁剪。

如果在冲印时选择“留白”，冲印后的照片即可保留完整的图像，但上下或左右保留一定范围的白边。一般“留白”设置只有居中一种选择。

如果是不符合比例的竖幅图片，左右两侧会被裁剪或上下留白边，道理与横幅照片是相同的。

由于不同规格照片的比例并非是固定不变的，因此同一张不符合比例的图片冲印不同规格的照片被裁剪或留白边的大小就有所不同。

在进行网上冲印时，有些冲印软件会提示不同照片规格是否符合比例以及裁剪的方向或部位。例如，易拍冲印软件将符合比例的提示一个“√”图标，不符合比例的提示图标为一对三角形，横置三角形是左右裁剪，竖置三角形是上下裁剪。

迪派冲印软件可以显示被裁剪的范围，用户也可自行设置裁剪范围。

3. 为什么调整好比例的照片仍然会被裁剪

尽管我们提前调整好图片的比例，但冲印后的照片四周仍然会被裁剪少许，这种现象俗称“吃边”。

图中黑色边框示意原图片大小，白色边框示意冲印后的照片裁剪范围，两个边框中间是被“吃边”的部分，每边大约为 2mm～3mm 左右。

产生“吃边”的原因是冲印裁剪设备很难精确定位在曝光图像的边缘。因此，裁切范围要比曝光的原图片范围稍小一圈。即使使用一些裁切好的定型相纸设备也很难做到曝光范围与相纸纸边精确定位。否则，稍有偏移就可能会出现一侧“吃边”而另一侧出现白边的现象。

综上所述，如果不在乎冲印店如何处理比例，可由其随意处理。但如果冲印店处理照片的比例不能符合当初拍摄时的构图要求，在冲印前应该自己调整好图片的比例。如果图像边缘部分有重要内容，可提前在图像编辑软件中预留 3mm 左右的白边，当出现“吃边”时，被裁切掉的是预留的白边。

在大多情况下，人们首先在电脑上看到了数码照片的“全貌”，由于这一“先见为主”的特性，人们对于比例裁剪和吃边问题比较敏感。

其实，胶卷扩印同样也存在比例裁剪问题，例如135胶卷，除扩印6英寸×4英寸或12英寸×8英寸外，其他规格也会按不同比例裁剪。

不同规格的照片对图片分辨率的要求

图像的分辨率直接关系到照片的精度质量，这是冲好照片的三要素之二。

1. 图像分辨率、输出分辨率以及照片的尺寸

数码相机感光元件的像素数决定了所拍摄的图像文件的分辨率，图像分辨率可以看做是长边像素数乘以短边像素数表示的图像文件拥有的实际像素数。例如，一台200万像素数码相机的有效像素数为1920000，其拍摄的图像文件分辨率是1600×1200像素(dpi)。而另一台300万像素数码相机的有效像素数为3145728，其拍摄的图像文件的分辨率是2048×1536像素(dpi)。显然，感光元件的有效像素数越多，拍摄的图像拥有的像素数量越多，图像的分辨率也越高。

高精度的照片不但需要高分辨率的图像，同时还需要冲印时的高输出分辨率，输出分辨率同时还决定了照片的尺寸大小。输出分辨率是以每平方英寸含有多少像素(dpi)来表示的，含有的像素越多，输出分辨率越高，这一点与打印机的打印分辨率是同样的道理。

同样分辨率的图像文件，如果使用高输出分辨率可得到高精度的小照片，而使用低输出分辨率得到的是低精度的大照片。例如，同样是2048×1536分辨率的图像，当输出分辨率为300dpi时，可得到(2048/300)×(1536/300)=6.82英寸×5.12英寸的照片，当输出分辨率为150dpi时，可得到(2048/150)×(1536/150)=13.65英寸×10.24英寸的照片。显而易见，300dpi得到的是高精度的6.82英寸×5.12英寸小照片，而150dpi得到的是低精度的13.65英寸×10.24英寸大照片（这个例子为了便于说明问题，没有按照照片的系列规格来计算）。相对来说，同样像素的图像冲印大照片牺牲的是精度。

不同像素数码相机使用最大有效像素拍摄的照片在300dpi或150dpi输出分辨率时可以冲印照片的最大规格请见表7－2。

上表仅说明数码相机的最大图像分辨率与照片尺寸的关系，但并非是设置较低分辨率也可以冲印如此大的照片。例如，400万像素的相机设置为1600×1200（dpi）图像时，可冲印照片的最大尺寸与200万像素相机的1600×1200（dpi）图像相同。另外，冲印不是数码相机拍摄的图像文件时，图像分辨率与照片的尺寸也具有同样的关系。

相机感光元件像素（万）	有效像素数	最大图像分辨率(dpi)	可冲印照片最大尺寸(英寸)	
			输出分辨率300dpi	输出分辨率150dpi
500	4915200	2560×1920	8.5×6.4	17×12.8
400	3871488	2272×1704	7.6×5.7	15.1×11.4
300	3145728	2048×1536	6.8×5.1	13.6×10.2
200	1920000	1600×1200	5.3×4.0	10.7×8
130	1228800	1280×960	4.3×3.2	8.5×6.4
80	786432	1024×768	3.4×2.6	6.8×5.1

表7-2 图像分辨率与照片尺寸规格的关系
注：不同数码相机有效像素的参数离散性较大，此表格数据仅供参考。

2. 数码冲印中的照片精度与选择尺寸

根据冲印设备的输出分辨率，一般冲印店把150dpi作为照片精度质量的最低要求，把300dpi（或250dpi）作为高精度的质量标准，在这之间的输出分辨率作为中等质量。进行网上冲印时，当选择照片冲印规格后，冲印软件会提示照片冲印精度的高低，我们可以根据提示来决定冲印多大尺寸的照片以及判断冲印后的照片精度如何。

例如，“上海迪派”冲印软件是以绿、黄、红三种颜色标志分别表示照片冲印精度“优”、“好”、“差”3个等级。如果某个图像的分辨率在输出分辨率为300dpi时可以达到所选择的照片规格，则以绿色标志来表示冲印的精度质量为“优”。如果规格选择过大，而其图像的分辨率只能以150dpi或更低的输出分辨率才能达到所选择的规格，则以红色标志来表示“差”。当出现红色标志时，虽

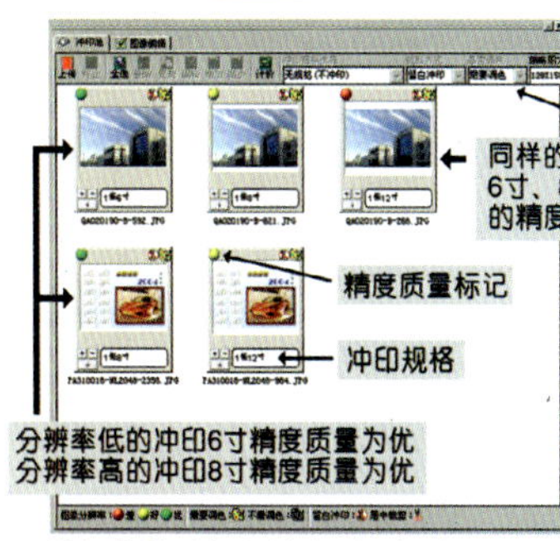

照片规格的选择和精度质量标志

然可以冲印，但冲印店不能保证照片的精度质量要求。

图中上面一排是200万像素相机拍摄的同一个文件，左边冲印6寸标志为绿色，中间是冲印8英寸标志为黄色，右边是冲印12英寸标志为红色。下面一排是300万像素拍摄的同一个文件，左边是冲印8英寸为绿色标志，右边是冲印12英寸标志为黄色。由此可见，同一个图像文件冲印的照片越大，精度越低。而对于不同分辨率的图像来说，分辨率越高的图像可以冲印高精度照片的规格越大。

不同的网上冲印店的精度设置有所不同，"济南世纪开元"与"上海迪派"相似，也是采用优、中、差三个精度等级和绿、黄、红三种颜色标志。

"济南世纪开元"同样使用绿、黄、红三种颜色标志表示优、中、差三个精度等级

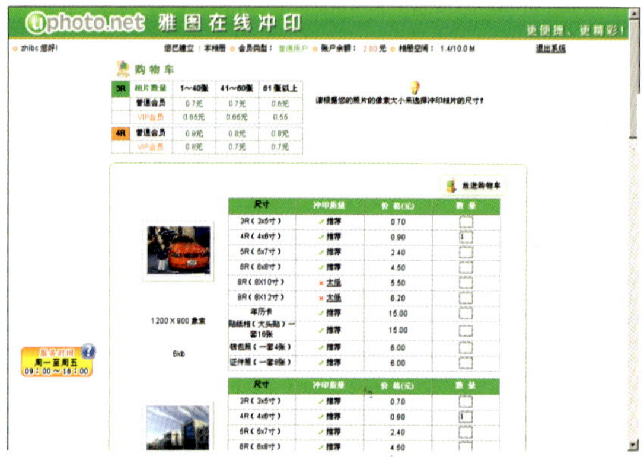

"广州雅图"使用"✓"和"×"来表示图片是否合格

另外有些网上冲印店采用两种表示方法，例如"北京易拍"，符合冲印最低标准的以紫色"✓"表示，不合格不能冲印的用蓝色"×"来表示。"广州雅图"表示合格的是绿色"✓"，并提示"推荐"，不合格的用红色"×"表示，并提示"太低"。

照片规格（英寸）	优／绿色（250dpi以上）	好／黄色（150dpi～250dpi）	差／红色（150dpi以下）
		图像分辨率(dpi)	
5 × 3.5	1250 × 875以上	750 × 525～1250 × 875	750 × 525以下
6 × 4	1500 × 1000以上	900 × 600～1500 × 1000	9000 × 600以下
7 × 5	1750 × 1250以上	1050 × 750～1750 × 1250	1050 × 750以下
8 × 6	2000 × 1500以上	1200 × 900～2000 × 1500	1200 × 900以下
10 × 8	2500 × 2000以上	1500 × 1200～2500 × 2000	1500 × 1200以下
12 × 10	3000 × 2500以上	1800 × 1500～3000 × 2500	1800 × 1500以下
14 × 10	3500 × 2500以上	2100 × 1500～3500 × 2500	2100 × 1500以下

表7-3 迪派推荐的图像分辨率

3. 冲印店推荐的冲印分辨率判定标准

为了在冲印前能够按照精度质量和冲印尺寸的要求准备图片，我们可以参考冲印店推荐的图像分辨率，请见表7－3。

需要注意的是，该表的推荐分辨率与冲印软件中的标志不能完全吻合，例如。推荐表中分辨率为2001(dpi)×1501(dpi)的图像可以冲印精度质量为"优"的8英寸×6英寸照片，但在冲印软件中却显示为精度等级"好"的黄色标志，只有大于2020(dpi)×1515(dpi)才能转为精度等级"优"的绿色标志。

使用推荐表计算照片的精度质量很方便。例如，分辨率为1600(dpi)×1200(dpi)的图像准备冲印8英寸×6英寸照片时，分别用图像长短边除以照片长短边，得到的数值200(dpi)就是该分辨率图像冲印该规格照片所使用的输出分辨率，由于200dpi介于250dpi和150dpi之间，因此照片的精度质量为中等。

我们也可以先确定照片精度，然后计算可以冲印的最大规格，例如同样是分辨率为1600(dpi)×1200(dpi)的图像冲印8英寸×6英寸照片，如果准备得到高精度(250dpi)的照片，用1600和1200分别除以250，结果为6.4(寸)×4.8(寸)。因此，要想得到高精度照片只能冲印6寸的照片。

如果你对照片的精度质量比较敏感或有很高的要求，不妨把输出分辨率300dpi作为优。以上计算最好在图像分辨率的长宽比例与照片长宽比例一致的情况下进行，不一致时，输出分辨率应以长短边计算结果中最小的一个为准。

目前网上冲印店一般都有上述推荐分辨率的资料说明，但精度等级对应的输出分辨率值可能有所不同。例如，有的把240dpi作为最高精度等级，把120dpi作为最低精度等级。

4. 影响照片精度质量的主观判断与客观因素

照片精度质量的高低毕竟是由人来进行判断的，不同的人对于精度质量的感受能力有所不同，审视照片的不同出发点也会得出精度质量的不同结论。从来没有冲印过数码照片的朋友都会存在多高分辨率的图像究竟可以冲印多大照片的疑问，回答这个问题除参考以上介绍的内容，更为重要的是自己对照片精度质量的判断能力。

一般情况下，输出分辨率250dpi或300dpi的照片，无论是哪种情况或站在哪个角度都不会有太大争议，不低于120dpi时，一般人的眼光也不会有太大异议。例如，200万像素的1600(dpi)×1200(dpi)图像调整比例为1599(dpi)×1066(dpi)冲印12英寸×8英寸照片（133dpi）或调整为1440(dpi)×1200(dpi)冲印12英寸×10英寸照片（120dpi）时，一般人的业余眼光看上去很清晰，但在一些专业人员或专业眼光的审视下可能会有些毛病。因此，第一次不妨少量冲印一些不同尺寸的照片，从而得出自己的判断结果。

影响照片精度质量的判断还存在一些客观因素，尤其是较低的输出分辨率或者是冲印较大照片时。观看照片的不同距离会有不同的判断结果，尤其是挂在墙上的12英寸或更大的照片，观看距离一般在半米或更远一些，即便有些问题也不会留意。冲印前在图像编辑软件中过度调整对比度、色调等，或保存JPG文件时压缩过度也会出现问题。

另外，数码相机本身的成像质量也会影响照片的精度质量，同样都是300万像素的机器，可能有不同的成像质量，例如感光元件、镜头、噪点以及图像品质的设置等因素的影响。

世纪开元标准照片图像文件

注意 Notice

我们在显示器看到的图像颜色与看到照片的颜色是不同的原理，我们校准显示器会存在一定误差，店家校准冲印设备的误差、照片的曝光、冲洗药液等因素都会影响照片的色调，因此出现少许偏差是在情理之中的。

照片的色调与冲印时的调色

影响照片色调的主要原因有两个，一个是显示器颜色没有校准，二是选择冲印店“调色”，但效果不能和自己的意图吻合。这是冲好照片的三要素之三。

1. 校准显示器

如果出现照片的色调和图像在显示器上显示的色调偏差较大的情况，首先应该检查显示器的颜色校准。为了能使显示器颜色尽量接近照片色调，较为完善的冲印店可有偿提供标准照片，或提供标准照片图像文件下载，例如上海迪派和济南世纪开元。下载的文件同样需要冲印为标准照片，然后可比对照片的颜色和灰度等级来调整显示器。

2. 图像的调色

如果显示器已经校准，但照片仍然出现明显偏色或亮度、对比度问题，其原因是冲印设置中选择了由冲印店“调色”。“调色”设置主要是对照片的颜色、亮度、对比度的调整。由于每个人对颜色、亮度、对比度的感受不同或有不同的偏好，因此冲印员与我们的意图可能存在一定差异。如果你特别在乎照片的色调，最好自己提前调整好，并在冲印时设置为“不调色”。

如果以上两个问题都不存在，偶尔也出现色调问题，这就是冲印店的问题了，问题严重时可与店家协商解决，但较好的冲印店出现这样的问题比较少。

足不出户，网上冲印

近年来，大中城市的数码冲印已形成了较为成熟的市场，很多店家纷纷开展了网上冲印业务。其中不乏冲印质量高、服务好、交件快的店家。

数码冲印店的现状

在这里将分别从冲印设备和质量、价格、客户端软件、付款方式、交递方式以及服务措施等几个方面介绍四个网上冲印店的综合性能。其中包括上海迪派、济南世纪开元、北京易拍和广州雅图，其网址依次如下：

上海迪派　　http://www.dplab.com.cn/

济南世纪开元　　http://www.36588.com.cn/

北京易拍　　http://219.142.33.120/

广州雅图　　http://uphoto.tiansha.net/

照片规格		冲印价格（元）					
R制	英寸制	上海迪派		济南世纪开元	北京易拍	广州雅图	
		普通	VIP			普通	VIP
1寸证件照		2.00	1.60	2.00			
小2寸证件照			2.00	1.60			
2寸证件照		2.00	1.60	2.00			
皮夹照		2.00	1.60	2.00			
3R	3.5×5	0.75	0.60	0.60	0.60	0.70/1-60张	0.60/61张以上
						0.65/1-60张	0.55/61张以上
4R	4×6	0.90	0.72	0.70	1.00	0.90/1-40张	0.80/41张以上
						0.80/1-40张	0.70/41张以上
5R	5×7	2.00	1.60	2.00		2.40	
5×10英寸宽幅			4.00	3.20			
6R	6×8	3.50	2.80	8.00	5.00	4.50	
	6×9			9.00			
8R	8×10	8.00	6.40	10.00	8.00	5.50	
8R	8×12			12.00	6.20		
10R	10×12	12.00	9.60				
	10×14	14.00	11.20				
	12×18	30.00	24.00				
	16×20	50.00	40.00				
	20×24	70.00	56.00				
	20×30	90.00	72.00				
	24×30	110.00	88.00				

表7-4 部分店家冲印价格比较

备注：

①1寸证件照：在3.5×5英寸照片印8张相同的1寸照片。

②小2寸和2寸证件照：在3.5×5英寸照片印4张相同的小2寸或2寸照片。

③皮夹照：在3.5×5英寸照片印2张相同的照片。

④以上价格仅供参考，准确价格以官方网站为准。

1. 冲印设备与冲印质量

目前冲印店有柯达和富士两大阵营，柯达使用的是诺日士或新锐的冲印设备及柯达皇家相纸，例如北京易拍和广州雅图。富士使用的冲印设备是固有品牌富士“魔术手”及富士相纸，例如上海迪派和济南世纪开元。

柯达照片颜色还原真实、成像柔和，富士照片色彩鲜艳、成像锐利。规模较大的冲印店操作规范，人员素质和技术能力较高，同时还开展网上冲印业务，一般不会出现较大的冲印质量问题。有些规模较小的店家，由于资金投入较少，冲印设备的质量和人员的素质具有一定差距，选择时需要注意。

2. 冲印价格

除考虑店家的冲印设备和冲印质量外，价格是第二位因素。表7-4列出了以上4家网上冲印店的当前冲印价格，价格最低的接近目前网上冲印价格底线。迪派的照片规格齐全，VIP会员的价格较低。世纪开元虽然没有VIP会员之说，但小规格照片价格低廉，大规格照片价格比较高，尤其是6×8寸的价格比较高。易拍从2003年5月1日网站升级后价格做了全面调整，而且取消了12寸的冲印业务，目前除3.5×5寸较低外，其他规格较高。雅图全线价格较为低廉，尤其小规格冲印量大时和VIP会员的优惠价格较为诱人。

3. 客户端软件

网上冲印如果有个好的客户端软件，不但操作方便，而且上传文件可靠。

首先应该考虑上传方式，有些网上冲印店没有自己的客户端软件，也不能在网站在线冲印，上传文件采用FTP上传方式，对于不熟悉FTP的用户有些勉为其难。还有些网站采用发邮件或QQ传输文件的方式，其方式更不可取，这一类冲印店千万不要涉足，即使价格很低很低。

迪派在线、易拍、雅图的客户端软件做得较好，上传照片可以选择数量，适合拨号上网或网络速度较慢的用户。可以分别进行每张照片的规格、裁剪和调色的设置。

世纪开元只能把所选择的全部照片同时上传，网络速度较慢时容易出现问题，有时会没有上传完成的提示，容易出现重复上传的现象。解决上传问题可采用小批量多次上传并合并定单的方式，但显得有些烦琐。照片规格可以分别设置，但裁剪和调色不能分别设置，这是另一个不足之处。

4. 付款方式和交递方式

接下来考虑的是付款方式和交递方式。迪派、雅图、易拍有多家银行和多种银行卡、储蓄卡、信用卡可供在线支付时选择，但迪派需要提前充值冲印卡，有些不便。世纪开元支持的银行卡较少。这几家的交递方式都比较完善，费用没有太大出入，用户根据不同需要可有较大的选择余地。

5. 服务措施

尽管这四个店家都有服务热线和邮箱，但网上冲印服务最为重要的是冲印专用论坛。建立论坛的目的不仅仅是为了解决店家的服务质量问题，对于大多数不熟悉网上交易、网上冲印的用户来说，更重要的是沟通和解决冲印前或冲印过程中用户本身的问题或疑问。目前只有世纪开元和易拍有专用论坛。

世纪开元的论坛服务相当不错，回复及时，大部分问题都能解决，即便是用户咨询冲印的帖子，大多能够得到满意的回复。

易拍论坛在2003年五一改版前比较不错，目前人气很低，提问题的很少，斑竹回复也不理想，也许是地处北京，侧重门市冲印业务吧。

另外还有一些网上冲印店的综合性能同样不错，在此就不再一一介绍了。

实战网上冲印

出于综合性能和冲印软件功能的全面考虑，以下介绍迪派的网上

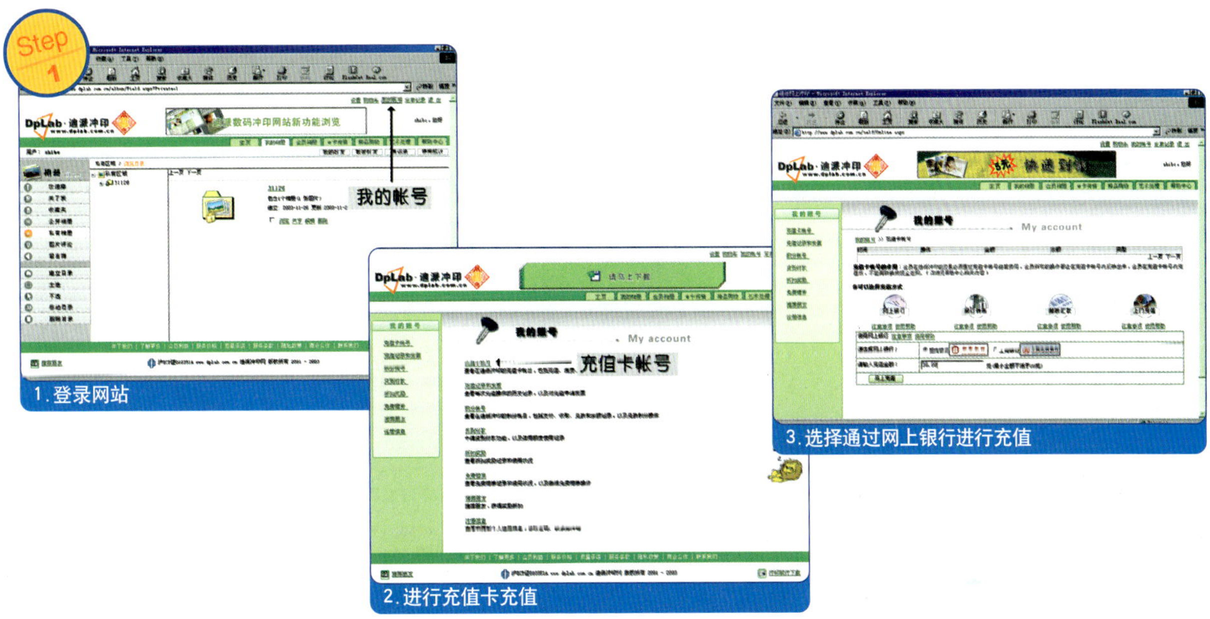

1. 登录网站

2. 进行充值卡充值

3. 选择通过网上银行进行充值

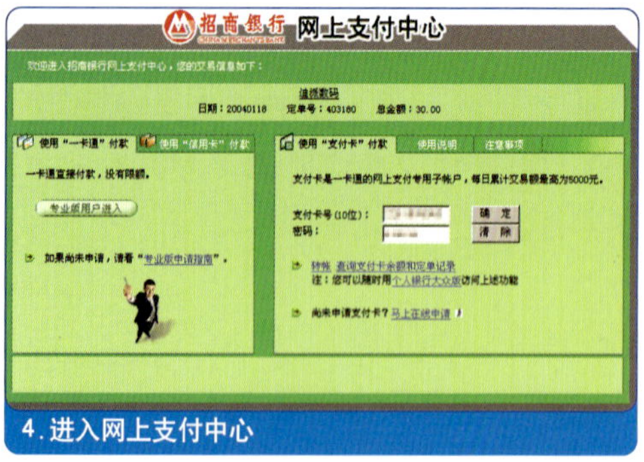

4. 进入网上支付中心

5. 充值成功

冲印全过程。迪派有两种方式进行网上冲印，一是下载安装客户端软件，在本地进行冲印设置后，下定单并上传图像文件。另一种方式是登录该网站进行在线冲印。网站在线冲印首先是上传图像文件，然后是照片设置以及提交定单。虽然两种方式的操作界面有所不同，但功能完全一样。本例介绍网站在线冲印操作的全部过程。

第一步，登录网站、充值卡充值

登录迪派冲印网站，单击“我的账号”按钮。首先进行充值卡充值，充值后的金额总计应该大于本次冲印的总费用。如果无法提前准确计算冲印费用，可在购物车中选择好冲印规格后，参考页面底行的金额总计。

在弹出的页面中单击“充值卡账号”。

在选择充值方式页面中可以选择网上银行、银行转账、邮政汇款、上门充值等不同方式。在本例中选择网上银行。单击“网上银行”按钮后，下面的充值窗口将展开，选择相应的银行并输入充值金额后，单击“马上充值”按钮。

在弹出的银行转账付款页面中输入银行卡的账号和密码并单击“确定”按钮。

如果支付成功，将弹出相应的提示页面，退出即可。

第二步，上传照片

返回后，准备上传照片。单击“我的相册”按钮，并按照窗口中的提示“没有图片，点击上传”进行操作。

接下来弹出的是上传照片页面，页面中提示了上传图片规则，请认真阅读。在“选择上传图片的数量”下拉列表中可以选择每次同时上传图片的数量（最多10个），可根据网络速度选择，较慢的网络不宜选择太多。

根据选择的上传图片数量，在页面下方将有相应数量的文件列表框和选择文件的“浏览”按钮。单击第一个“浏览……”

Step 2

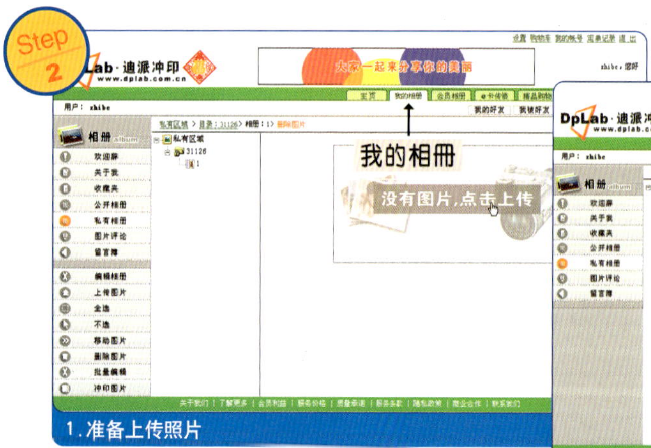

1. 准备上传照片

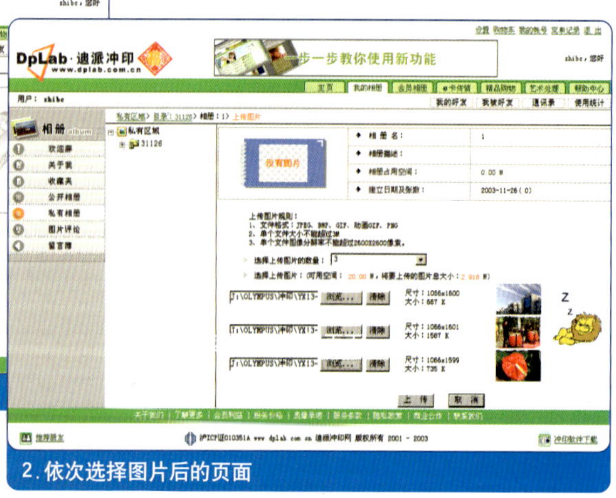
2. 依次选择图片后的页面

3.上传文件页面

4.文件上传进程

按钮，在弹出的选择文件对话框中选择图片，选中并返回后，该图片的路径、文件名将出现在列表框中。

如果已经建立了相册，在选择相册后单击“上传”按钮即可弹出上传文件页面。

根据文件数量和容量不同，以及网络速度不同，上传时间相差悬殊。上传完成后，重复以上步骤直到全部文件上传完成。

选中要冲印的照片

第三步，把照片添加到购物车

上传文件完成后，需要把冲印的照片添加到购物车。方法是点击某个照片缩略图下方的“冲印”按钮，或选中一批照片后单击页面左侧的“冲印图片”按钮。屏幕刷新后，图片缩略图下方的“冲印”按钮前面将增加一个“√”，表示该图片已经添加到购物车了。

然后单击页面顶行右侧的“购物车”按钮，打开购物车页面。

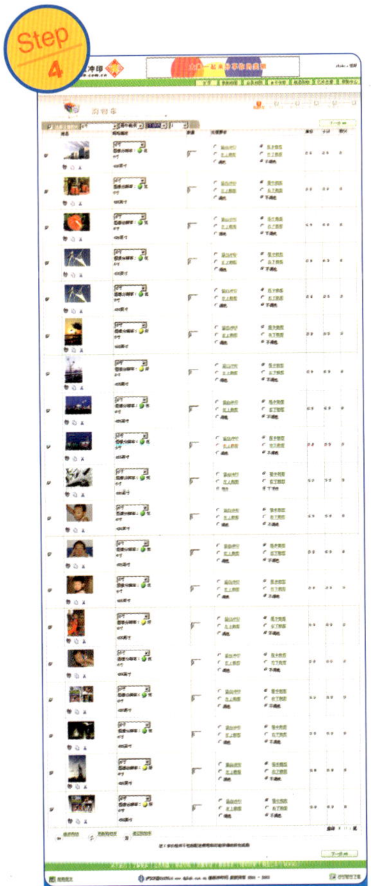

设置照片

第四步，在购物车中设置照片

接下来在购物车中设置照片的规格和数量、裁剪和裁剪方式、是否调色。如何进行设置，前面已经介绍了，这里就不再重复。

该页面底行有冲印费用总计，如果充值卡金额不足，可将该费用加上配送费用进行充值。

设置好以后，单击页面底行“下一步”按钮。

第五步，填写配送信息、选择配送方式

接下来弹出的是配送信息页

填写配送信息

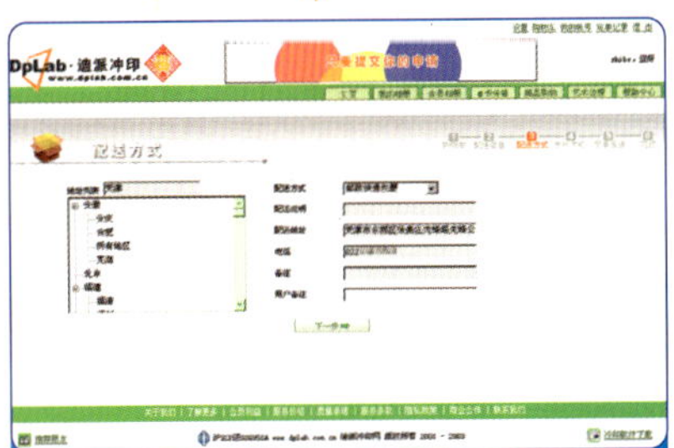
选择配送方式

面。姓名、地址、邮编等配送信息要认真填写，仔细检查。

然后单击“下一步”按钮，弹出配送方式选择页面。配送方式可根据自己的需要选择，不同方式的费用不同，请提前阅读网站帮助信息。

第六步，选择支付方式

接下来弹出的是选择支付方式页面，目前只有充值卡一种。

选择支付方式

第七步，提交定单

在支付方式选择页面单击“下一步”按钮，弹出定单页面。

检查定单信息无误后，单击“发送定单”按钮，弹出“支付完成”页面，表示定单提交完成。把页面中的定单号码记录下来，以备查询。然后单击“返回”按钮，即可完成网上数码冲印的全部过程。

验证定单信息

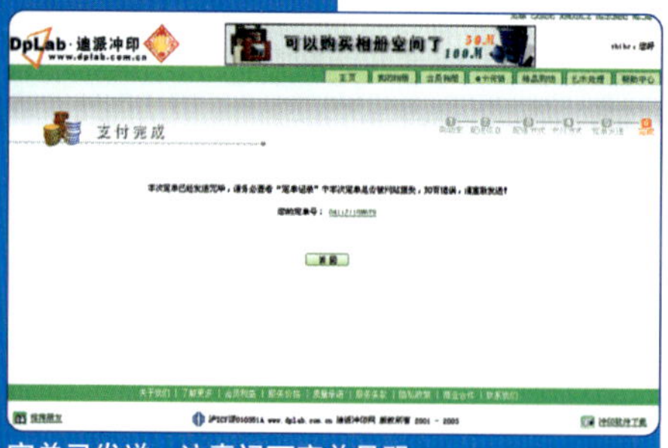
定单已发送，注意记下定单号码

第八步，查询定单

返回后，单击顶行“定单记录”按钮，打开“查看定单记录”页面。

由于刚刚提交定单，因此定单状态一栏中的信息为制作中。一般情况下，经过4～8个工作时即可显示“定单配送完成”的信息。这表示照片已经冲洗完毕并交付配送单位。接下来我们可以等待收取照片了。

文／图　智炳超

查询定单的信息

现在我们就可以在家中耐心等待了

8 第八章 EIGHTH CHAPTER

拍摄好数码相片之后，我们就可以利用它来一展身手了。只需要准备电脑、打印机、刻录机等设备和一些简单的软件，我们就可以把数码相片应用到生活的方方面面。Do It Yourself，只要肯动脑筋勤动手，大家都可以DIY出自己满意的作品。

后期应用DIY奇招

photoshop Dc pictures

经常使用数码相机的用户，电脑上难免会保存有相当数量的数码相片，这些照片如果杂乱放置，不仅不便浏览，查找起来也很困难。最好的办法莫过于将其制作成一个精美的电子相册。

第1招 制作电子相册

制作个人电子相册

制作电子相册，可以使用PhotoFamily软件。Photofamily是比较流行且好用的电子相册软件之一，是一位漂亮能干的照片“小管家”。Photofamily的开发商是BENQ（明基）公司，在众多电子相册制作软件中，它具有使用方便、功能强大的图片管理和编辑工具，使得普通的家庭用户包括小孩子都可以感受到数码相片带来的乐趣。

Step1，下载、解压并安装后，运行Photofamily，可以看到一个简洁的主界面。

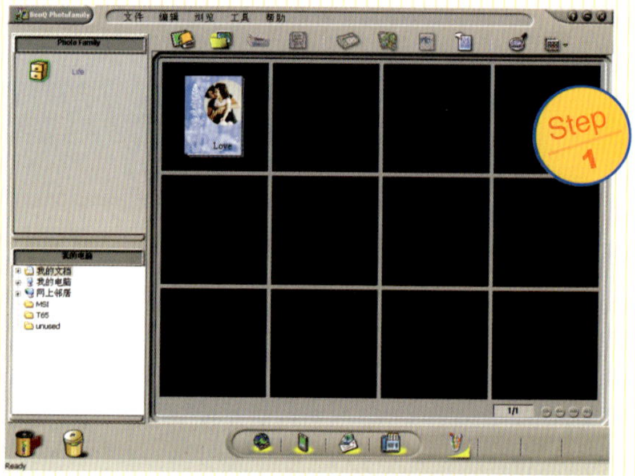

Step2，选择“文件”→“新相册”，PhotoFamily将在默认的相柜“Life”下面建立一个新的相册，初始名称为“Album0”，这里将名字改为“新年相册”，当然也可以取自己喜欢的其他名字。

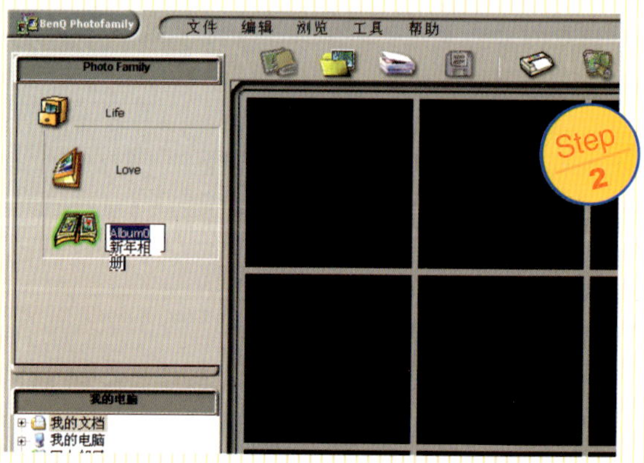

Step3，往新建的相册里面添加图片。选择菜单“文件”→“导入图像”，然后选取要添入相册的图片。

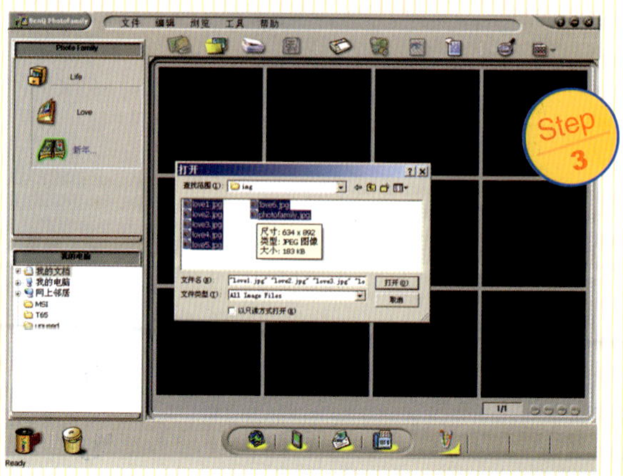

Step4，选取的相片都显示在右边的方框中。

Step5，设置相册的一些基本属性。选择“新年快乐”相册，然后选择菜单“文件”→“属性”，将打开相册属性的设置对话框。在相册属性对话框的“常规”页，可以设置背景音乐、相册注释和排序方式等项目。完成设置后，点击“√”按钮即可。

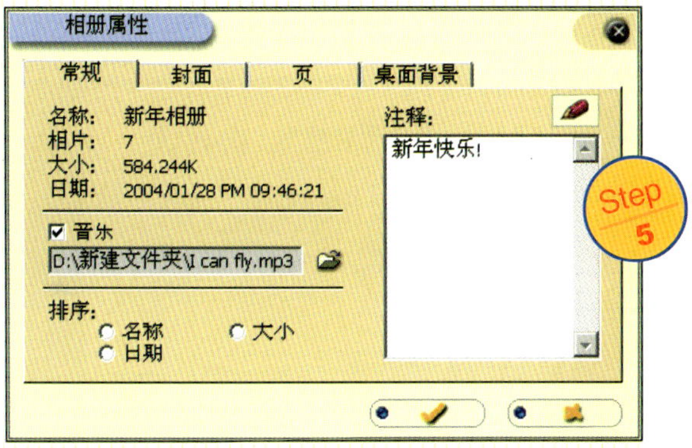

Step6，设置相册属性对话框的“封面”页，包括五个项目的设定，点击每个项目名前的小图片，即可进行设定。其中“封面图像”指相册封面上显示的图片，默认的相册封面是相册中的第一张图片。

剩下的“页”和“桌面背景”也是一些常规设置，大家可以依照自己的情况而修改。

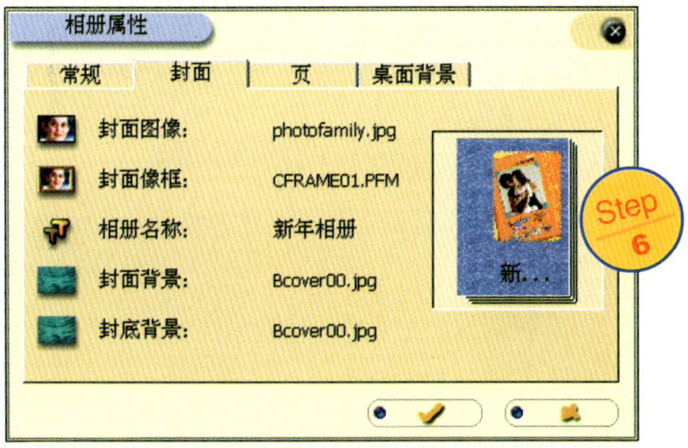

Step7，添加每个图片的注释，这样可以不至于因时间久了而忘记图片拍摄的背景。选择一张照片，点击鼠标右键，选择快捷菜单中的“属性”，就可以增加照片的注释了。

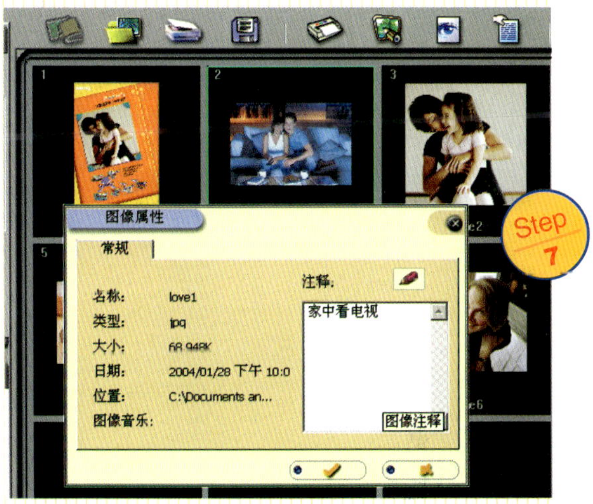

Step8，在逐一添加了各照片的注释后，相册就大功告成了，别忘了做一下保存操作。然后，就可以选择菜单“浏览”→“浏览相册”来观看相册了。

Step9，让别人分享相册也是一大乐趣，别着急，PhotoFamily提供了许多这方面的功能。“工具”菜单有众多发布自己相册的功能，其中“打包相册”项可以将自己的相册打包成一个.Exe文件，送给朋友后，他不需要安装PhotoFamily，只需要运行这个程序就可以观看相册，其效果和通过PhotoFamily的“浏览”→“浏览相册”一模一样。

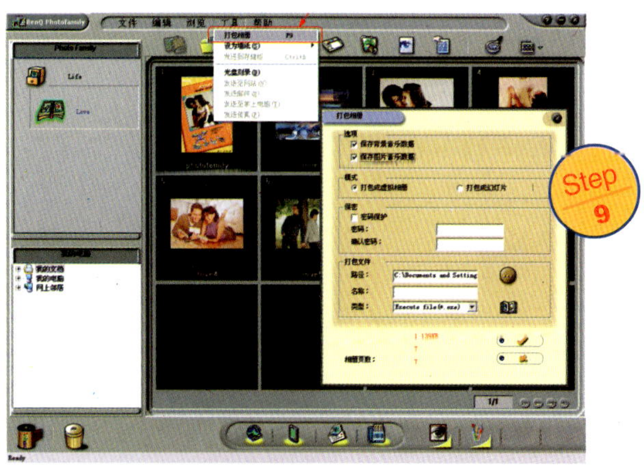

制作网上相册

除了用软件制作电子相册外，还可以将自己的相片放上Internet，做成网上相册，这样可以更加方便地与自己远方的亲朋好友分享自己的美好照片。以下就以豪杰多媒体中心提供的网上相册服务为例讲解如何制作网上相册。

Step1，首先到豪杰多媒体中心(http://album.m2center.com/)，单击页面左侧的“免费注册”按钮进行注册。

注册后，登录多媒体中心，主界面上出现相册、编辑、冲印、分享四大模块。系统会自动显示现有相册基本信息，包括名称、类别、所包括的图片总数、更新日期剩余空间、共享状态等所有的有关信息。

Step2，新建相册。点击“新建相册”按钮为自己的相册取一个名字，可分别建几个不同类别的像册，便于照片的分类存放．在备注里给相册添加点简要的注释说明并提交，这样相册就建好了。

Step3，添加照片。单击“添加照片”按钮选择你要上传的图片，可单张上传，也可多张上传。再给照片来个简单的介绍，取一个名字，点击“提交”按钮，照片就自动添加到相册里了。

Step4，相册编辑。点击“编辑此相册”可修改相册的名字、类别及介绍，修改完后直接提交就可完成修改。

Step5，照片处理。存放好照片后就可以对照片进行美化了，单击界面最左列的“编辑”按钮选择要编辑的照片所在的相册，这里的照片编辑工具包括高保真缩放、镜像旋转、除斑点等，选择某种编辑工具进行操作后点击“确认”按钮可保留修改结果。

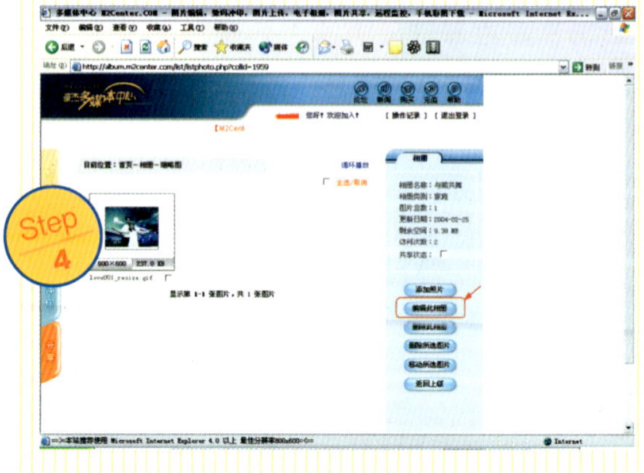

当数码相片逐渐“充实”你的硬盘时，有没有想过把他们打印出来呢？下面就为大家介绍一下如何进行数码相片的打印。

第2招 打印数码相片

打印机的选择

打印数码相片所用的打印机必须具备高精度的特点，一般选用分辨率为1200×2400dpi以上彩色喷墨打印机，这可以保证所打印的相片的成像质量。

彩色喷墨打印机

1.相片打印机的种类

对于数码相片打印来说，目前能够提供专业级别输出效果的打印机主要分为3类：

(1) 喷墨打印机

毫无疑问这是最常见的照片打印设备。喷墨打印机通过一系列喷嘴，将基于染料或者颜料的彩色墨水微量地喷射到纸张之上。如今，可提供照片质量打印效果的喷墨打印机可以达到2880dpi的分辨率，足以打印清晰的、无图案限制的照片。许多打印机还提供6种不同的墨水，这可以提高打印效果中色彩过渡的平滑性，现在市场上也开始出现7种颜色墨水的打印机，可以表现更完美的色彩。喷墨打印机的优点是价格便宜，至少对于大约为13英寸×19英寸的打印尺寸来说，它是主流数码打印机中最为便宜的一类。另外喷墨打印机的种类繁多，墨水和纸张等配件的价格合理，能实现从“一般”到“完美”的各级打印质量。其缺点是打印的速度较慢，不耐用，不适合大负荷频繁地打印。另外，喷墨打印机的图片打印效果还是比不上后面两种专业的图片打印机。

(2)热升华打印机

这种打印机通过一个精细控制的加热元件将三到四条彩色色带上少量的颜料转移到纸张之上，形成大小可调的色点。特别是在色彩过渡的平滑性方面，热升华打印机的性能为人们所公认。热升华打印机的优点是打印出的图片色彩平滑而又丰富，打印速度非常快，是3种打印机之中打印速度最快的一种。它可以在重负荷的条件下工作，适合大批量打印。热升华打印机的缺点是价格比较昂贵，打印的尺寸也有限制，不像喷墨打印机一样可以输出任何尺寸的图片。

(3)Fujifilm(富士)PG系列打印机

富士的PG3500和PG4000—II打印机使用了特殊的颜料转移过程：它们的打印成像非常清晰，效果与传统的彩色照片冲印设备非常相似。两种PG系列的打印机都具有校准系统，用以保证打印效果的一致性。PG系列打印机的打印效果与传统的照片冲印设备相比，在清晰程度到色彩的完美程度上几乎没有区别，具有最完美的效果。其缺点和热升华打印机差不多，也是价格比较昂贵，而且体积比热升华打印机和喷墨打印机更大，移动不太方便。

2. 相片打印机的选择

打印机的选择应遵循以下几条基本原则。

(1) 按需选购

根据我们对打印效果的要求选定不同档次的机型。一般选用 2400 × 1200dpi 分辨率的产品，就已经可以输出 A4 大小的相片了。

(2) 打印效果

认真测试打印机的打印效果，一般来说在同等档次的机型中，分辨率越高，打印清晰度就越好，但不同的机型也会有差异，需要实际打印样张来验证。

(3) 打印机和配件价格

并非价格最贵的打印机才最好，要货比三家。另外，有时候商家采用“低价打印机 + 高价配件”的销售策略，这就更需要注意了。

EPSON STYLUS PHOTO925

相纸的选择

数码打印需要专门的可打印相纸。有人说打印的数码相片有一个很大的缺点就是它们不能像传统冲印的相片一样长期保存，其实这是一种误解，只要选对相纸就可以解决。虽然普通纸张随处可见，却不适合用作相片打印，因为打印出来的相片不够生动鲜明甚至会渗墨导致画面一塌糊涂。其实目前市面上有一系列专为打印相片而设的相纸，颜色分明、效果持久，在电脑市场的打印耗材商店一般都可以买到。价格也并不昂贵，30 张 A4 大小的打印纸一般售价 30～40 元，而一张 A4 打印纸可以打印 4 张 4 寸大小的照片。

数码打印相纸和传统冲印相纸一样分为光面和亚面两类，至于选用哪款相纸比较好则全属个人喜好。

照片打印纸

光面相纸的特点	亚面相纸的特点
产生丰富的鲜艳颜色	放于玻璃框的效果出色
相片上的指模会很显眼	质感一流
适合放于传统相框	相片上的指模不易察觉
有怀旧味道	打印数码相片步骤

其实在准备好数码图片、打印机和相纸后，打印数码相片就可以立即开始了。首先，要选用一个打印软件。

1. 使用 Windows XP 自带的图片打印功能

最简单的方法莫过于利用 Windows XP 自带的图片打印功能了。

Step1，找到要打印的相片，单击鼠标右键，选择快捷菜单中的“打印”。

选择“打印”选项

Step2，单击“下一步”按钮后，将出现一个设置界面，这里可以添加／减少要打印的图片。

Step3，进行要打印的照片样式设定，Windows XP 提供了十几种样式供选择，“全页”为 A4 大小照片，“9cm × 13 cm”为 3R 大小照片，“10cm × 15 cm”为 4R 大小照片，按照需要选择即可。

增／减要打印的照片

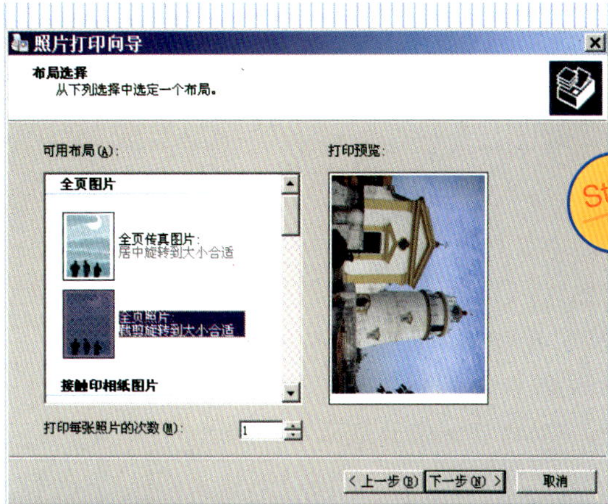

设定照片打印的布局

2. 使用 ACDSee 打印

ACDSee 是一款使用非常方便的图像浏览工具软件，当然，也能直接用它打印正在浏览的图像。

Step1，选定某一图像文件之后，单击旁边的打印机（Print）图标即可设置打印参数。

Step2，参数设定窗口分为 4 个区域：Print layout（打印尺寸）、Preview（预览）、Printer Setting（打印机设置）、Caption（标题信息）。在打印尺寸区域，一般选择“Full page”（满幅），接下来设置打印图片大小的 Format（格式），有 6 种格式可供选择：Use default image size、3.5″ × 5.0″……Fit to page。

Use default image size 就是图片的默认大小，指图片中打印信息设定的大小，打印时没有什么设置项。Fit to page 是充满纸张打印。

Step3，在右边切换到“Page Setting”（页面设置），Margin（边框）shi 用来设置打印时四周留边的宽窄，边框所围定的也就是可打印区域。Top 指纸张顶端留白宽度，Bottom 指底端留白，Left 指左边，Right 指右边。可以用鼠标直接点击数据窗口的箭头来调整每边留白的多少，需要注意的有两点：其一，这里所调整的是程序设置，真

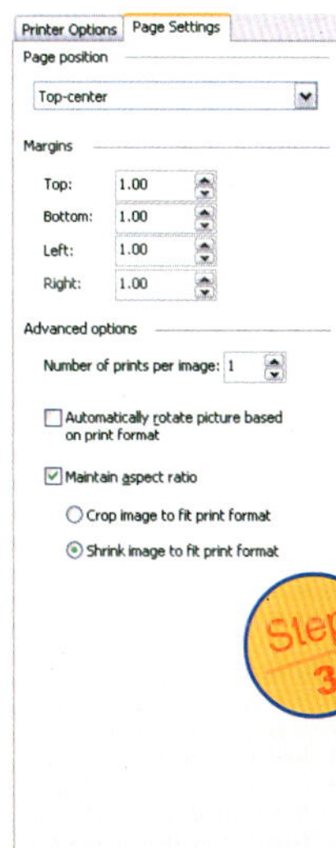

设置打印图片大小

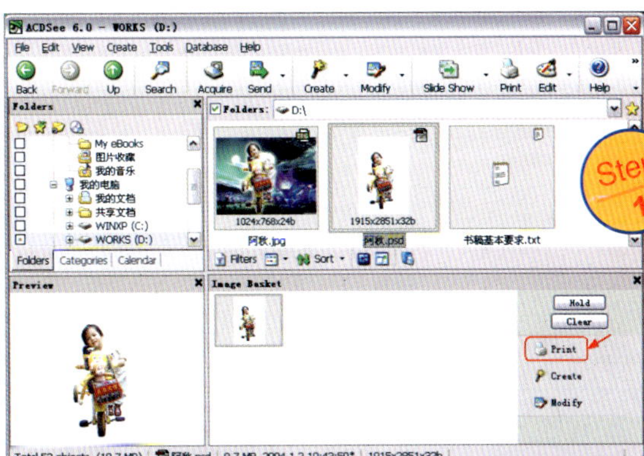

选择要打印的照片

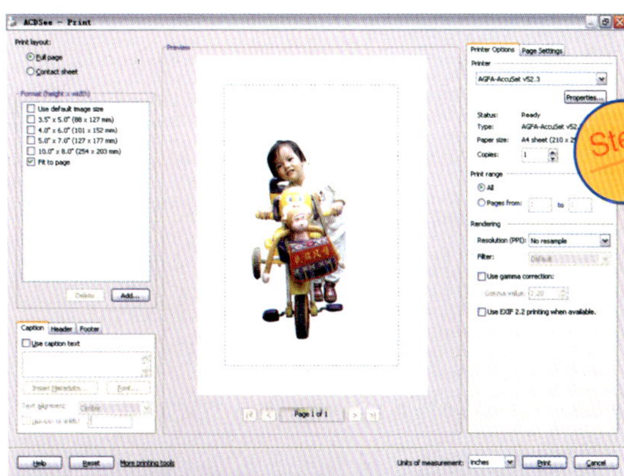

打印设置界面

正的边框还要受制于打印机所能打印的范围，若边框设置太窄，打印范围超出了打印机的可打印范围，这里的设置是无效的；其二，所显示数据的单位是英寸。

3. 使用 Photoshop 打印

Step1，在Photoshop 中打开图片文件，依次选择“文件”→“打印选项”。

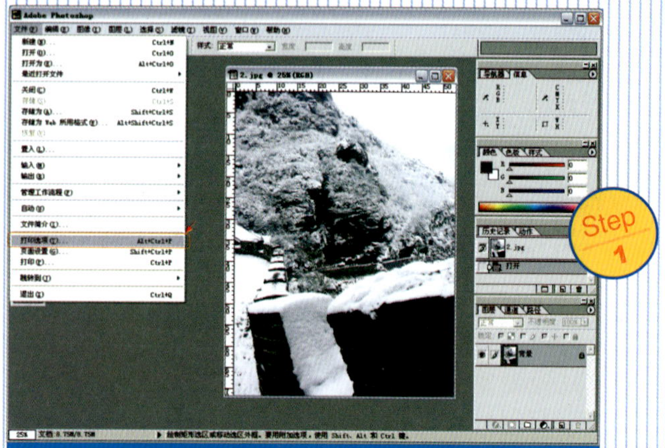

打开要打印的相片

Step2，在弹出的“打印选项”对话框中调整图片的大小(不能超过打印纸的大小)，在Photoshop 6.0 及以后的版本中，有“缩放以适应介质”的选项，“√”选该项即可将大图片缩小至纸张大小进行打印。

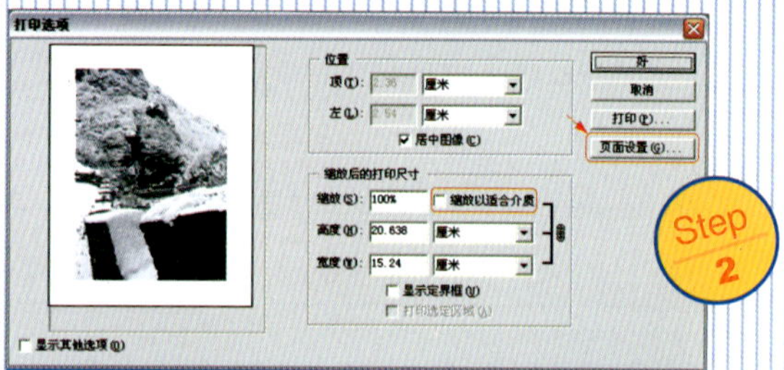

调整图片大小

Step3，单击“页面设置”按钮，在弹出的页面设置对话框中根据实际情况设置“纸张大小”、“取向”等。“取向”建议设置为“纵向”，以加快打印速度(如果图片是横向的，在Photoshop 中可通过“图像”→“旋转画布”将其调整为纵向)。对话框左下角的“挂网”、“扩边”、“背景”等设置如果没有特殊要求保持默认设置即可。另外各项简介如下：

(1)校准栏：打印11级灰度，即灰度以10%的增量从0%到100%的浓度渐变。对于CMYK的分色，渐变色条被打印在每个CMYK印板的左边，连续色条被打印在右边。

(2)套准标志：在图像边缘打印套准标志，主要目的是对齐分色和双色调。

(3)扩边：在影像周围打印黑色的边框，可在可选范围内设定“边界”宽度。

(4)标签：在影像边缘打印文件名称和通道名称。

(5)裁切标记：在页面裁切处打印裁切标志。

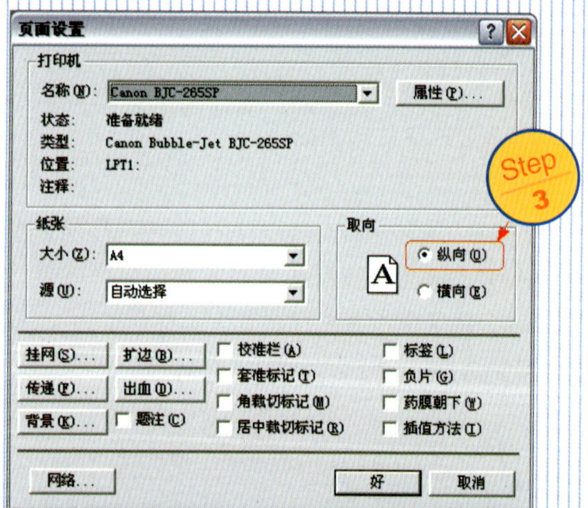

设置打印页面

Step4，以上各项设置完毕后，单击“属性”按钮进行打印机的属性设置(示例为Canon BJC-265SP，依打印机型号不同而略有不同)。“媒体”选择“光泽照片纸”(或其他打印介质，根据实际情况选择)，“质量设置”选择“最佳”，“颜色”选择“彩色”。

设置打印机属性

全部设置完成后，单击“确定”按钮返回“打印选项”对话框，单击右上角的“打印”按钮，弹出“打印”对话框，设置合适的分辨率后将打印纸放入打印机，单击“好”按钮即可开始打印了。

第3招 利用连拍制作GIF动画

现在的数码相机大多都有连拍功能，可以把人或者景物连续的画面拍摄下来保存，最有趣的莫过于将这些画面组合成一幅GIF动画放到网页上给朋友欣赏了。

要制作GIF 动画，需要使用专门的动画处理软件，这里以Ulead（友立）公司推出的著名动画处理软件——Ulead Gif Animator 5.0 为例进行讲解。

安装Ulead Gif Animator 完成后，准备好连拍的相片，就可以开始制作GIF 动画了。

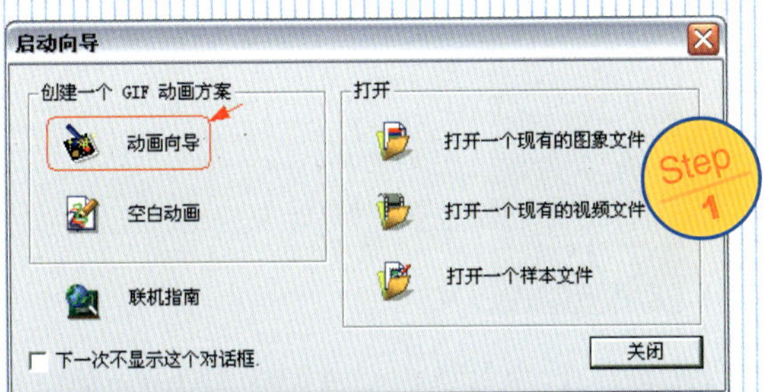

启动“动画向导”

Step1，运行Ulead Gif Animator，在“启动向导”页面单击“动画向导”（或打开菜单“文件”→“动画向导”）。

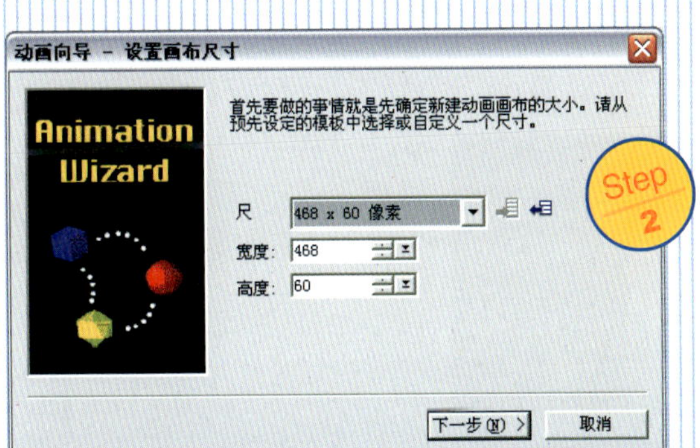

设置画布尺寸

Step2，在动画大小的设定界面，只需按照自己的需要设置就可以了。

添加图像

Step3，在下面的“选择文件”对话框中，点击“添加图像”按钮。

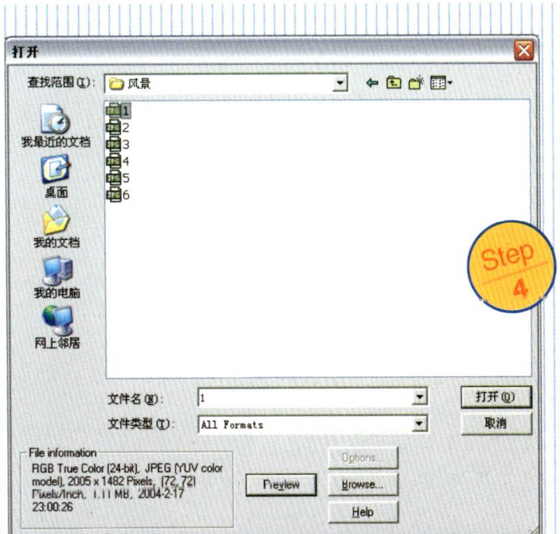

选择要添加的数码相片

Step4，在打开的窗口中找到连拍的数码相片，单击“打开”按钮。

Step5，添加的相片文件名出现在列表当中，确认无误后，单击“下一步”按钮。

Step6，设置画面帧持续时间，即动画显示时，从一张图片跳到下一张图片的间隔。

Step7，基本的动画设置已经完成，单击“完成”按钮。

Step8，现在可以在主界面选择菜单“查看”→“播放动画”来预览GIF动画效果。

Step9，如果对自己制作的动画满意，就可以存盘了。要生成GIF只需要选择GIF文件格式即可。Ulead Gif Animator甚至还可以生成AVI格式的动画。

Step10，Ulead Gif Animator可以调整动画图片的各种显示效果，也提供了众多插件，可以制作出非常多的特效。如果需要添加Ulead Gif Animator自带的特效，可以选择菜单“视频F/X”，系统也会提供预览窗口供选择最佳的效果。

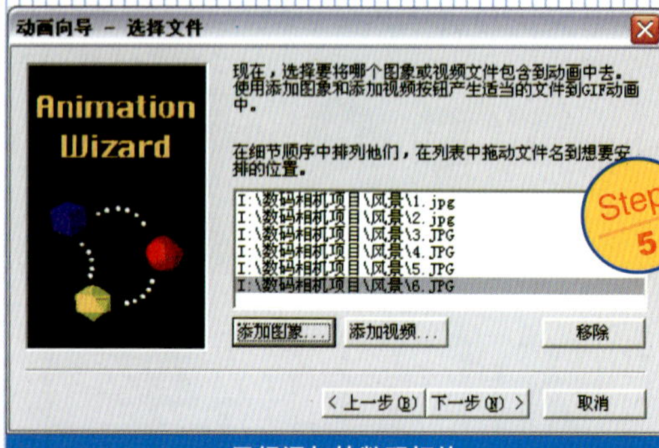

已经添加的数码相片

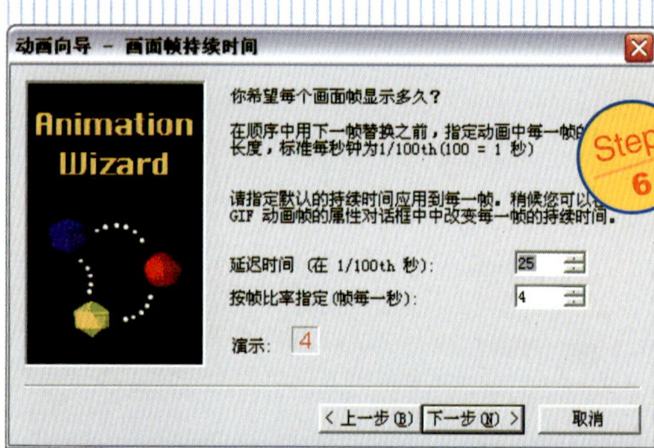

设置画面帧持续时间

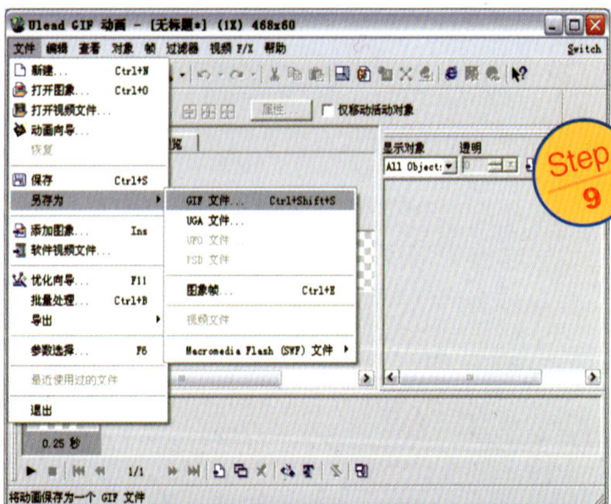

另存为GIF文件

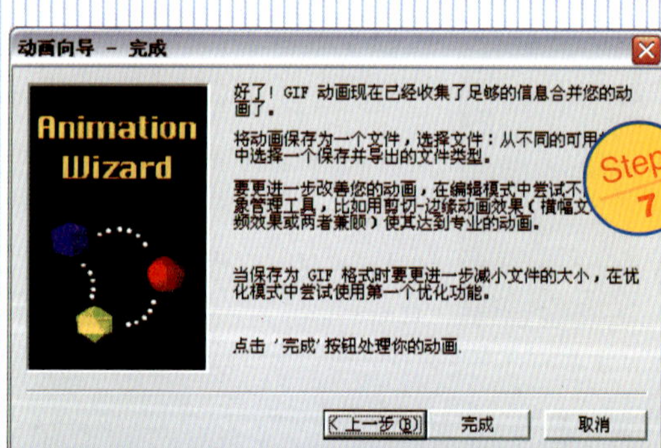

完成动画向导

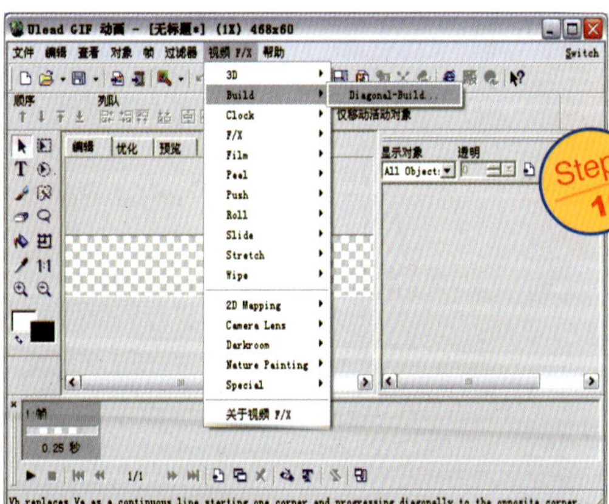

各种特效菜单

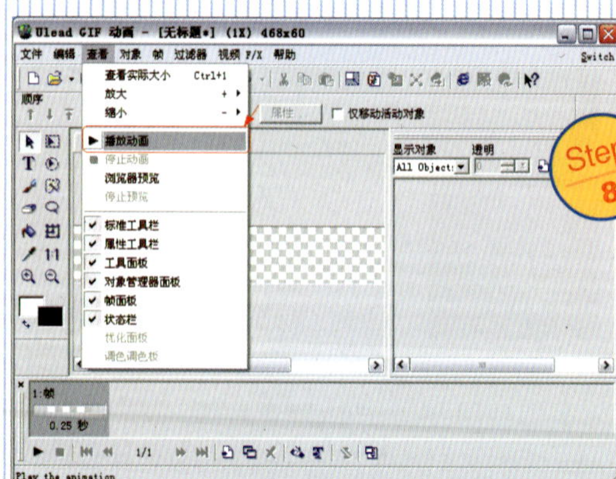

预览动画效果

第4招 制作壁纸

可能很多人都会在自己的电脑桌面设置壁纸吧？壁纸使得电脑屏幕不再单调，也能愉悦身心。大家一般都习惯到网上寻找合意的壁纸，其实利用我们手头现成的数码相片，也能制作出精美的壁纸，而且更具个性。

处理照片

设置壁纸的特效

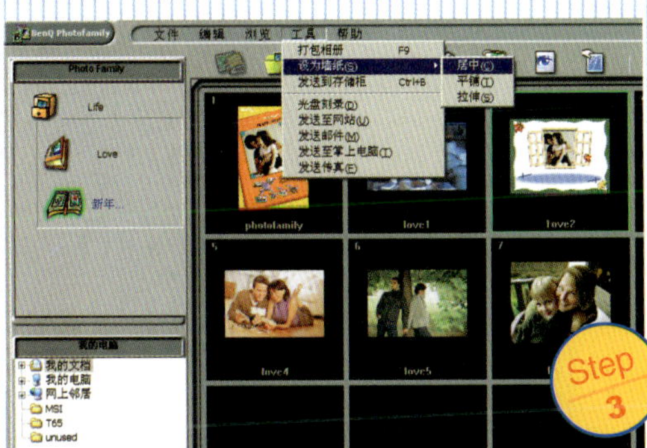

设置为墙纸

要将自己的数码相片作为壁纸，可使用前面提到的PhotoFamily软件先进行处理。

Step1，在PhotoFamily中选中要处理的照片，单击鼠标右键，选择快捷菜单的“编辑”功能。

Step2，PhotoFamily提供了大量特效供使用，可以挑选自己最中意的效果。选中后存盘退出。

Step3，打开菜单“工具”→“设为墙纸”，将处理后的照片设为Windows的桌面背景。

Step4，制作活动壁纸。所谓活动壁纸其实只是将一个动画GIF文件作为壁纸。前面已经介绍了如何制作GIF动画，而作为壁纸，只是动画的大小有些区别，壁纸一般采用1024像素×768像素的尺寸，在Ulead Gif Animator的动画向导中设置即可。

动画文件制成后，需要手工将其加为壁纸。看看，壁纸是不是会动了？

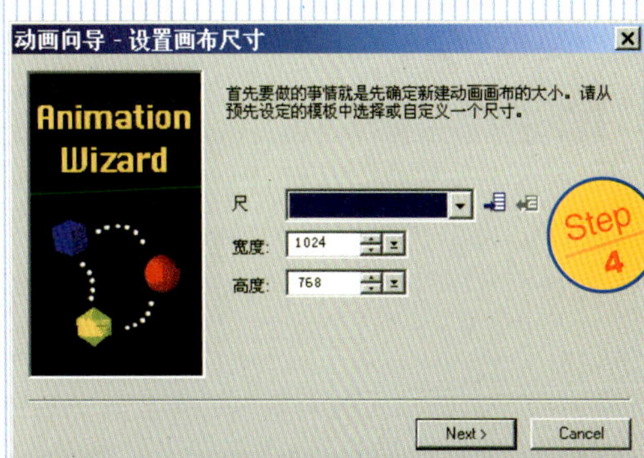

将GIF文件设定为壁纸的尺寸

如果拥有自己的个人网站，那一定想把自己的数码相片放到网页上去，以展示自己的风采。但是专业的网页制作软件操作比较复杂，有没有比较简单的方法呢？

第 5 招 制作网页

如何用自己拍摄的数码相片设计一些好看的网页是最头疼的事情了，画面的搭配可不是那么容易的事情哦。不要着急，现在就为大家请出一个好帮手——Ulead Photo Express（我形我速）。Ulead Photo Express 提供了大量的网页模板供使用，只需简单地点击几下鼠标，就能做出漂亮的网页。

Step1，运行 Ulead Photo Express，使用“File→Open”打开要处理的照片。

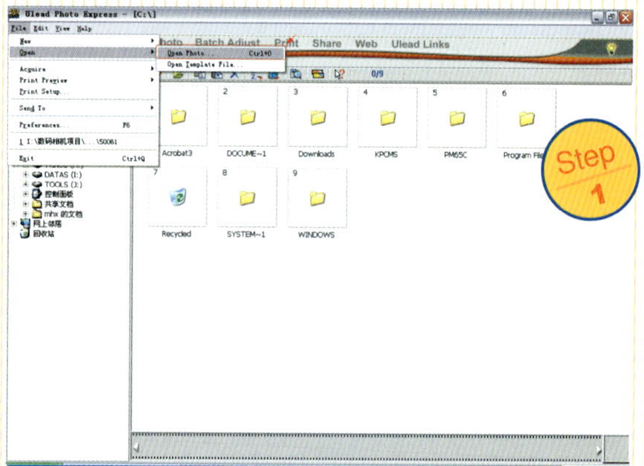

打开要处理的照片

Step2，要作为网页的相片在主界面显示出来了，可以直接使用，也可以稍做编辑修改。

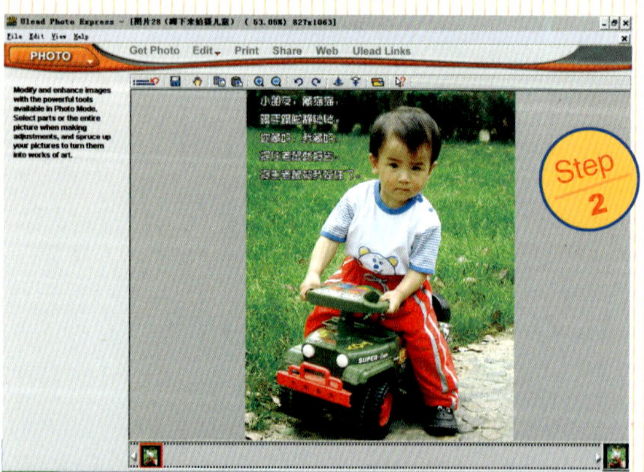

打开的照片

选择生成网页

Step3，选择“Web”→“Web Page”菜单，开始生成网页的操作。

套用格式后的效果

Step4，在左边的列表中选择喜欢的模板，双击可以看到套用格式后的效果，如果确定选用，那么点击“Next”按钮。

输入网页标题

Step5，输入网页标题，例如在“Title”文本框中填入“新年快乐”。

Step6，添加网页的背景音乐。

Step7，选择“Output destination”→“Disk”将网页保存到硬盘上。当然也可以选择“Post to Web”直接将网页上传到网站中。

Step8，选择网页保存的路径。

Step9，打开网页目录，可以看到Photo Express将一些媒体文件写入了指定的目录。

Step10，打开其中的Index.htm文件，就可以看到网页的最终效果了。

看，漂亮的网页就这么简单地做出来了，赶快把它上传到网站上去让大家欣赏吧。

添加网页的背景音乐

保存网页

设置保存路径

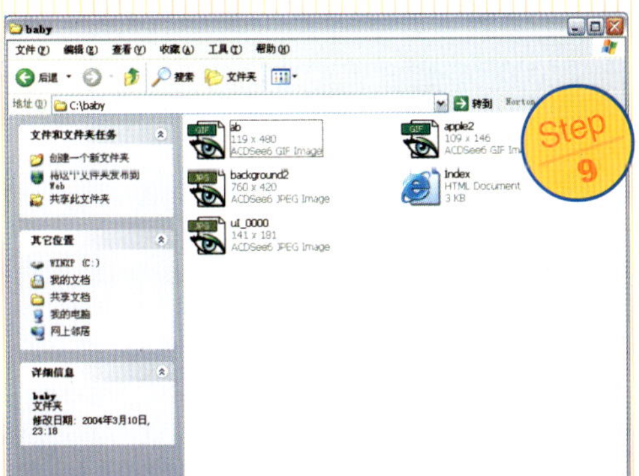

网页文件夹里的文件

网页最终效果

第6招

如今的人们都追求个性化，而一件独具特色的图片T恤自然是年轻人的最爱。现在我们就来看看如何用自拍的数码相片制作出自己喜爱的个性化T恤衫。

制作印有数码相片的T恤

首先需要一台高分辨率的彩色打印机，分辨率不低于1200×2400。然后，需要一张热转印纸，一张A4大小的热转印纸的售价在10～20元。热转印纸的特点是可以将打印在其热膜上的图像通过加热后，转印至T恤的表面。还要买一件质地良好的纯棉T恤，最好是白色的。最后再准备一个电熨斗。所需的材料都准备好了，开始正式操作吧。

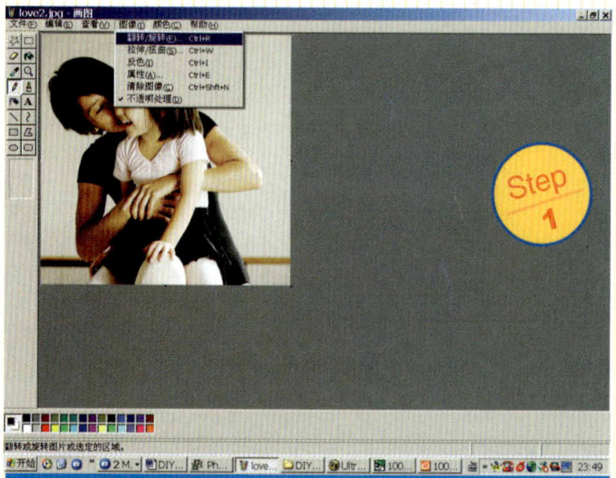

打开待处理的照片

Step1，在开始打印图片之前，必须先将图片反转， 因为这样热转印到T恤衫上后才是正确的图案，否则印上去的是一幅反的图像。这个简单的工作可以交给Windows自带的"画笔"来做。运行"画笔"，打开要处理的照片，选择菜单"图像"→"反转／旋转"。

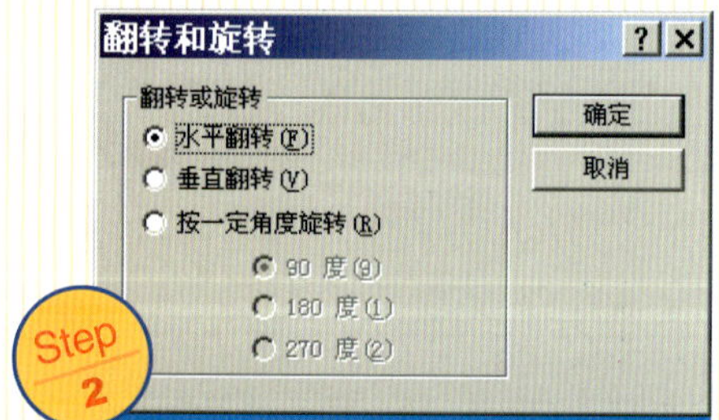

选择"水平翻转"

Step2，在"翻转和旋转"对话框中选择"水平翻转"。

Step3，单击"确定"按钮后，图片就被翻转过来了，存盘即可。

图片翻转的效果

下一步自然是将图片打印到热转印纸上，这一步可以参考前面介绍的数码打印相关方法，

打印完成后，取出热转印纸，将印有图片的那一面铺平贴在T恤上。取出电熨斗，把熨斗调到最高温度挡开始熨烫，注意不能使用喷雾功能。因为温度很高，熨烫时要注意控制温度，必须不断快速移动，以免局部温度太高而导致照片色彩泛黄。

转印完成后，让T恤冷却10秒钟左右，然后拿起T恤小幅度晃动2分钟。然后再次把T恤铺平，开始从一个角慢慢地揭掉热转印纸。这里要注意的是，冷却的时间不能太长，时间太长了会不好揭，甚至揭不下来。揭下来的热转印纸变成空白的了，而图像已经印到了T恤上。这样，自己的照片T恤就诞生了，

第 7 招

随着网络的普及，电子邮件和电子贺卡逐渐取代了传统邮件和贺卡的地位，但是一些网站提供的电子贺卡总是有限的，我们可以利用数码照片自己制作个性化的电子音乐贺卡。

制作个性化电子音乐贺卡

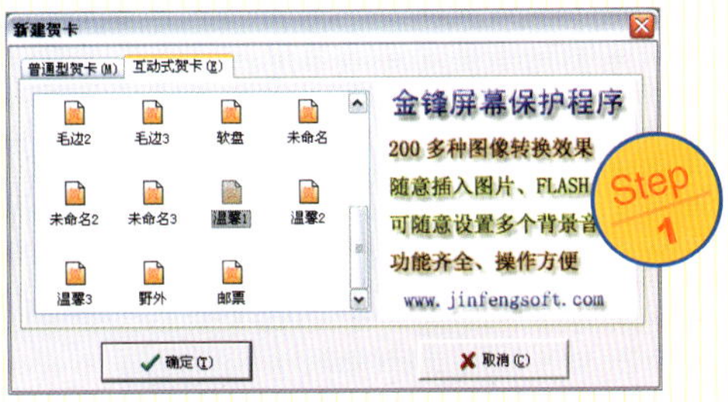

以金锋贺卡制作软件为例，来说明如何利用数码照片制作一张贺卡。

Step1，启动金锋贺卡以后，选择“互动式贺卡”中的任意一个模板。

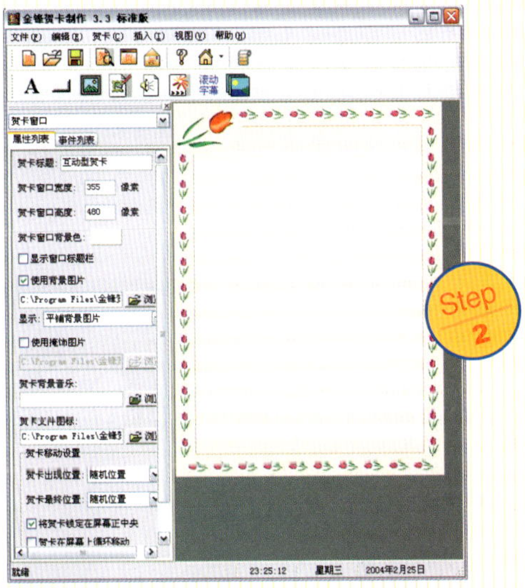

Step2，在左侧的属性栏中修改贺卡的标题、大小、窗口背景色等基本属性。

Step3，制作贺卡的主体。首先点击“滚动字幕”，这时在屏幕上出现一个蓝色背景的滚动字幕。在左边的属性栏中输入内容，还可以修改字幕的背景、字体的类型。

Step4，点击“插入图像展示框”，插入图像展示框。

金锋贺卡还提供了插入文本、按钮、图片、Gif 动画、Flash 动画和声音的功能，还可以简单地利用一些鼠标事件来触发特定的动作或显示，在此就不详细介绍了。

到此为止，一个简单的贺卡基本成型了。

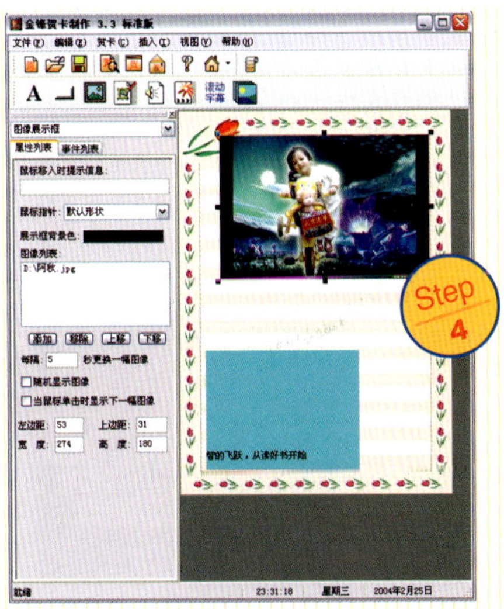

第 8 招 制作个性VCD电子相册

将自己的电子相册做成 VCD 自己珍藏或者送给朋友，真是一个绝妙的想法。而要实现这个想法，可以使用前面提到过的 PhotoFamily 软件，当然还得有一台刻录机。

Step1，将准备好的空白刻录光盘放入刻录机后，运行 PhotoFamily，选择菜单“工具”→“光盘刻录”。

Step2，选择要刻录的相册，以及刻录方式，这里选择“照片 VCD（SVCD）”或者“照片 VCD 和照片数据”都可以。

Step3，设置光盘的卷标名称，选择刻录机、刻录速度以及刻录方式等。

Step4，进行刻录，在刻录过程中，PhotoFamily 将显示刻录的进度。

刻录成功后，就可以放到 VCD 或 DVD 机里面播放了，即使没有电脑也可以随时欣赏精美的相册。

选择“光盘刻录”

选择刻录方式

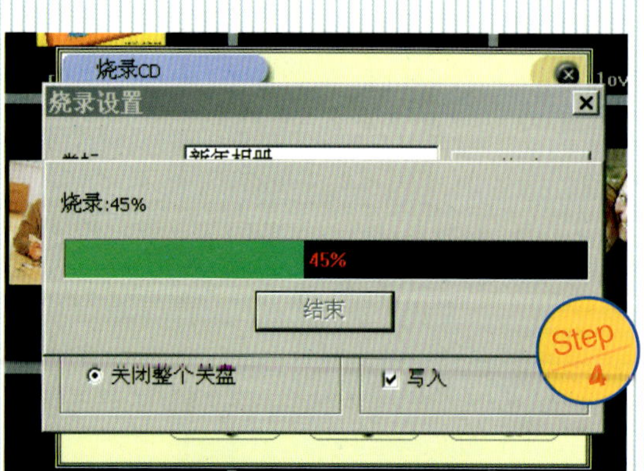

正在进行刻录

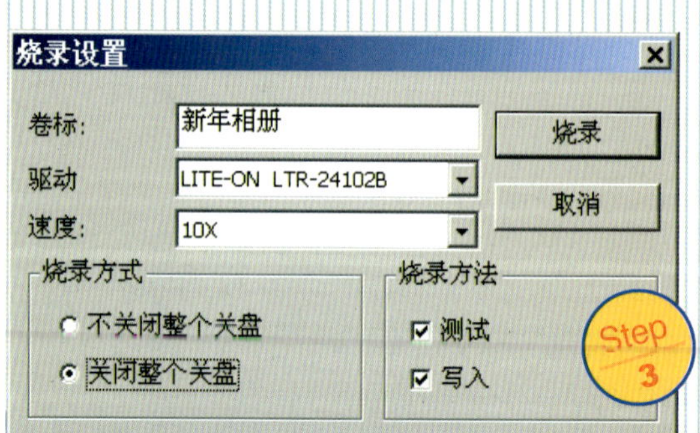

进行刻录设置

第9招 制作数码相片明信片

将自己的数码相片做成明信片，寄给远方的亲朋好友，绝对可以令对方欣喜万分。可是，怎样才能做到呢？不要急，再次请出PhotoFamily软件。

Step1，在PhotoFamily中选中要做成明信片的照片，单击鼠标右键，选择快捷菜单中的"编辑"功能。然后，选择"趣味合成"功能中的"卡片"项目。

Step2，在左边的特效列表中选择自己喜欢的样式。

Step3，选好自己喜欢的样式，双击后即可看到一张精美的照片明信片。可以随时利用"恢复图像"功能取消当前效果，返回到初始图片。

Step4，点击绿色的"GREETING"按钮还可以添加祝福语。

照片明信片做好后，保存下来，然后用PhotoFamily的打印功能将其打印在照片打印纸张上，一张精美的明信片贺卡就做好了，是不是很简单？

选择"卡片"项目

选择明信片样式

制作好的明信片

添加祝福语

第 10 招 利用数码相片DIY信笺

数码相片还能做成信笺？不要惊讶，这在“非常好色4”软件中只是一件很简单的事情。只需几步即可做出精美的信笺。

Step1，在“非常好色4”主界面中单击“信纸”按钮。

Step2，选择竖式的空白信笺模板。

Step3，单击“插入影像”按钮。

Step4，选择一张数码相片。

Step5，调整相片的大小，再插入花边等，漂亮的信笺就做成了。只要用质量较好的打印纸将其打印出来，就大功告成了。

选择“信纸”项

选择信纸模板

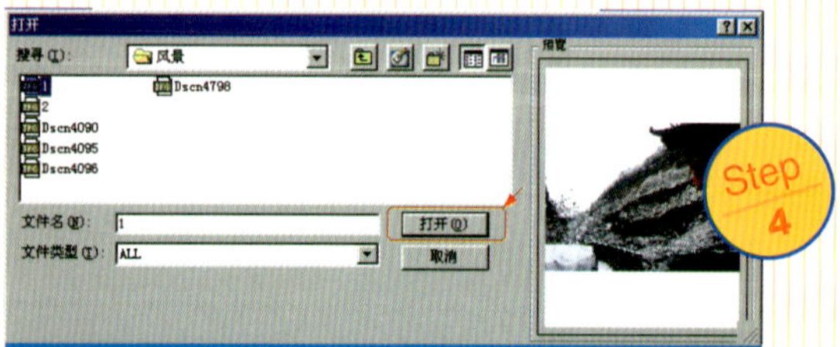

选择要插入的相片

制作好的信笺

按下“插入影像”按钮

第11招 制作个性数码相片月历

很多人都喜欢在自己的书桌或者案头摆放一本月历，既方便查看，也有一定装饰作用。其实利用数码照片，一样可以制作出精美的月历。

选择“月历”功能

对于数码摄影爱好者来说，挑选自己的作品，亲手制作成数码月历，无论是放在自己的案头还是馈赠亲朋好友，都别有一番情趣。

用PhotoFamily制作月历

PhotoFamily提供的“趣味合成”功能还有个有趣的项目，就是“月历”功能。利用它可以轻易创造出自己富于个性化的艺术月历。

月历效果

Step1，打开PhotoFamily，在其主界面中选择右上角菜单中的“月历”功能。

Step2，左边出现了很多特效的列表，选择自己喜欢的效果，双击鼠标左键套用。

这样，含有自己数码照片的月历就制作出来了。

用Photo Express 4.0制作月历

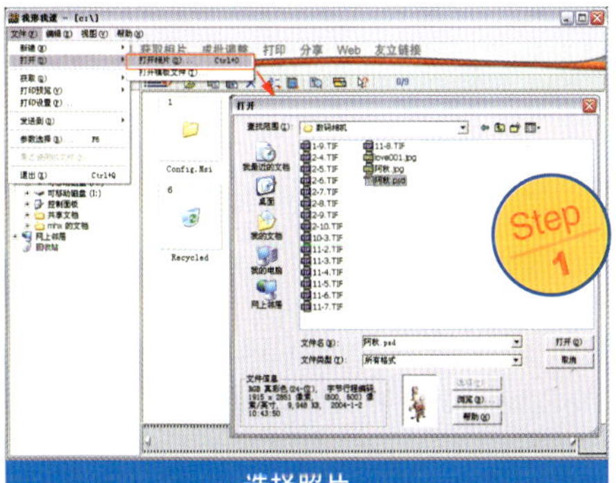

选择照片

Step1，启动Photo Express，然后依次点击菜单栏的“文件”→“打开”→“打开照片”，在弹出的对话框中选择照片。

Step2，Photo Express自动切换到编辑状态下，点击图片上方工具栏的“分享”→“日历”。

Step3，Photo Express进入日历编辑状态。这里默认显示系统当前日期一周的周历，我们将制作一份月历，制作年历、周历的方法类似。在左上角的“日历类型”下拉菜单中选择“一个月”，根据图像的尺寸在“方向”部分改变日历的排列方式（纵向或者横向）。

Step4，单击左下方“下一步”按钮，在出现的窗口左边选择月历的月份以及语言（有中英文两种可选）。

月历中的图片、月份图块、日期图块都可以通过鼠标拖拽放大或缩小，以调整到合适的尺寸，单击“下一步”按钮。

Step5，在出现的模板元素窗口左边有4个按钮，包括了“增加／编辑文字”、“改变背景图像”、“增加年份字符串”、“增加日期表格”、“改变背景属性”等选项，选择合适的参数后，月历已经制作完成。如果还需要修改上面步骤的内容，可以按左箭头按钮，返回修改。如果确认无误，点击“下一步”按钮。

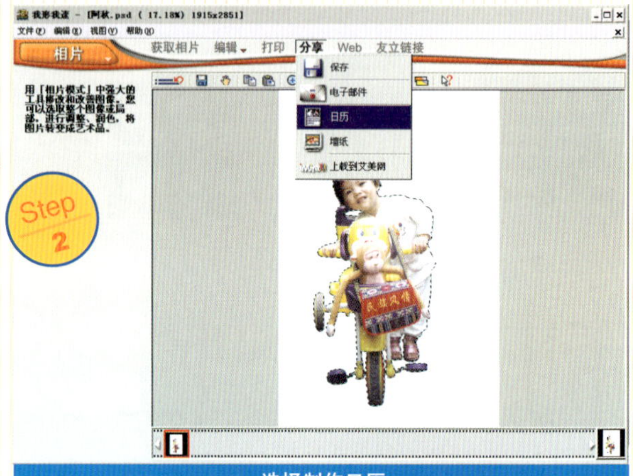
选择制作日历

选择日历月份及语言

设置日历类型

Step6，进入日历编辑的最后一个窗口，这里有打印、保存、设置为墙纸及将此日历样式保存为模板4个选项，根据你的需要选择打印或者保存，最后点击“关闭”按钮完成月历的制作。

修改模板元素

完成月历制作

第12招 制作数码即时贴

现在街头上流行一种“大头贴”，把自己和朋友合影的照片变成一种贴纸，贴在钥匙扣或者手机上，非常酷，特别是情人更可以用这个寄托自己的思念。而街头上制作一次“大头贴”可不便宜，要20元一次。

这里就要介绍如何使用Epson公司的PhotoQuicker软件制作照片贴纸，平均每张成本还不到2元钱。

首先要去电脑市场买一种打印贴纸，这种纸一面可打印照片，另一面却是不干胶，可以贴在物体表面。市场上一般所售为30张一包，每张A6大小(4R照片大小)，价格在30～40元。

钥匙扣

然后使用PhotoQuicker处理要打印的照片。

Step1，运行PhotoQuicker，出现一个简洁的主界面。首先选择图像来源，可供选择的有“文件夹”与“TWAIN设备”，此处以文件夹为例。

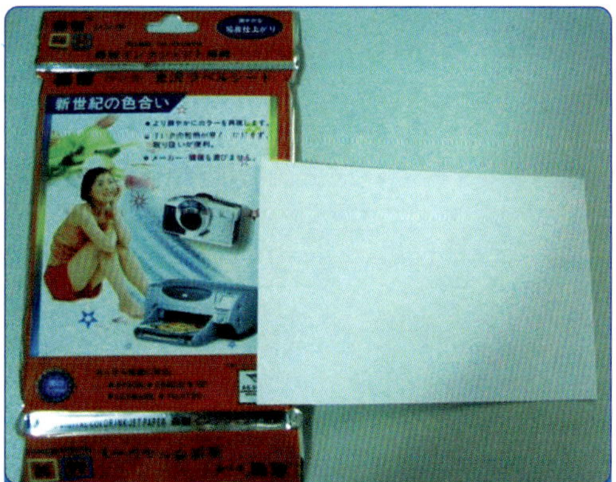
打印贴纸

Step2，单击“文件夹”按钮，在弹出的“选择文件夹”窗口中选择存储图像的文件夹，然后单击“确定”按钮。

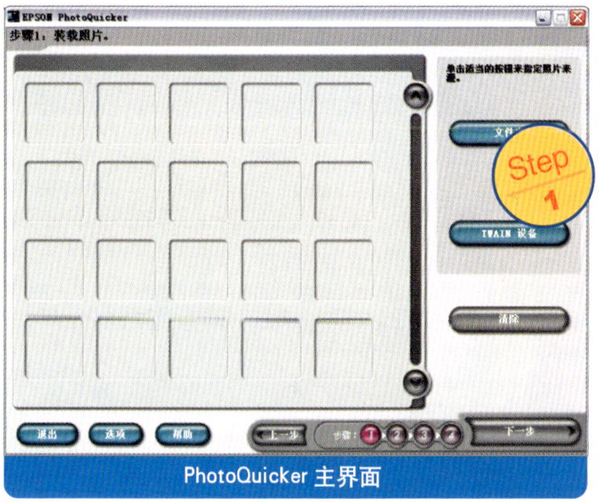

PhotoQuicker 主界面

Step3，选择的文件夹中的图片就在主界面中以缩略图的形式显示出来，选择自己喜欢的图像及希望打印的张数(在图中的红框处可以通过单击上下箭头选择打印的张数)。

Step4，要对照片进行进一步修饰，可以单击“编辑照片”按钮，在弹出的窗口中对照片的亮度等进行调节。然后点击“下一步”按钮。

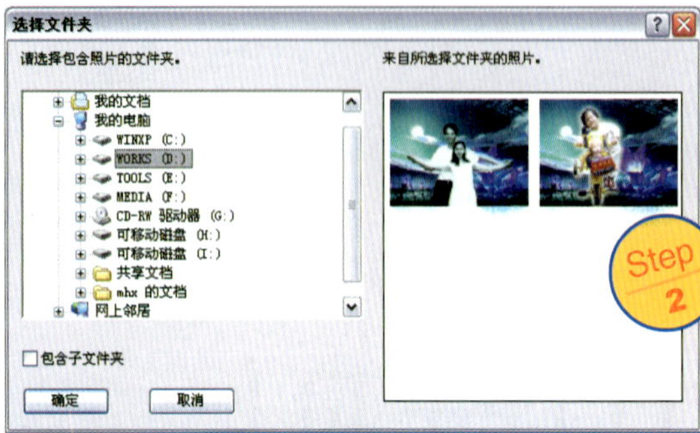

选择照片文件夹

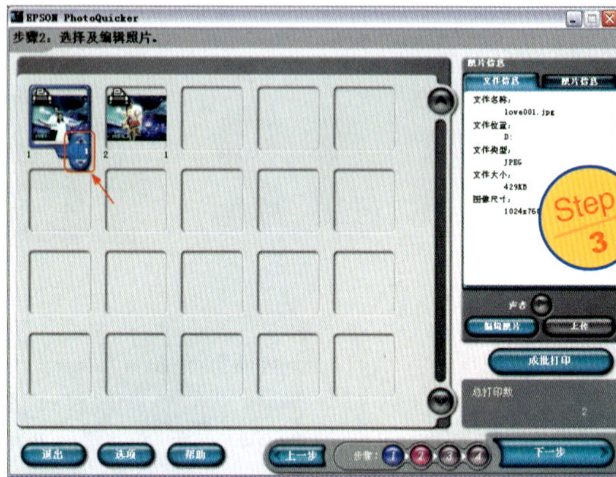

选择照片及打印张数

Step5，进入打印设置画面，设置“打印纸尺寸”为“A6”，“版面”选择为“妙妙贴纸16”（也可根据妙妙贴纸的实际版面选择“妙妙贴纸4”）。

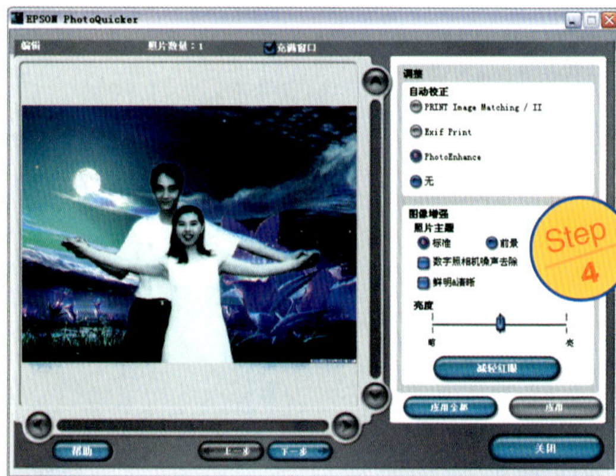

对照片进行编辑

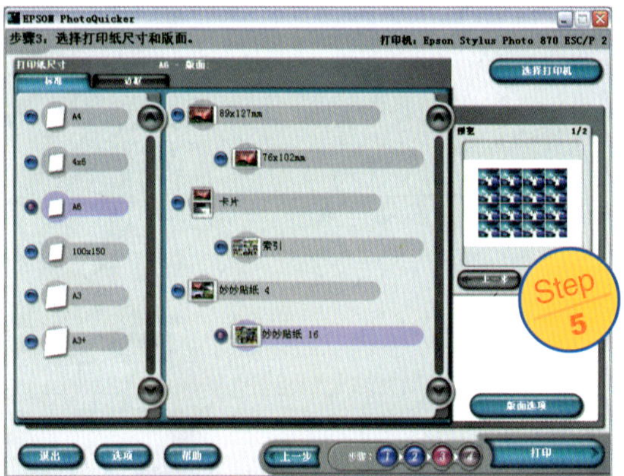

设置打印纸张及版面

Step6，单击“打印”按钮，软件会弹出两个窗口，直接单击“确定”按钮即可进入打印参数设置。

打印参数设置

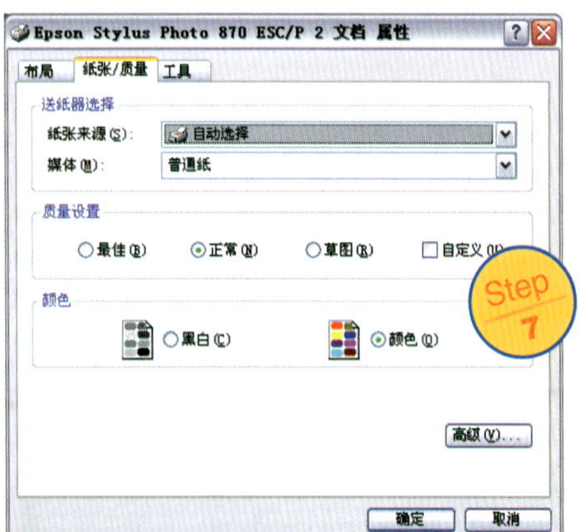

进行打印相关设置

Step7，单击“打印设置”对话框中的“属性”按钮进行打印相关设置。

最后，将打印贴纸放入打印机打印。看，自制的照片贴纸出来了。

文／图 付呈纲

9 第九章
NINTH CHAPTER

古人云：工欲善其事，必先利其器。我们要想用数码相机拍出好照片，当然得保证它的工作状态一流，因此平时的保养维护必不可少。本章就主要谈谈数码相机维护保养的一些基本常识。

数码相机维护保养
DC's maintenance

整机保养与维护

对于数码相机整机的保养与维护，主要集中在几个部件，如ＬＣＤ、镜头等部分。

用毛刷清洁机身

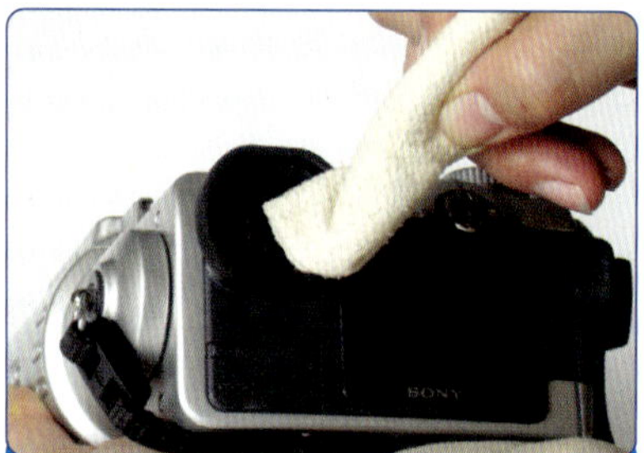
用麂皮清洁取景器、LCD，之后需要吹气球吹去残屑

用吹气球清洁镜头

用麂皮清洁镜头

用揉皱的镜头纸清洁镜头

长期存放

Step 1

卸下电池，存储卡

Step 2

放入塑料密封箱

外出拍摄

为镜头装上 UV 镜头

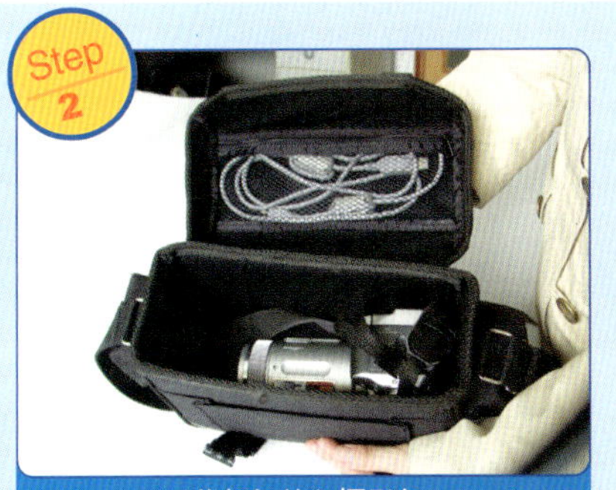

将相机放入摄影包

相机机身清洁

保养一部数码相机，第一步就是做好“表面功夫”，把机身擦得干干净净，这样才能给人一个好印象。否则，看见相机脏脏的，自己对摄影的兴趣也会减掉大半。

1.清洁工具

做好机身清洁，一些清洁工具必不可少：鹿皮、吹气球（俗称皮老虎）、镜头纸、镜头清洁液、脱脂棉。

2.清洁机身外壳及 LCD 屏幕

平常使用过程中，机身上很容易留下汗渍、指印，时间一长就会感觉机器变脏了。此时，对机身的金属部分、光滑的塑料部分及LCD显示器，可以用鹿皮或镜头布来擦拭。

鹿皮是一块很柔软的动物皮革，很适合用来做这项工作，而且很容易买到，通常在照相器材店或冲印店都会有售，价格也很便宜，一般5元左右。

镜头布是纤维织物，有经验的用户一般采用它来擦拭机身。

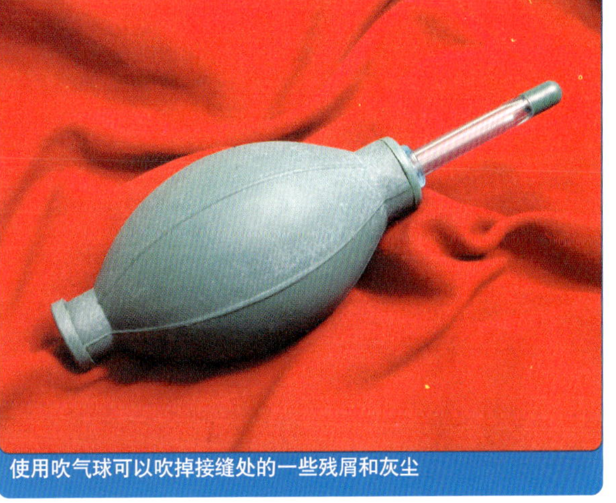

使用吹气球可以吹掉接缝处的一些残屑和灰尘

擦拭相机外壳没什么技术含量，但擦拭LCD屏幕的时候需要注意，有些相机的LCD显示器没有外层透明有机玻璃的保护，在擦的时候不可用力过猛。如果相机实在脏得厉害，可以对特别脏的地方哈口气再行擦拭。哈气时要注意应轻轻哈气，避免唾沫溅到屏幕上。

擦拭完毕后，再用吹气球把残留在机壳上的一些鹿皮碎屑和积在接缝处的灰尘吹掉。经过仔细擦拭后，相机从外观上看起来就清爽多了。

小知识 Knowledge

> 相机机身上有些部位，如握把处、数据接口处的覆盖使用的多是软橡胶。这些地方不要用鹿皮擦拭，否则鹿皮会被粘下很多细绒毛，反而不容易弄掉。

3.镜头的清洁

镜头是相机身上最“娇气”的部分，清洁时要格外小心，否则镜片上的镀膜被擦坏了可就不妙了。

（1）给镜头加一层“保护膜”

不管用什么东西来擦拭镜头，总会对镜片镀膜产生一定破坏作用，只是程度不同罢了，所以与其擦得好，不如从一开始就细心呵护，别把镜头弄脏。

保护镜头最常用的是在镜头前面加上

一块UV镜。UV镜一方面可以保护镜头不受风吹雨打，另一方面还可以过滤紫外线，因为CCD对紫外线不敏感。UV镜相对于机身上的镜头，要便宜许多，普通的单层镀膜UV镜（如保谷、肯高等品牌）随口径不同，价格在几十元至百余元。UV镜如果实在脏得需要重新购买一块，损失也不会太大。

可使用专用的镜头纸和镜头布来清洁镜头

(2) 用镜头纸清洁

还是回过头来介绍相机镜头的清洁工作。

如果镜头确实脏了需要清洁，可以用镜头纸进行擦拭，镜头纸也很便宜，不到2元一本。镜头纸的正确使用方法是，先用吹气球把镜头表面的细尘吹走，然后取两到三张镜头纸，把它们揉软，再对镜头进行擦拭。擦的时候建议采取划圈的方式，从内圈逐渐擦到外圈，要顺着一个方向擦拭。只有这样，才能尽量减少擦拭镜头对镜片镀膜的损害。

如果没有镜头纸，也可以用湿润的棉花球对镜头轻轻擦拭。棉花球不能太湿，不能在镜头上留下水渍，擦拭之后，最好用吹气球再吹一次，避免棉花的纤维残留在镜头上。

(3) 用镜头清洁液清洗

如果采用镜头纸擦拭仍不奏效，就需要使用镜头清洁液了。清洁液通常是纯净水，但和我们平时饮用的有所不同，它是遵照医用标准来进行配制的。

取一团脱脂棉，用清洁液浸湿后，仍然采用划圈的方法，从内圈到外圈进行擦拭。擦完后，换用一团新的脱脂棉再轻擦一遍，最后再用吹气球吹掉残留的棉纤维。

小知识 Knowledge

擦拭镜头或镜片时，手法一定要轻柔，切忌用猛力。

"防冻防晒"——温度对相机的影响

1. 正常工作温度

数码相机跟我们一样，既怕热，又怕冷。通常，数码相机的合理工作温度是－10℃～60℃，过低或过高的温度都可能对数码相机造成损害。

在温度很低的情况下，数码相机的电池性能会急剧下降。在－10℃左右的环境里，相机可能只拍了二三十张照片就会出现电力不足的情况。另一个更为严重的问题是，在过低的温度环境下，相机镜头里的润滑油可能会凝结，从而使相机无法正常工作。

采用专业的镜头清洁液

温度低了不行，高了同样不行。在超过35℃的环境下持续使用数码相机，可能会使成像质量下降。这主要是因为数码相机成像元件CCD在高温下，极易产生热噪点，从而使照片画面变得粗糙。如果数码相机长期在高温环境下工作，某些热噪点可能会发展成为坏点，造成硬损伤。

在超过60℃的环境下，一些数码相机可能会无法正常工作。即便在正常温度环境下，数码相机在使用过程中也会自己产生热量，对照片质量有不利影响，所以，建议避免长时间持续拍摄，在拍摄过程中，应让数码相机适当休息休息。

2. 避免温差。

戴眼镜的朋友肯定都体验过从寒冷的室外走进温暖的室内时，眼镜片起雾的情形，这是因为温暖空气中的水蒸汽遇到温度低的镜片凝结成水雾。数码相机同样会碰到这样的问题。

因为数码相机是电子设备，所以水雾对数码相机的危害更大，有可能使相机内部电路因受潮而损坏。不过，只要平常在使用中注意一点就能避免，比如，数码相机要进入较大的温差环境时，先用塑料袋子把它包起来，等适应了新环境温度之后，再将袋子打开取出相机。

远离“水患”——数码相机的防水防潮

水是生命之源，却是数码相机的大敌。跟所有的电子设备一样，数码相机对水应该敬而远之，别说水滴了，就是潮湿的空气对数码相机也是有害的。

除了电路部分外，数码相机的镜头也同样怕水，害怕潮湿环境。相机镜头长期处在潮湿的空气里，很容易出现霉点和长出菌斑，镜头一旦出现霉点或菌斑，就会对成像质量造成很大影响，并且不易消除，需要专业维修人员来处理，而且容易复发不易根除。

1. 预防先行

如何防止水和潮湿空气对数码相机的不利影响呢？

(1) 水下拍摄防潮

如果拍摄环境是在水下，则必须使用防水套。很多数码相机生产厂商都提供各种型号相机的防水套件供用户选配，但这些防水套件通常价格都十分昂贵，甚至超过数码相机本身的价格，比如Nikon CP5400、奥林巴斯C5050、SONY F717的防水套都能保证相机潜水20m以上，且其价格均超过相机本身的价格，不是一般人能承受得了的。

在塑料密封箱中放置了一台奥林巴斯传统135单反相机

(2) 预防水滴

对于不大的水滴，如瀑布边上的水雾，我们没必要花大把银子去购买防水套。只要在使用数码相机时，尽量避免水滴溅到相机上就是了。

吸潮硅胶未受潮时呈现出一种淡蓝色或普通蓝色，受潮后颜色将由蓝变红

如果不小心溅上了水滴，应及时用柔软吸水的织物或纸巾，把机身上的水吸干。有些生产厂商在开发产品时，考虑了用户可能有时会遇到无法避免小水滴的情况，对数码相机特别作了防水设计，如奥林巴斯的μ300、400都作了防水设计，在机身上各个部位的接缝处增加了防水橡胶垫，能防止日常生活及旅游途中的小雨点对相机的伤害。

小知识
Knowledge

(1) 吸潮硅胶在吸收空气中的水份后，会改变颜色，可将吸潮后的硅胶装入小布袋内，用微波炉稍微加热，去除其中水份，重复使用。

(2) 数码相机及其镜头所需要的合理的相对湿度是45%～55%(通常室温下)，湿度过低可能导致镜头镀膜的干裂，所以建议最好在防潮盒内放置湿度计，以防止湿度过低或过高所造成的损害。

(3) 不要用相机包长期存放数码相机，相机包的衬垫海绵会吸潮，数码相机存放在相机包里会大大增加受潮的几率。

(3)预防潮气

潮湿的空气比水滴更加防不胜防，因为水蒸汽是空气的组成部分，所以在数码相机使用的过程中对它的预防是防不胜防的，只有做好使用后和存放时的防护。

数码相机平常存放时，应尽量放在通风、干燥、阴凉的地方，以防止潮湿空气聚集，可以购买塑料的密封箱来存放数码相机。这种塑料盒子很便宜，在超市很容易买到。一个普通大小的塑料密封箱（见上页图）8 元一个，可以放得下一部数码相机和几个电池、存储卡之类的小配件。

用塑料密封箱存放数码相机时，应在其中放上一些吸潮硅胶，以保持密封箱内部的干燥。这类硅胶可在照相器材商店购买，价格也比较便宜。如果有条件，还应该放一个湿度计在盒子里，方便观察盒子内部的湿度，并视情况增加或减少吸潮硅胶数量。

2. 紧急处理：数码相机不慎进水怎么办？

如果水不小心溅到机身上，且量不是特别多，此时无论数码相机是否处于工作状态，都应马上取下电池，再用吸水纸小心地将机身上的水滴吸干。建议使用质量较好的面巾纸，这样就不会在机身上留下纸屑造成二次污染。之后再将数码相机置于台灯下进行 10 小时左右的“灯光浴”，以便将少量进入相机内部的水分蒸发。一般来说 40W 左右的白炽灯泡比较合适，如果功率再强就可能会烤坏相机，得不偿失。另外，使用锂电池的数码相机其电池也要加入到“灯光浴”的行列中去。最后再插入电池试机，如果相机还不能正常使用，那么就应该送到维修站请专业人员修理了。

如果数码相机非常不幸地落入水中，这个时候首先要做的依然是取下电池（切记不是关闭电源）。然后将机身上多余的水吸干。由于进水较多，即使相机内部的水分都阴干了，但水中的污渍依然会留在相机的电路板上，造成接触不良等故障，这些问题只有经过维修站的专业人员开机清洗才能解决，所以用户只能将数码相机送修。

为“爱机”益寿延年——数码相机的长期保养

前面所用的塑料密封箱在保存经常使用的器材时，可以起到一定的防潮作用，但对于需要长时间保存，而使用频率较低的数码相机器材来说，就显得过于简陋了。同时，塑料密封箱内的湿度需要人工控制，费时费力还难以保证湿度的稳定性，不利于长期存放摄影器材。

在经济条件允许的前提下，建议大家使用电子防潮箱来长期保存数码相机及其他配件。

这种 20L 的电子防潮箱完全能够满足存放器材不多的要求，价格在 300 元左右（其中存放了一台 Nikon F80 传统相机、两只镜头、一台 Nikon CP4500 数码相机及电池、数码相机附加增距镜等器材）

使用电子防潮箱的优势在于，湿度由电子抽湿器控制，无需人工干预，设置好湿度范围后，就可以放心地将心爱的数码相机存放进去了，非常方便，而且不用担心因湿度控制不当而造成对相机的损害，也不必费心地随时检查防潮硅胶的状态。

小知识 Knowledge

数码相机存放的注意事项

(1)相机的保存地点应远离灰尘和潮湿环境。

(2)保存前要先取出电池。

(3)处于长期存放状态的数码相机，应每月取出开机至少一次，并拍摄几张，以保持相机各部件的功能完好。

日常使用中的注意事项

1. 注意防烟避尘

数码相机应在清洁的环境中使用和保存，这样可以减少因外界灰尘、污物和油烟等污染导致相机产生故障。污染物落到相机的镜头上会弄脏镜头，影响拍摄的清晰度，甚至还会影响相机的开关与按钮的灵敏性；在户外空

在未使用时记得盖上镜头盖对镜头是很有好处的

旷地区拍摄时要防止风沙刮伤镜头或渗入对焦环等机械装置中，因此在不拍摄时应随时用镜头盖将镜头盖住，风沙大的地区一定要将相机护套带上；相机的橡胶部分切忌与油污接触，否则会加速老化。

挂绳虽不起眼，但它对相机却是非常重要的

小技巧 Tip

如何延长数码相机用 5 号充电电池的使用次数？

即使在数码相机上显示电池已经用完，电池中实际仍残留有少量电量。如果在没有用完的情况下反复给充电电池充电，那么电池的使用时间就会慢慢地缩短。要想让使用时间恢复原来的水平，就要多次反复地“完全用完以后再充电”。这时可以使用小手电来解决。将电池装入手电中，直到把电池中的电量用尽后，再行充电。

2. 掌握存储卡正确的装卸步骤

首先，装卡必须在数码相机处于关机状态时进行；其次，装卡时要按照相机及存储卡上提示的正确方向进行安装。

3. 不要对着强光直接拍摄

数码相机感光元件属于非常精细的电子元器件，它对光线的感知是有范围的，如果光线的强度超过感光元件的承受能力，如在不采取任何保护措施的情况下直接对着太阳等拍摄都会对感光元件造成永久性的伤害。

4. 防止冲击

数码相机的镜头与传统相机的镜头一样，是相当脆弱的，不经意的磕磕碰碰都可能让镜头受到损伤。因而在使用相机时，一定要用挂绳或手带来防止相机的跌落，而在不使用时，摄影包则可以让相机远离很多“天灾人祸”。

要点回顾：

数码相机“五大怕”：怕水、怕摔、怕热、怕冷、怕灰尘。

周边设备
——保养与维护

学会保养数码相机整机当然不够，如果周边设备保养不当，仍然会给我们的使用带来麻烦。我们最常接触到的周边设备主要有存储卡、电池等，这里就针对这些设备谈一谈数码相机周边设备的保养方法。

存储介质的维护保养

存储介质相当于数码相机的“胶卷”，我们用数码相机拍摄的照片就存于这些存储介质内，通常是各种存储卡。数码相机常用的存储卡主要有CF卡、SM卡、SD卡、xD卡、MS记忆棒、MMC卡等。这些存储卡都是使用闪存芯片来存储数据文件，区别在于使用的芯片不同，卡的制作方式、外形尺寸也不相同。

以上这些存储卡中，使用最广泛的是CF卡，SONY的MS记忆棒因为SONY数码相机市场份额较高，使用得也比较多。从卡的外形和制作工艺来分，大体上可以分为3类：CF卡及MS记忆棒各占一席，SM卡、SD卡、xD卡、MMC卡等归为一类。

在插卡时除了注意方向，还要轻拿轻放以免损坏接口

1. 存储卡的使用注意

所有存储卡在日常使用、维护保养上基本上是一致的。拿到新卡后，首先检查一下卡的外观有无破损，数据接口触点有无污损，如果一切正常，就可以插入数码相机投入使用了。

小知识 Knowledge

同一张存储卡不要频繁地在不同品牌数码相机中轮换使用，这样做会使存储卡损坏的几率大大增加。

将存储卡放在卡盒中

在使用的过程中，切忌在开机通电状态下拔插存储卡，否则，轻则会造成数据丢失，重则会烧毁存储卡。

拍摄完毕后，将数码照片上传至电脑有两种途径，一是用数据线缆直接连接数码相机和个人电脑（通常是使用USB接口）；二是使用读卡器，将存储卡从数码相机中取出，借助读卡器向个人电脑上传照片。

这两种方法各有利弊，直接连接数码相机和个人电脑，相机的数据接口磨损较快，使用读卡器时，存储卡磨损较快。平常不使用时，存储卡可置于数码相机机身内，一起放入防潮箱内保存，如有多张存储卡，也应一起放入防潮箱，避免受潮。

如果没有防潮箱，则应该把存储卡放在阴凉处保管，避开电视机、电脑主机、显示器等较强的磁场干扰源，远离高温发热源。

2. 各类存储卡的保养方法

虽然有相当强的共性，不过存储卡还是各有各的特点，需要在使用过程中加以注意。

（1）CF 卡的维护保养

CF 卡分为 TYPE Ⅰ型和 TYPE Ⅱ型，Ⅱ型比Ⅰ型厚，容量更大。还有使用 CF 卡 TYPE Ⅱ型接口的 IBM 微型硬盘。CF 卡的维护保养相对其他类型的存储卡来说，更为简便。因为 CF 卡有一层金属外壳，在所有类型的存储卡中是最坚固的一种，而且 CF 卡的数据接口是"插座"类型（俗称"母口"），不容易损坏。

但 CF 卡发热量相较于其他类型存储卡偏大，应避免卡上沾带污染物，否则会影响存储卡的正常散热，且容易损坏数码相机。使用 TYPE Ⅱ型接口的 IBM 微型硬盘，它虽然容量大，但因其内部结构跟我们平常所使用的硬盘基本一样，所以应尽量避免剧烈震动。

（2）SONY 的 MS 记忆棒的保养

MS 记忆棒是 SONY 独家研发的存储卡类型，只在 SONY 的数码相机、数码摄像机上使用。MS 记忆棒外壳采用硬质工程塑料，强度不错，仅次于 CF 卡的金属外壳。

但 MS 记忆棒的数据接口触点是外露的，应尽量注意保护触点的清洁，如果被污损而造成接触不良，可用棉球沾上无水酒精进行擦拭。

（3）SM 卡、SD 卡、xD 卡、MMC 卡的保养

这些类型的存储卡都使用塑料外壳。从外壳强度来区分，SM 卡最为脆弱，需严格防止弯曲卷翘。

SD 卡和 MMC 卡平面尺寸一致，数据接口也是兼容的，SD 卡容量更大，速度更快；xD 卡是富士公司和奥林巴斯公司共同研发的新型存储卡，体积是这些存储卡中最小的，存取速度最快。这几类存储卡在使用维护上首要注意的就是避免外力破坏塑料外壳，第二点就是时刻小心，别弄丢了，因为这些卡的体形都很小。

长时间不用时，最好将锂电池卸下，与相机分开存放

保证动力"源源不绝"——电池的使用维护

数码相机使用的电池有两种，一种是厂家专门设计的专用充电锂离子电池，一种是普通的 AA（五号）充电电池。下面分别介绍他们的维护方法。

1. 专用锂电池的维护

买数码相机时，电池一般都作为标准配置随相机销售，不用再另外购买就可以使用（当然，很多时候仅靠随相机带来的一块电池是不够用的，还是需要再买）。但这类电池的通用性差，当拍摄途中电池耗尽又没有备用电池时，就没法工作了，购置第二块备用电池费用较高，因为电池是专用的，充电器同样是专用的，如果充电器损坏或遗失，又得花一笔不小的费用。

新的锂电池在启用时，应多充一段时间，一般是 8 至 12 小时。通常新的锂电池需要经历几次完整的充、放电过程才能达到最佳效能，一般是 3 次左右，然后就可以正常充电使用了。

小知识 Knowledge

过低的温度会降低电池性能，过高的温度会造成安全隐患，千万别把电池扔进火里。

锂电池虽然没有记忆效应，但却有充放电循环次数寿命的限制。不管充电时间长短，充一次就算一次，所以，应尽量每次都做到完整地充、放电，以延长电池寿命。

长时间不用锂电池时，应将电放完，存放在阴凉干燥的地方。存放时间较长的锂电池重新启用时，应按新电池启用处理。

2. AA（五号）充电电池的维护

使用AA（五号）充电电池的优点是价格便宜，能够轻易找到替代电池，在电池耗尽的时候，随处都能买到的碱性电池也能应急；缺点是通常一组电池不够用，需要多准备几组。一些耗电比较厉害的数码相机如美能达D7i甚至需要配备3至5组电池。

AA（五号）充电电池有锂电池和镍氢电池两种，锂电池优于镍氢电池。AA（五号）电池的充电器分为快速充电器和慢速充电器两种。相对而言，慢速充电有利于保持电池的性能，但所需的充电时间较长，在外出旅行时，使用快速充电器更方便一些。由于镍氢电池有记忆效应，所以每次充电前，都应该完全放电。

适合数码相机使用的可充电高能AA电池

奥林巴斯 1450mAh Ni-MH AA电池

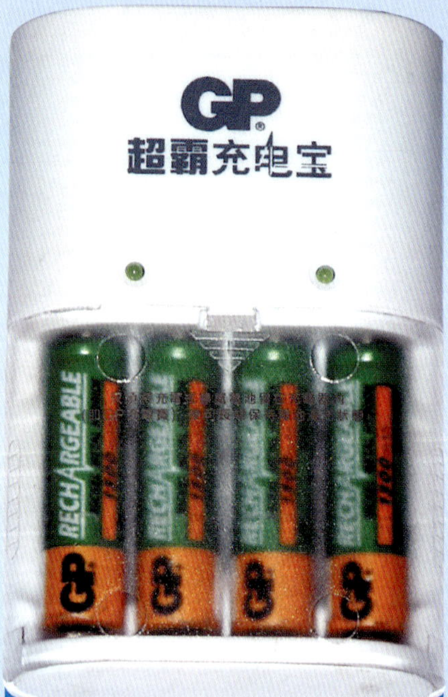

GP超霸慢速充电器

文/图　覃卫星

B@@K 远望图书

远望图书2004“金”“玉”满堂大行动

“金”“玉”满堂大行动之一

送『金』

凡2004年出版的远望图书均带精美书签一张。书签上印有换书券，读者可凭等额或超额换书券兑换远望图书（如：5张换书券可兑换定价15元的图书或7张换书券可兑换定价20元的图书）。换书券不能单独作3元等值现金使用（如：不能使用3元换书券+12元现金兑换定价15元的图书）。

兑换方式：将足额的换书券寄至“远望资讯出版事业部”，便可获得所需之等价图书（免邮费）。

“金”“玉”满堂大行动之二

送『玉』

购远望图书填读者调查表，就有机会获得由捷锐资讯和远望资讯提供的超值主板、显卡、音箱、图书！

2004年4月份奖品包括：价值599元的捷波92LE-AD-128B显卡2片、价值498元的捷波NV34-AT-128B显卡2片、价值588元的捷波J－PT800DBP主板2片、价值688元的捷波J－N2PAP800主板1片、价值488元的C－2000八度空间音箱2套、远望图书最新出版的图书40本。

参加方式：将你对远望图书的真知灼见填写在随书送的调查问卷上并寄至“远望资讯出版事业部”，便可参加评奖活动，部分获奖名单将在《微型计算机》、《计算机应用文摘》及远望图书网站上刊登。

2004年4月份奖品展示

JETWAY 捷波板卡

捷波J－N2PAP800主板

产品部分特性：

- nVIDIA NFORCE2 SPP ULTRA 400+MCP芯片组，支持333/400MHz系统前端总线
- 支持AMD Barton/AthlonXP/Duron/Morgan系列处理器，
- 整合10/100M自适应网卡

八度空间C-2000音箱×2套

产品部分特性：

- 时尚外形，人性化的静音按键
- RMS 28W功率，卫星喇叭用松压纸盆全音域2.5英寸单体
- 低音炮用导向式结构设计，6.5英寸大功率低音单元

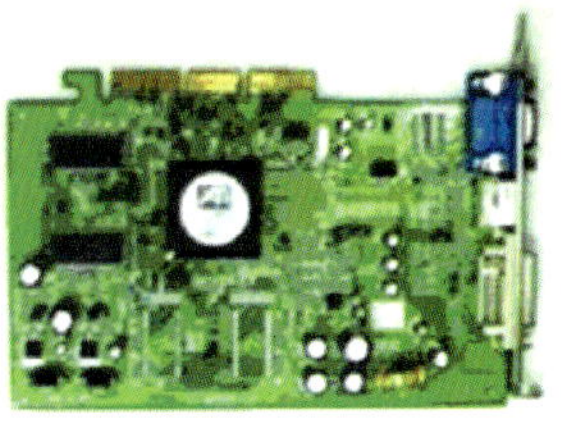

捷波显卡92LE-AD-128B显卡×2块

产品部分特性：

- 采用nVidia Geforce FX5200芯片
- 支持AGP 8X
- 核心频率250MHz，128MB DDR显存容量
- 支持D-Sub，S-Video输出接口，支持DirectX和S3TC纹理压缩技术

捷锐资讯网址：http://www.jetway.com.cn

活动时间：2004年1月1日~12月31日
远望资讯保留置换同价格图书的权利及活动解释权。

联系方式：重庆市渝中区胜利路132号（400013）远望资讯出版事业部　请注明所换图书名称及数量。
网址：http://www.cbook.com.cn